面向对象系统分析与设计（UML）

主编 张 戈

副主编 刘伟华 王小斌 奚 宁 杨成伟

参编 李高勇 马 良 梁乙凯 于 晓

電子工業出版社

Publishing House of Electronics Industry

北京 • BEIJING

内 容 简 介

本书在系统地介绍面向对象开发方法的基本概念和思想的基础上，重点介绍 UML 及其建模技术在面向对象分析与设计中的应用，以及得到业界广泛认同的软件设计模式、数据建模的相关知识与应用，并结合综合案例进行介绍。全书共分 8 章，第 1 章从传统开发方法存在的问题入手，重点介绍面向对象方法基本思想，从方法论方面让学生对面向对象方法有一个整体的认识。第 2 章概括介绍 UML 及 UML 与面向对象的统一开发过程。第 3 章重点围绕需求分析介绍用例建模和活动图建模。第 4 章为系统分析与静态结构建模，主要包括识别对象与类、定义类的属性和操作及类之间的关系。第 5 章重点围绕顺序图建模、通信图建模以及状态机图建模进行系统动态结构建模。第 6 章围绕包图建模、构件图建模和部署图建模等进行系统体系结构建模。第 7 章为面向对象设计，重点介绍问题域部分设计、人机交互设计及数据管理部分设计的方法与应用。第 8 章专门介绍设计模式，对几种经典的设计模式做了简要介绍，并对设计模式的动机、适用场景等做了分析。全书提供了大量应用实例，每章后均附有习题。

本书适合作为高等院校信息管理与信息系统、计算机科学与技术、软件工程等专业高年级本科生、研究生的教材，同时也可作为广大信息系统开发人员学习 UML 的参考书。

图书在版编目（CIP）数据

面向对象系统分析与设计：UML / 张戈主编. 一北京：电子工业出版社，2021.12

ISBN 978-7-121-42637-7

Ⅰ. ①面…　Ⅱ. ①张…　Ⅲ. ①面向对象语言一程序设计　Ⅳ. ①TP312.8

中国版本图书馆 CIP 数据核字（2022）第 015175 号

责任编辑：章海涛　　文字编辑：路　越
印　　刷：北京七彩京通数码快印有限公司
装　　订：北京七彩京通数码快印有限公司
出版发行：电子工业出版社
　　　　　北京市海淀区万寿路 173 信箱　　邮编：100036
开　　本：787×1 092　1/16　　印张：16　　字数：384 千字
版　　次：2021 年 12 月第 1 版
印　　次：2023 年 7 月 第 3 次印刷
定　　价：58.00 元

凡所购买电子工业出版社图书有缺损问题，请向购买书店调换。若书店售缺，请与本社发行部联系，联系及邮购电话：（010）88254888，88258888。

质量投诉请发邮件至 zlts@phei.com.cn，盗版侵权举报请发邮件至 dbqq@phei.com.cn。

本书咨询联系方式：luy@phei.com.cn。

前　言

面向对象技术以其显著的优势成为计算机信息领域的主流技术。IT 产业界需要大量掌握面向对象方法和技术的人才，这些人才不仅能够使用面向对象语言进行编程，更重要的是能运用面向对象方法进行系统建模。融合各种面向对象方法的优点，被学术界和产业界不断完善的统一建模语言（Unified Modeling Language，UML），是一种定义良好、易于表达、功能强大、随时代发展且适用于各种应用领域的面向对象建模语言，已经被 OMG（Object Management Group）采纳为标准。目前，UML 已经成为面向对象技术领域内占主导地位的标准建模语言。掌握 UML，不仅有助于理解面向对象的分析与设计方法，也有助于对信息系统开发全过程的理解。

本书的编写理念和建设思路是在系统地介绍面向对象开发方法的基本概念和思想的基础上，重点介绍 UML 及其建模技术、方法与应用，以及得到业界广泛认同的软件设计模式、软件开发的过程、规程与实践，并以一个丰富的案例贯穿始终。

本书的主要内容由 8 章组成，系统、全面地阐述基于 UML 的面向对象分析与设计方法。

第 1 章为面向对象方法概述，从传统开发方法及存在的问题入手，引出面向对象方法在信息系统开发中的应用，并重点介绍面向对象方法的基本思想、基本概念及主要优点，从方法论方面让学生对面向对象方法有一个整体的认识。

第 2 章概括介绍 UML 及其开发过程，简要介绍 UML 的核心元素以及 UML 与面向对象的系统开发统一过程。

第 3 章从需求分析的重要性和过程为切入点，重点介绍用例建模和活动图建模，并结合案例进行需求分析。

第 4 章为系统分析与静态结构建模，首先对问题域和系统责任进行分析与理解，引导学生找出描述问题域和系统责任所需要的对象与类，定义对象（类）的属性、操作以及对象（类）之间的关系，进而建立一个符合问题域、满足用户需求的对象静态模型。

第 5 章为系统设计与动态行为建模，从系统设计为切入点，重点围绕顺序图建模、通信图建模以及状态机图建模进行系统动态结构建模，并辅以相关案例。

第 6 章为系统体系结构与其他辅助模型，以信息系统体系结构为切入点，重点围绕包图建模、构件图建模和部署图建模等进行系统体系结构建模。

第 7 章为面向对象系统设计，首先介绍面向对象设计的概念和发展历史，然后介绍问题域设计和数据管理部分设计及界面设计的方法和技巧。

第 8 章专门介绍设计模式，主要介绍设计模式的基本概念、使用模式的原因，以及正确理解和使用设计模式的方式。本章还对几种经典的设计模式做了简要介绍，对设计模式的动机、适用场景等做了分析。

本书是山东财经大学的几位编写人员多年来信息系统开发实践和教学的经验总结，突出特点是教材中的诸多实际问题和应用案例都取材于软件系统开发的实践，并按照教学的要求进行了模型简化与规范。显然，这些源于实践的工程问题，对提高软件系统分析与设计教学的实践性和实用性，将具有很好的示范效应。

本书第 1 章、第 4 章由张戈、李高勇编写，第 2 章由马良编写，第 3 章由刘伟华编写，第 5 章由奚宁编写，第 6 章由杨成伟编写，第 7 章、第 8 章由王小斌编写，梁乙凯、于晓为本书案例提供了大量素材，杜丙崑和姚全明两位同学完成的毕业设计为本书案例提供了素材。全书由张戈统一筹划和统稿。

本书的出版将有助于持续提升“管理科学与工程”山东省一流学科的影响力，并满足“信息管理与信息系统”国家一流本科专业、山东省高水平应用型专业（群）、山东省新旧动能转换教育对接产业项目的建设需求。本书也是山东省一流课程“面向对象的系统分析与设计”、省级精品课程“信息系统设计与实践”和校级精品在线开放课程“面对对象的系统分析与设计”的建设成果。

在本书的编写过程中，参阅并引用了大量的资料，尤其是参考文献中所列出的资料。在此对所有资料的作者表示衷心的感谢。另外，在本书编写过程中，浪潮集团、中创软件的部分软件工程师多次参与讨论，为本书也提供了非常有价值的建议，在此一并表示感谢。由于本书内容涉及面较广，加之作者的水平所限，疏漏之处在所难免，敬请广大读者和同行批评指正。

编者

2021 年 12 月

目　　录

第1章　面向对象方法概述

引导案例：四大发明之活字印刷——面向对象思想的胜利①

三国时期，曹操带领百万大军攻打东吴，大军在长江赤壁驻扎，军船连成一片，眼看就要灭掉东吴，统一天下，曹操大悦，于是大宴众文武，在酒席间，曹操诗性大发，不觉吟道："喝酒唱歌，人生真爽。……"。众文武齐呼："丞相好诗！"于是一臣子速命印刷工匠刻版印刷，以便流传天下。

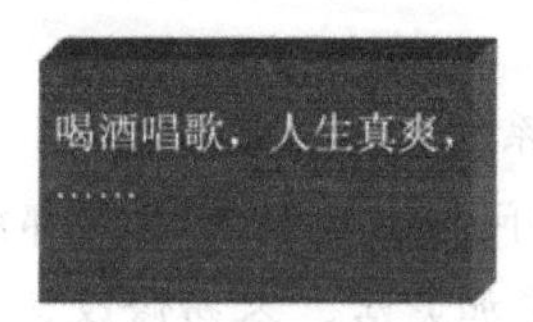

样张出来给曹操一看，曹操感觉不妥，说道："喝与唱，此话过俗，改为'对酒当歌'较好！"，于是此臣就命工匠重新来过。工匠眼看连夜刻版之工，彻底白费，心中叫苦不喋，只得照办。

样张再次出来请曹操过目，曹操细细一品，觉得还是不好，说："人生真爽太过直接，改成问句才够意境，因此应改为'对酒当歌，人生几何？……'！"当臣转告工匠之时，工匠晕倒……

三国时期活字印刷还未发明，类似事情时有发生，如果有了活字印刷，则更改四个字即可，其余工作都未白做，实在妙哉！

① 案例来源：博客园之伍迷家园 https://www.cnblogs.com/cj723/archive/2006/08/16/478621.html.

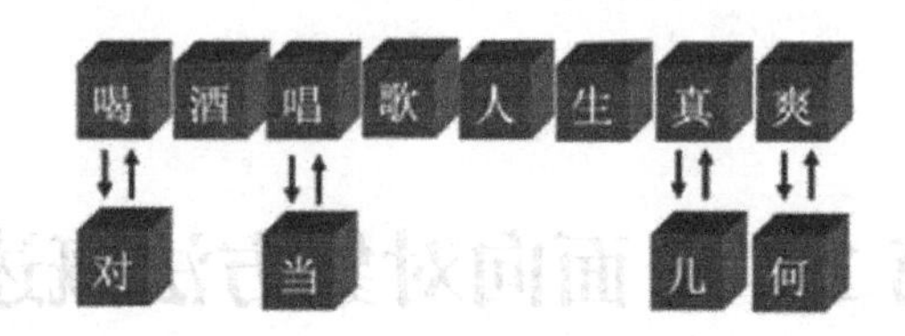

第一，要改，只需更改要改之字，这是**可维护性**；第二，这些字并非用完这次就无用，完全可以在后来的印刷中重复使用，这是**可复用性**；第三，此诗若要加字，只需另刻字加入即可，这是**可扩展性**；第四，字的排列有可能是竖排，也有可能是横排，此时只需将活字移动就可满足排列需求，这是**灵活性好**。

作为一个信息系统开发人员，在信息系统开发过程中，会经历太多的客户不断改变需求、更改最初想法的场景，才逐渐明白当中的道理。客观地说，客户的要求也并不过分（改几个字而已），但面对已完成的程序代码，却是需要面临几乎重头来过的尴尬，这实在是痛苦不堪。说白了，原因就是我们原先所写的程序，不容易维护、灵活性差、不容易扩展，更谈不上复用。因此，面对需求的变化，加班加点对程序进行大改动也是非常正常的事了。

如今，通过学习面向对象的系统分析与设计思想，考虑通过封装、继承、多态把程序的耦合度降低（传统印刷术的问题在于所有的字都刻在同一版面上，造成耦合度太高），并使用设计模式使得程序更加灵活、容易修改，并且易于复用，开发人员就会体会到面向对象带来的好处。

回顾中国古代的四大发明，另三种（火药、指南针、造纸术）应该都是科技的进步、伟大的创造或发现。而唯有活字印刷，实在是思想的成功，也是面向对象思想的胜利。

随着信息技术的普及和发展，企业成功的关键在于收集、组织和理解信息的能力，因此，信息系统已经成为企业经营和社会生活中不可或缺的支持技术。信息系统的开发方法正面临着从传统的结构化方法到面向对象方法的转移，面向对象系统分析与设计（Object-Oriented System Analysis and Design，OOSAD）方法正在迅速普及，成为信息系统开发的主流方法。

1.1 信息系统分析与设计概述

信息系统分析与设计的主要目标是改善组织系统，这通常包括开发或者购置应用软件并培训员工使用该软件。应用软件也称为一个信息系统，是为了支持一个特定的组织功能或过程而设计的，如财务系统、ERP 系统等。

1.1.1 信息系统

信息系统是通过收集、加工、传递和存储等过程将数据变成信息，并向有关人员提供决策支持的系统。信息系统可以不涉及计算机等现代技术，甚至可以是纯人工的。但是，现代通信与计算机技术的发展，使信息系统的处理能力得到很大的提高。现在，各种信息系统已经离不开现代通信与计算机技术，所以说，信息系统一般均指由人、机共同组成的软件系统。

组织为了提高管理水平，可以购买现成的应用系统。然而，随着组织内外部环境的快速变化和信息技术的飞速发展，现成的应用系统不可能总是满足一个特定组织的特定需要，所以，组织可能决定开发自己的系统。一个组织在开发自己的信息系统时，可以对系统的一部分使用购买的构件，而对剩余的部分进行个性化定制开发。

除应用软件之外，信息系统还应该包括以下内容。

（1）供应用程序运行的硬件和系统软件。

（2）文档资料。系统分析员为了帮助用户使用系统而创建的文字资料，如系统开发文档、培训材料、操作手册等。

（3）与信息系统相关的特定工作角色。包括使用系统的人员、系统分析人员、系统运维人员等。

（4）安全管理机制。这是信息系统的一部分，用来防止各种安全威胁。

1.1.2 信息系统分析与设计

信息系统分析与设计是基于对组织的目标、结构和业务等方面深入了解的基础上，建设和维护信息系统的一种方法。信息系统分析与设计必须遵循一种系统的方法来分析、设计和实现信息系统。

本书的目标是帮助用户理解并遵循指导信息系统的开发过程，信息系统开发过程涵盖了方法学、技术和工具等重要组成部分。

（1）方法学：是信息系统开发遵循一系列的循序渐进的方法，如传统的结构化开发方法、面向对象方法等。方法学融入了若干开发技术，如面向对象编程技术、建模技术。

（2）技术：是为系统分析员解决问题提供支持的技术体系，最典型的就是本书所讲授的支持面向对象开发方法的 UML，UML 是一种被广泛接受的表达面向对象系统分析与设计的标准。

（3）工具：是使特定技术易于使用的计算机程序，如 Rational Rose 建模工具、Visio、StarUML 建模工具等。

方法学、技术和工具这三个元素共同作用，形成了一种信息系统分析与设计的方法体系。

1.2 信息系统开发方法的演变

信息系统开发的演变和历史也就半个世纪，然而，这是一个快速发展的领域，这些年经历了显著的变化。

信息系统的开发始于 20 世纪 50 年代。20 世纪 50 年代和 60 年代的大部分时间，开发和编程是同义词，可以称为自由软件开发方式。因为硬件是一个制约，有效的开发者就是高效率的开发者，也就是那些能在有限的硬件上创造性地运用编程技巧的人，时兴个人英雄主义，即崇尚程序员的个人技能。另外，软件系统都比较小，功能相对简单，所用编程语言（如汇编语言、Fortran 语言等）及编程环境也不复杂，程序代码往往是“意大利面条式”，因为代码中含有较多 GOTO。

随着软件复杂性和系统规模的增长，随心所欲的方法不可被接受，因为这样的代码很难维护，导致“软件危机”产生。开发者认识到系统开发不只是纯粹的编程，必须作为项目被管理，并需要一种方法来指导信息系统从概念、开发直到试运行。

1.2.1 系统开发生命周期模型

20 世纪 70 年代至 80 年代，系统开发生命周期（System Development Life Cycle，SDLC）流行了起来。SDLC 认为从概念提出的那一刻开始，信息系统产品就进入了生命周期。在经历需求、分析、设计、实现、部署后，系统将被使用并进入维护阶段，直到最后由于缺少维护费用而逐渐消亡。这样的一个过程，称为“生命周期模型”（Life Cycle Model）。

瀑布模型（Waterfall Model）是典型的生命周期模型，在该模型中，首先确定初始需求，并接受用户和质量保证小组的验证。然后拟定可行性报告，同样通过验证后，进入计划阶段。可以看出，瀑布模型中至关重要的一点是只有当一个阶段的文档已经编制好并获得质量保证小组的认可后才可以进入下一个阶段。这样，瀑布模型通过强制性的要求提供规约文档来确保每个阶段都能很好地完成任务。但是实际上往往难以办到，因为整个模型几乎都是以文档驱动的，这对于非专业的用户来说是难以阅读和理解的。想象一下，当你去买衣服的时候，售货员给你出示的是一本厚厚的服装规格说明，你会有什么样的感触？虽然瀑布模型有很多很好的思想可以借鉴，但是在过程能力上有天生的缺陷。

生命周期模型的优点在于它强调计划和分析。一个项目中的大多数错误都可以追溯到确定用户需求时的错误，这在系统开发项目的早期阶段发生。生命周期模型使分析员不得不在分析上花费相当多的时间，从而在对系统进行设计和编码之前就彻底地理解问题。在开始冒险设计和实现之前，用户的需求已确定，并被详细地文档化。

然而，生命周期模型也有一些局限性。用户可能不能准确清晰地表达他们的需求，即使他们可以准确地表达他们的需求，但是没有实用知识的分析员也可能不理解他们的需求。此外，尽管任何生命周期乍看起来都是一组连续的顺序阶段，但它并非如此。随着时间的推移，用户需求可能改变，而迫于变化要再回到过程的早期阶段通常很困难。最后，项目风险要一直到项目的后期阶段才能评估，到这时，可能已经耗费了相当多的资源。

1.2.2 结构化开发方法

结构化开发方法是最早、最传统的信息系统开发方法，是在信息系统生命周期模型的基础上发展起来的，本书中所提到的传统开发方法通常指的是结构化开发方法。

1. 结构化开发方法的基本思想

结构化开发方法（Structured System Development Methodology）的基本思想是：用系统的思想和系统工程的方法，按照用户至上的原则，结构化、模块化、自顶向下地先对系统进行分析与设计，然后再自底向上地逐步实施，从而构成整体系统。

结构化开发方法实质上是一种基于过程建模的开发方法，过程建模包括对处理过程或动作的图形化表示，处理过程捕获、操纵和存储数据，并在一个系统及其环境之间、在系统内部传递数据。结构化开发方法使用图表和文字在不同的抽象层次上描述系统，过程建模的常见形式是使用数据流程图（DFD）和实体-关系图（E-R 图）来进行系统建模，数据流程图是对外部实体和处理过程之间的数据移动以及存储在系统中的数据的图解说明，如图 1-1 所示。

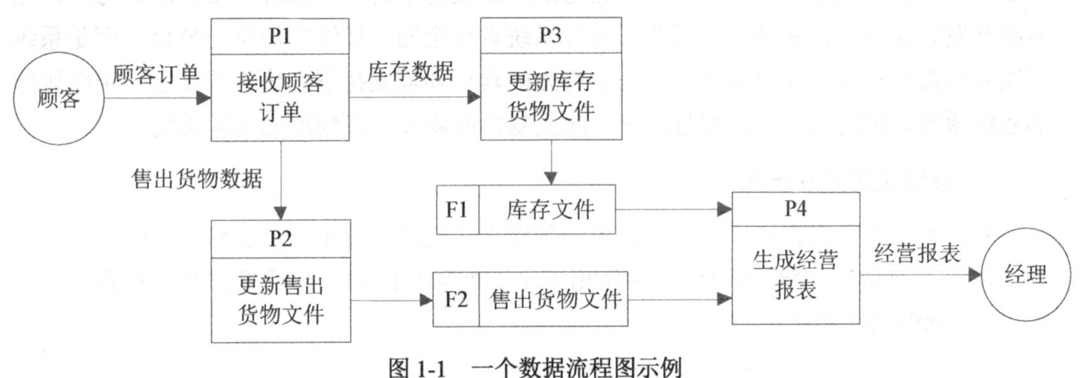

图 1-1　一个数据流程图示例

结构化开发方法还以分解的概念作为基础，侧重于对系统进行功能分解，认为所要开发的系统是由一个个相互关联的小系统组成的。一个业务处理过程被分解为更小的过程，这些过程又依次被分解为再小一些的块，这样的分解一直继续进行，直到得到大小适合当前问题的过程，分解需要进行到处理过程的粒度能够足以转换为函数和过程。

2. 结构化开发方法存在的问题

1）过程与数据分离，不能直接映射问题域

结构化开发方法通过数据流程图进行过程建模，通过 E-R 图进行数据建模。由此可以看出，在分析与设计过程中过程与数据是分离的，无法映射到问题域中的客观事物，这不利于人们对客观世界的认识和接受，不易理解，造成分析与设计的模型难以有效地描述问题域。在开发需求模糊或需求动态变化的系统时，所开发出的软件系统往往不能真正满足用户的需要。

2）容易导致模块的低内聚和高耦合

在结构化方法中，过程是由一个个紧密相连的小系统组成的，构成这个系统的各个部分之间有着密不可分的因果关系，这种开发方法在开发需求复杂程度较低的系统的时候非常管用，但是对较为复杂的系统，容易导致模块的低内聚和高耦合。

3）灵活性和可维护性较差

过程不像数据那么稳定，结构化开发方法清楚地定义了系统的接口，但是当系统对外界接口发生变动时，可能会造成系统结构产生较大变动，难以扩充新的功能接口。

另外，就编程实现来讲，传统的结构化开发方法需要通过建立标准函数库来重用软构件，但标准函数缺少必要的“柔性”，难以适应不同场合的不同需要。实践证明，用传统方法开发出来的系统，其维护费用仍然很高，原因是灵活性较差、维护困难，导致可维护性差。

1.2.3 原型法

原型法是 20 世纪 80 年代随着计算机技术的发展，特别是在关系数据库系统（RDBS）、第 4 代程序语言（4GL）的基础上发展起来的一种系统开发方法。与结构化系统开发方法相比，原型法不需要对现行系统进行全面、详细的调查与分析，而是系统开发人员根据对用户需求的理解，在强有力的软件环境支持下，快速开发出一个能运行的系统原型提供给用户，然后与用户一起反复协商修改，直到形成实际系统。

1. 原型法的开发步骤

系统开发人员在初步了解用户需求的基础上，迅速开发出一个能够运行的实验型的系统，即“原型”，交给用户使用并做出评价，然后与用户一起反复修改，直到用户满意为止，如图 1-2 所示。

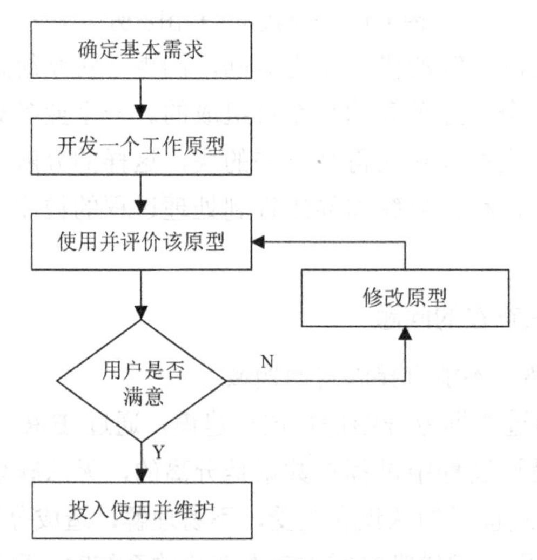

图 1-2　原型法的开发步骤

2. 原型法的主要优点

1）减少开发时间，提高系统开发效率

原型法减少了大量制作文档的时间，开发周期短，费用相对少。

2）改进用户与系统开发人员的信息交流方式

原型法将系统原型提供给用户，使用户在参与中直接发现问题，及时得到用户的反馈，这种方式改善了用户与系统开发人员之间的信息沟通状况，减少了设计错误。

3）用户满意程度高

原型法使用户面对的是一个活灵活现的系统原型，这不仅使得用户易于接受，而且激发了用户主动参与的积极性，减少了用户的培训时间，提高了用户的满意程度。

4）应变能力强

原型法是在迭代中完善的，信息技术的进步、企业经营环境的变化，都能及时地体现在系统中，这就使得所开发的系统能及时适应迅速变化的环境。

3．原型法的主要缺点

1）开发工具要求高

原型法需要快速开发出原型，开发工作量较大，如果没有现代化的开发工具和技术支持是无法快速完成的。

2）对大型系统或复杂性高的系统不适用

对于大型的、复杂的系统，设计人员很难理解透彻，如果采用原型法，分析和设计上的深度不够，那么这个原型就得反复迭代，反复修改的次数多了，周期就会变长，成本也会增大，就失去了原型法的优势。

3）对用户的管理水平要求高

原型法要求用户的管理能力要达到一定水平，对于管理不善、信息处理混乱的用户，不能直接用原型法。

1.2.4 面向对象方法

面向对象（Object Oriented，OO）方法在20世纪80年代后获得广泛应用，这种方法以类、继承等概念描述客观事物及其联系，为管理信息系统的开发提供了一种全新的思路。面向对象方法不仅是一些具体的软件开发技术与策略，而且是一整套关于如何看待软件系统与现实世界的关系，用什么观点来研究问题并进行求解，以及如何进行系统构造的软件方法学。

1．面向对象方法的起源

面向对象方法的基础是面向对象的编程语言。一般认为诞生于1967年的Simula-67是第一种面向对象的编程语言。尽管该语言对后来许多面向对象语言的设计产生了很大的影响，但它没有后继版本。继而20世纪80年代初Smalltalk语言掀起了一场“面向对象”运动。随后便诞生了面向对象的C++、Eiffel和CLOS等语言。尽管在当时面向对象的编程语言在实际使用中具有一定的局限性，但它仍吸引了广泛的注意，到今天面向对象编程语言数不胜数，如C++、Java、C#等。随着面向对象方法的不断完善，面向对象方法逐渐在软件工程领域得到了应用。

2．面向对象方法的基本思想

面向对象方法强调将客观世界（问题域）中的客观事物抽象表示成对象，以对象作为构造系统的基本构成单位。这能使系统直接映射问题域，保持问题域中事物及其相互关系的本来面貌。下面具体阐述面向对象方法的基本思想。

（1）客观世界中的事物都是对象，对象间存在一定的关系。面向对象方法要求从现实世界中客观存在的事物出发来建立软件系统，强调直接以客观世界（问题域）中的事物以及事物之间的联系为中心来思考问题、认识问题，并根据这些事物的本质特征，将其抽象为系统中的对象，作为系统的基本构成单位，这可使系统直接映射问题域，保持问题域中事物及其相互关系的本来面貌。

（2）用对象的属性描述事物的数据特征，用对象的操作描述事物的行为特征。

（3）对象把它的属性与操作结为一体，成为一个独立不可分的实体，并对外屏蔽其内部细节。

（4）通过抽象对事物进行分类，把具有相同属性和相同操作的对象归为一类。类是这些对象的抽象描述，每个对象是它的类的一个实例。

（5）复杂的对象可以用简单的对象作为构成部分。

（6）通过在不同程度上运用抽象原则，可得到较一般类和特殊类，特殊类继承一般类的属性与操作，从而会简化系统构建过程及文档。

（7）对象之间通过消息进行通信，以实现对象之间的动态联系。

（8）通过关联、继承等表达类之间的静态关系。

面向对象方法的基本思想如图 1-3 所示。

利用抽象原则从客观世界中发现对象以及对象间的关系，其中包括整体对象和部分对象，进而再把对象抽象成类，把对象间的关系抽象为类之间的关系。通过继续运用抽象原则，确定类之间存在的静态关系。上述简略地说明了建立系统的静态结构模型即类图的思想，系统其他模型的建立原则也与此类似，这些内容将是本书讲述的重点。通过 UML 以图形的方式作为建模的主要方式，分别建立系统的分析与设计模型，最后通过面向对象编程语言进而得到可运行的程序。正是通过面向对象建模，对所要解决的问题有了深刻且完整的认识，进而把其转换成可运行的程序，使得程序所处理的对象是对现实世界中对象的抽象。

由此可以看出，面向对象方法是软件方法学的返璞归真。自从计算机问世以来，软件科学的发展出现过许多“面向”：面向功能、面向数据流、面向信息等，人们尝试从不同角度去认识软件的本质。但后来，人们认识到：软件开发从本质上讲就是对软件所要处理的问题域进行正确认识，然后正确描述，那就应该从直接面对问题域中客观存在的事物出发进行软件开发，即面向对象。同时，人们日常生活中用到的自然思维和表达方式也应该在软件开发中尽量采用。

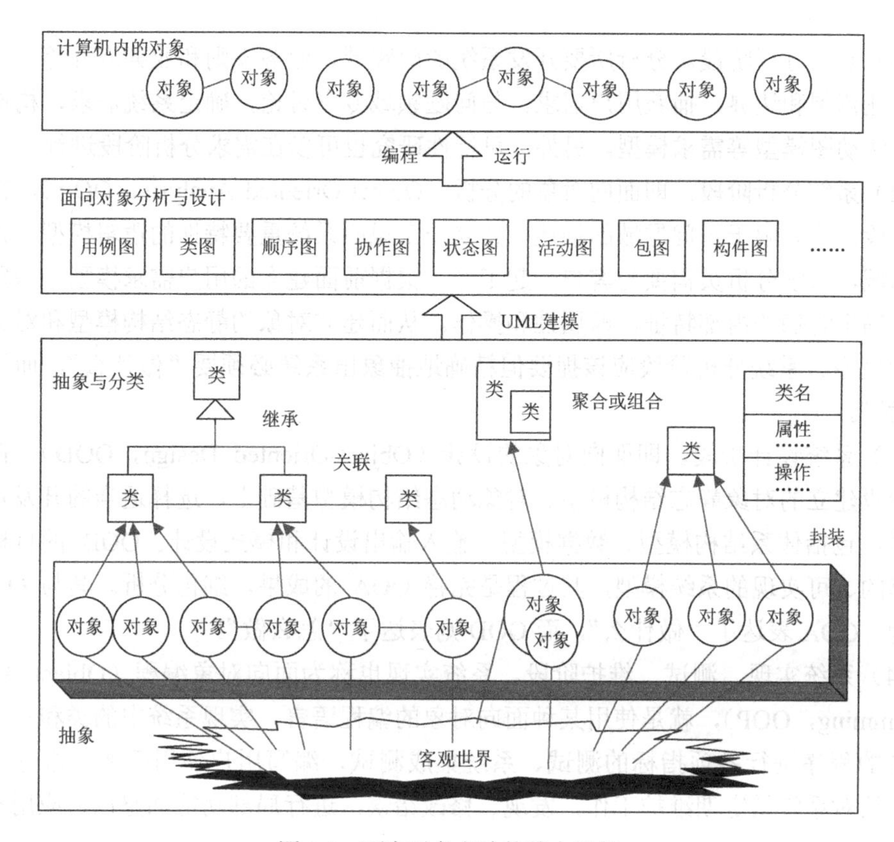

图 1-3 面向对象方法的基本思想

3. 面向对象系统开发过程

面向对象系统开发过程由需求分析阶段，系统分析阶段，系统设计阶段和系统实现、测试、维护阶段组成，如图 1-4 所示。

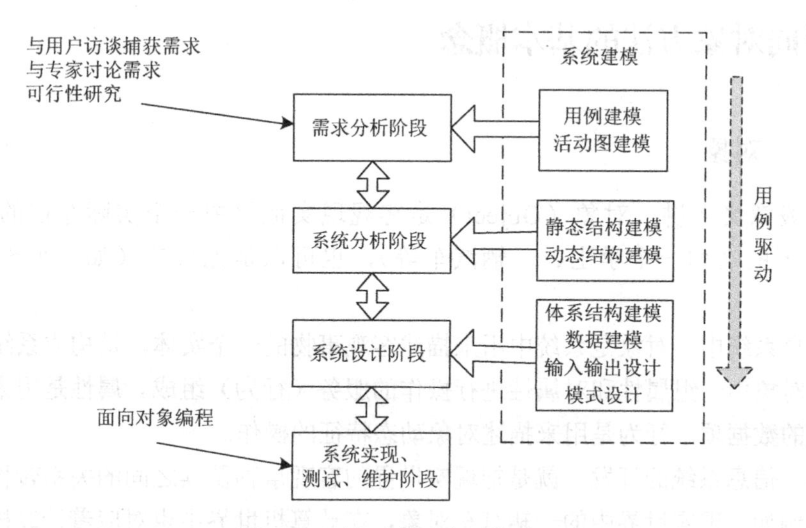

图 1-4 面向对象系统开发过程

（1）需求分析阶段。分析所要开发系统的问题域、业务规则和业务流程等，明确系统的责任范围和边界，捕获用户需求。与问题领域专家讨论，确定系统需求，构造用例模型、活动图模型等需求模型。另外，可行性研究也可以在需求分析阶段进行。

（2）系统分析阶段。即面向对象的分析（Object-Oriented Analysis，OOA），在系统分析阶段，要着眼于对问题域的描述，建立一个说明系统重要特性的逻辑模型。为了理解问题域，系统分析员需要与客户一起工作。根据前面建立的用户需求模型，识别对象和类，确定它们的内部特征，即属性和操作。从而建立对象的静态结构模型和对象的动态结构模型。系统分析阶段应该扼要但精确地抽象出系统必须要“做什么”，而不关心“怎么做”。

（3）系统设计阶段。即面向对象的设计（Object-Oriented Design，OOD），在系统分析阶段建立的对象静态结构模型、对象动态结构模型基础上，选择适当的开发环境进行设计，包括体系结构模型、数据模型、输入输出设计和模式设计。OOD 的目标是建立可靠的、可实现的系统模型，其过程是完善 OOA 的成果，细化分析。其与 OOA 的关系为：OOA 表达了“做什么”，而 OOD 则表达了“怎么做”。

（4）系统实现、测试、维护阶段。系统实现也称为面向对象编程（Object-Oriented Programming，OOP），就是使用某种面向对象的编程语言，实现系统中的类和对象；对编写完的程序进行各项指标的测试、系统集成测试，编写用户使用手册并进行系统安装；持续对系统做定期维护工作，发现、修改错误，进行局部功能调整以适应用户的最新要求。

总之，面向对象的系统开发过程以体系结构为中心，以用例为驱动，是一个反复、渐增的过程。采用面向对象方法和 UML 建立的模型具有可追溯性，并且支持模型之间的无间隙转换。

1.3 面向对象方法的基本概念

1.3.1 对象

从一般意义上讲，对象（Object）是客观现实世界中一个实际存在的事物，它可以是有形的（如一个学生、一辆汽车等），也可以是无形的（如一个班级、一项计划等）。

在信息系统中，对象是系统中用来描述客观事物的一个实体，是构成系统的基本单位。一个对象由一组属性和对属性进行操作的服务（行为）组成。属性是用来描述对象静态特征的数据项，行为是用来描述对象动态特征的操作。

其实，信息系统的开发，就是把现实世界的客观事物及其之间的关系转移到计算机世界中。例如，现实世界中的一辆汽车对象，在计算机世界中也对应着计算机对象，只是描述方式有了差别，如图 1-5 所示。

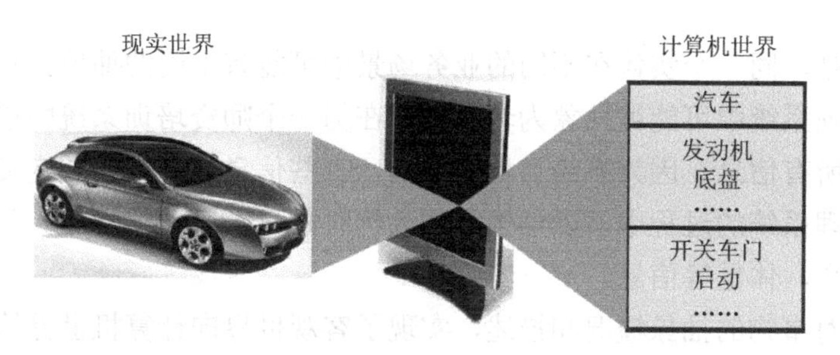

图 1-5　现实世界的对象到计算机世界的对象

另外，对象只描述与系统目标有关的特征，并不描述对象所有的特征。对象是属性和操作的结合体，不可分离，属性只能由操作来读取和修改。在系统开发中，可能要定义一些只与实现技术有关，而不映射问题域具体事物的对象，这些在系统设计中会有讲解。

同一个对象在系统开发的不同阶段可能有不同的表示：在现实世界中是一个客观事物，在需求分析中仅仅是一段自然语言，在分析和设计阶段是一个图形元素，在实现阶段中则是一段代码。

1.3.2　类

把众多的事物归纳、划分成一些类，是人们在认识客观现实世界时通常采用的思维方式。分类所依据的原则是抽象的，即忽略事物的非本质特征，只注重那些与当前目标有关的本质特征，从而找出事物的共性，把具有共同性质的事物划分成一类。例如，人、男人、女人、房子、车等都是人们在长期的生产生活实践中抽象出的概念。

面向对象方法中的类的定义为：类是一组具有相同属性和操作的对象集合，它为所有属于该类的对象提供了统一的描述。

在面向对象的编程语言中，类是一个独立的程序单元，它具有类名和该类对象应具有的所有属性和操作。类的作用就是创建对象。类就像一个对象模板，用它可以创建许多对象，对象与对象的区别仅是属性值不同。因此，对象也称为类的一个实例。例如，学生类描述了所有学生的属性和行为，而具体的学生只是其属性上的差异。

类有一般类（General Class）和特殊类（Special Class）之分，如果类 A 具有类 B 的全部属性和操作，而且有自己特有的某些属性和操作，则称 A 为 B 的特殊类，B 为 A 的一般类。

等价的概念包括超类和子类、基类和派生类。

1.3.3　抽象

世界是复杂多样的，为了处理这种复杂多样性，需要将其中的内容抽象化。抽象（Abstract）就是忽略事物中与当前目标无关的非本质特征，更充分地注意与当前目标有关的本质特征，从而找出事物的共性，并把具有共性的事物划为一类，得到一个抽象的概念，即类。因此，从对象到类的过程就是抽象的过程，即将所见到的具体实体抽象成概念，从而可以在计算机世界中进行描述和对其采取各种操作。

要注意的是，同一个实体在不同的业务场景中可能有不同的抽象。同样是一批人，在一个教务管理系统中可能被抽象为老师，而在另一个师资培训系统中被抽象为学员。同一个实体的所有信息，因为系统目标的不同，有些信息就不需要被定义。例如，在设计一个学生管理系统的过程中，以学生李华为例时，只关心他的学号、班级、成绩等，而忽略他的身高、体重等信息。

抽象性是对事物的抽象概况和描述，实现了客观世界向计算机世界的转化。

1.3.4 封装

封装指将对象的属性和操作结合起来，形成一个独立的实体，并尽可能对外隐藏对象的内部细节。封装是软件模块化思想的体现。

封装的第一个含义是把对象的全部属性和操作结合在一起，形成一个不可分割的独立对象。另一个含义是实现信息隐藏，即尽可能地隐藏对象的内部细节，对外形成一个边界，只保留有限的对外接口使之与外界发生联系。信息隐藏的出发点是对象的私有数据不能被外界存取，从而保证外界以合法的手段（即对象所提供的的操作）访问。例如，自动售货机对象，它拥有商品名称、单价、数量、地理位置等属性和商品零售、货款清点等操作，自动售货机只保留一个操作界面（接口）由顾客进行自助购买，顾客不能直接获取售货机内部的商品。

另外，封装将对象的属性和服务结合起来反映了一个基本事实：事物的静态特征和动态特征是事物的不可分割的两个方面。

封装在系统开发中有以下要求。

（1）对象以外部分不能随意存取对象内部属性，从而有效地避免了外部错误对它的“交叉感染”，使软件错误局部化，减少查错和排错的难度（在自动售货机的例子中，如果没有挡板，顾客的错误操作可能使商品、钱不翼而飞）。

（2）当对象的内部需要修改时，由于它只通过少量的服务接口对外提供服务，因此大大减少了内部的修改对外部的影响，即减少修改引起的“波动效应”。

但封装也有副作用：如果强调严格的封装，对任何属性都不允许外部直接存取，就要增加许多没有意义、只负责读或写的操作，增加编程工作负担和运行开销。为避免这一点，一些面向对象编程语言（如 Java）允许对象有不同程度的可见性，当变量的存取权限为 private 时才是严格封装，当为 public 时已不是严格封装，因为这时对象的属性已可直接被操作。

1.3.5 继承

特殊类（子类）的对象拥有一般类（父类）的全部属性与操作，称特殊类对一般类的继承。继承具有传递性。较多地注意事物之间的差别，可以得到较特殊的类；较多地忽略事物之间的差别，可以得到较一般的类。

继承具有重要的实际意义，它简化了人们对事物的认识和描述，非常有利于软件复用，也是面向对象方法能够提高信息系统开发效率的重要原因之一。特殊类继承一般类，本身就是软件重用。不仅如此，如果将开发好的类作为构建放到构件库中，在开发新系统时便可以直接使用或继承使用。

例如，在认识了汽车的特征之后，再考虑卡车时，因为知道卡车也是汽车，于是可以认为卡车理应具有汽车的全部一般特征，从而只需要把精力用于发现和描述卡车独有的那些特征，如图 1-6 所示。

另外，从集合论上，可以认为特殊类对象集合为一般类对象集合的子集，如图 1-7 所示。

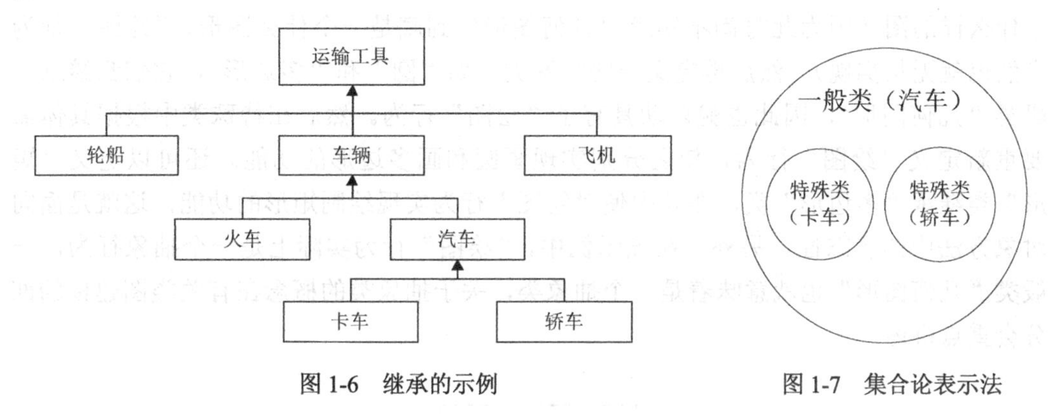

图 1-6　继承的示例　　　　图 1-7　集合论表示法

根据父类的个数不同，存在着单一继承和多重继承两种情况。单一继承（或称单继承）是指一个类继承另外一个类，图 1-8 展示了两个单一继承的实例，学生类和教师类通过单一继承构成两个继承关系，表明学生和教师都是一类人，都拥有姓名属性和打篮球这一行为；另外，学生还拥有学号属性和学习行为，教师还拥有教工号属性和教书行为。

多重继承指的是一个类可以同时继承多个父类的属性和行为。如图 1-9 所示，“客轮”类同时继承“轮船”类和“客运工具”类，这是一个多重继承，表明客轮既是一种轮船，又是一种客运工具。

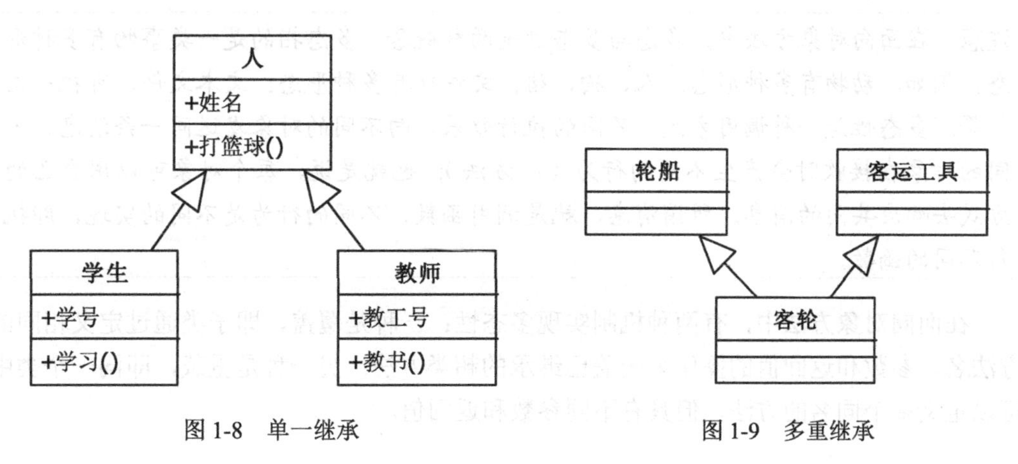

图 1-8　单一继承　　　　图 1-9　多重继承

在实际的系统开发应用中，对多重继承的使用一定要谨慎。因为有些编程语言（如Java、C#等）不支持多重继承，这会造成设计方案无法被实现。

1.3.6 多态性

多态性是指在一般类中定义的属性或行为，被特殊类继承之后，可以具有不同的数据类型或者表现出不同的行为。这使得同一个属性或行为在一般类及各个特殊类中具有不同的语义。如图 1-10 所示，定义一个一般类“几何图形”，它具有“绘图”行为，但这个行为并没有具体含义，也就是说，当“绘图”这个动作执行时，并不确定画的是一个什么样的图（因为此时尚不知道“几何图形”到底是一个什么图形，“绘图”行为当然也就无从实现）。然后再定义一些特殊类，如“圆”和“多边形”，它们都继承一般类“几何图形”，因此也就自动具有了“绘图”行为。然后在特殊类中根据具体需要重新定义“绘图”行为，使之分别实现画圆和画多边形的功能。还可以定义“矩形”类继承“多边形”类，在其中使“绘图”行为实现绘制矩形的功能，这就是面向对象方法中的多态性。另外，在该示例中，“绘图”行为实际上是一个抽象行为，一般类“几何图形”也就意味着是一个抽象类，关于抽象类的概念在有关类图建模的部分会重点讲述。

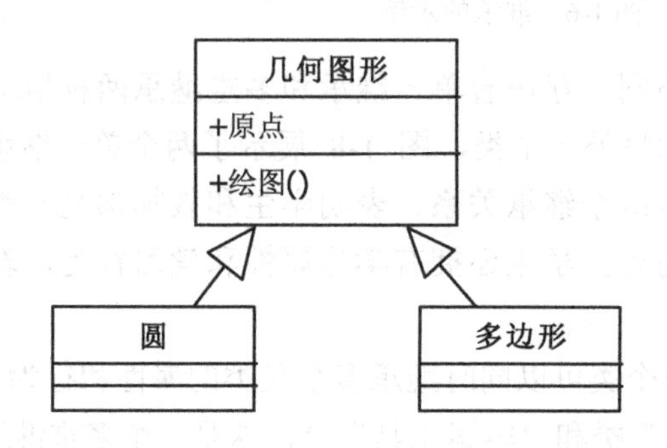

图 1-10 多态继承

注意：在面向对象方法中，多态与多态性是两种概念。多态指的是一类事物有多种形态。例如，动物有多种形态：人、狗、猪；文件也有多种形态：文本文件、可执行文件等。多态性是一种调用方式，不同的执行效果，向不同的对象发送同一条消息，不同的对象在接收时会产生不同的行为（即方法）；也就是说，每个对象可以用自己的方式去响应共同的消息。所谓消息，就是调用函数，不同的行为是不同的实现，即执行不同的函数。

在面向对象方法中，有两种机制实现多态性：一种是覆盖，即子类通过定义相同的方法名、参数和返回值的操作来覆盖已继承的超类方法；另一种是重载，即同一个类中可以定义多个同名的方法，但具有不同参数和返回值。

1.3.7 消息机制

面向对象的另一个原则是对象之间只能通过消息进行通信，不允许在对象之外直接存取对象内部的属性。这也是由封装原则引起的，它使消息成为对象间唯一的动态联系方式。消息传递是对象间通信的手段，一个对象通过向另一个对象发送消息来请求其服务。一个消息通常包括接收的对象名、调用的操作和相应的参数。消息只告诉接收对象要完成什么操作，并不关心接收者怎样完成操作。对象、类和它们的实例通过传递消息来通信，极大地减少了数据的复制量，还能保证对象封装的数据结构和程序的改变不会影响系统的其他部分。

举售报亭的例子：对于售报亭来说，顾客想购买报刊的时候，通过给售报员发一条消息“买一份《北京晚报》”就可以。顾客并不需要关心报刊是如何摆放的，怎么摆放是售报亭内部的事情，顾客也无须知道。同样，调整报刊价格时，对于售报亭内部怎么运作这种调整，顾客也无须关心。

在这个例子中，消息接受者：售报亭；要求的服务：报刊零售；输入信息：要买的报刊种类、份数和钱；输出信息：买到的报纸和零钱，如图 1-11 所示。

图 1-11 消息传递示例

1.4 面向对象方法的主要优点

本节从认识论的角度和软件工程方法的角度分析面向对象方法带来的益处，并把面向对象方法与传统开发方法进行比较，分析面向对象方法的优点。本书此处所提到的传统开发方法主要指的是传统的结构化开发方法。

1.4.1 从认识论的角度来看，面向对象方法改变了开发软件的方式

传统开发方法对现实世界的认识是面向功能的，把系统看成一组功能的集合，功能是由过程与数据实体交互实现的，过程接受输入并产生输出，如图 1-12 所示。

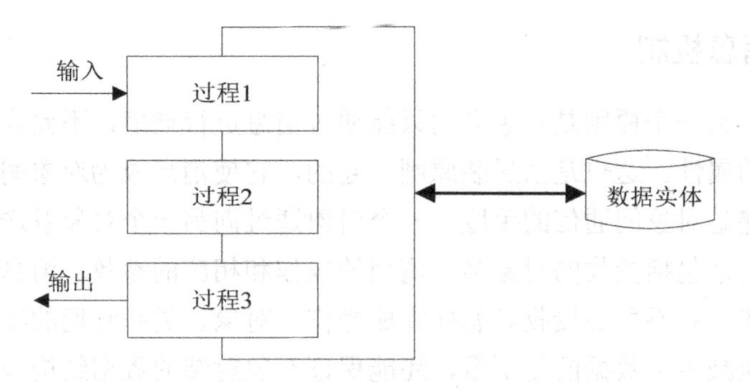

图 1-12　传统开发方法

面向对象方法从对象出发认识现实世界，对象对应着现实世界中的客观事物，其属性与操作分别刻画了事物的性质和行为，对象把数据和处理数据的方法封装成一个单元，对象之间只能通过消息进行通信，如图 1-13 所示。另外，对象的类之间的继承、关联和依赖关系能够刻画问题域中事物之间实际存在的各种关系。因此，无论是系统的构成成分，还是通过这些成分之间的关系而体现的系统结构，都可直接地映射到问题域。

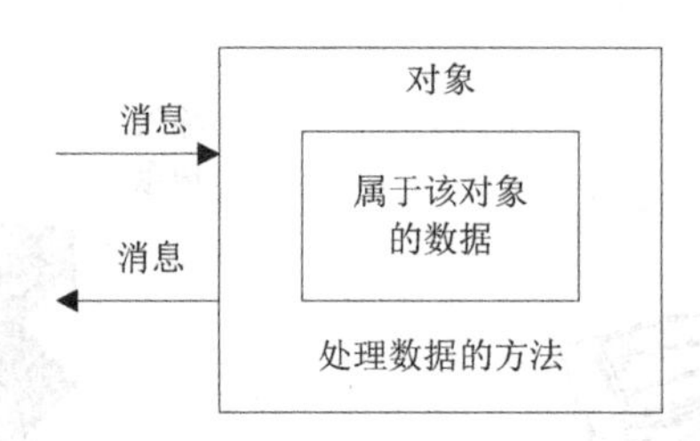

图 1-13　面向对象方法

面向对象方法以对象为核心，强调对现实概念的模拟而不强调算法，按照人们习惯的思维方式建立问题域的模型，开发出尽可能直观、自然地表现求解方法的软件系统。

1.4.2　面向对象语言使客观世界到计算机世界的语言鸿沟变窄

开发人员对问题域的认识是一种思维活动，而人类的任何思维活动都是借助于他们熟悉的某种自然语言进行的。信息系统的最终实现必须用一种计算机能够阅读和理解的语言描述系统，这就是编程语言。

人们习惯使用的自然语言和计算机能够理解及执行的编程语言之间存在很大的差距，这种差距被称为“语言鸿沟”，实际上也是认识和描述之间的鸿沟。这意味着，一方面人们借助自然语言对问题域所产生的认识远远不能被机器理解和执行，另一方面机器能够理解的编程语言又不符合人们的思维方式。因此开发人员需要跨越两种语言之间的鸿沟，即从思维语言过渡到描述语言。编程语言的发展经历了机器语言、汇编语言、非面向对象的高级编程语言和面向对象编程语言等阶段，不断地填补“语言鸿沟”，如图 1-14 所示。

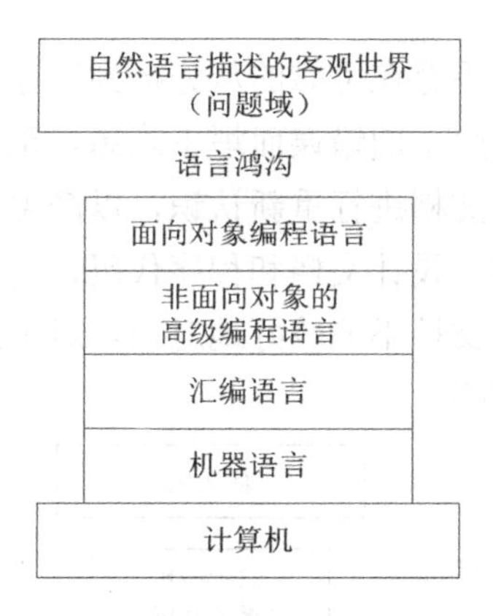

图 1-14　编程语言的发展使语言鸿沟变窄

机器语言是由二进制的“0”和“1”构成的，是计算机唯一可以直接识别和执行的语言，距离机器最近，距离人类的思维最远。汇编语言以易于理解和记忆的名称和符号表示指令、数据以及寄存器、地址等物理概念，稍微适合人类的形象思维，但仍然相差很远，因为其抽象层次太低，仍需考虑大量的机器细节。非面向对象的高级语言隐蔽了机器细节，使用有形象意义的数据命名和表达式，这可以把程序与所描述的具体事物联系起来，更便于体现客观事物的结构和逻辑含义，与人类的自然语言更接近，但仍有不少差距。面向对象编程语言能比较直接地反映客观世界的本来面目，并使软件开发人员能够运用人类认识事物所采用的一般思维方法来进行软件开发，从而进一步缩短了从客观世界到计算机世界的语言鸿沟。

1.4.3　面向对象方法使分析与设计之间的鸿沟变窄

一般来讲，在系统开发过程中的需求分析具有两方面的意义：在认识事物方面，要求具有一整套分析、认识问题域的方法、原则和策略，使得对问题域的理解更为全面，深刻和有效；在描述事物方面，要求有一套表示体系和文档规范，比仅用自然语言更为准确，也接近后期的开发阶段。

但是，传统的结构化开发方法的需求分析在上述两方面都存在不足，对问题域的认识与描述不是以问题域中的固有事物作为基本单位，并保持它们的原貌，而是打破了各类事物间的界限，在全局的范围内以功能、数据或数据流为中心来进行分析，所以运用该方法得到的分析结果不能直接地映射到问题域，而是经过了不同程度的转化和重新组合，这样就容易隐藏一些对问题域理解的偏差。

此外，就总体设计和详细设计来讲，总体设计是在需求分析的基础上构造具体的技术解决方案，主要是模块的划分及其之间的调用关系；详细设计是在总体设计的基础上考虑每个模块的内部结构和算法。但是，在传统的结构化开发方法中，由于分析与设计的表示体系不一致，导致了设计文档与分析文档很难对应，在图 1-15 中表现为“分析与设计的鸿沟”。即分析的结果（数据流程图）和设计的结果（模块结构图）是两种不同的概念体系，使得从分析到设计的过渡带来较大的困难，最终使得设计的结果对问题域又形成一次扭曲。实际上并不存在可靠的从分析到设计的转换规则，这样的转换有一定的人为因素，从而往往因理解上的错误而埋下隐患。正是由于这些隐患，使得编程人员经常需要对分析文档和设计文档进行重新认识，以产生自己的理解再进行工作，而不维护文档，这样使得分析文档、设计文档和程序代码之间不能较好衔接。由于程序与问题域和前面的各个阶段产生的文档不能较好地对应，对于维护阶段发现的问题的每一步回溯都存在着很多理解上的障碍。

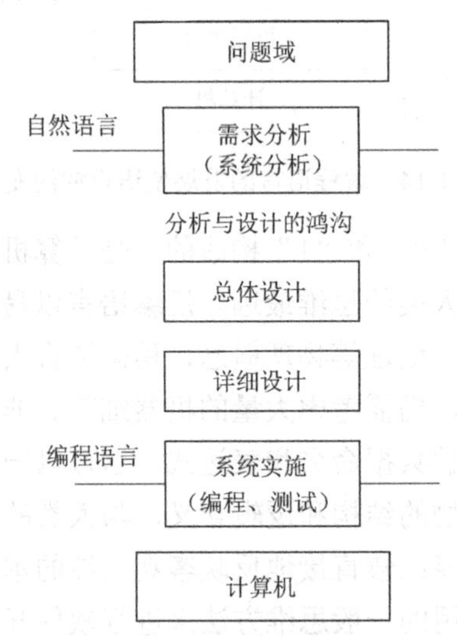

图 1-15　传统的结构化开发方法示意图

面向对象开发过程的各个阶段都使用了一致的概念与表示法，而且这些概念与问题域的事物是一致的，这对整个软件生命周期的各种开发和管理活动都具有重要的意义。首先是分析与设计之间不存在鸿沟，从而可减少人员的理解错误并避免文档衔接得不好的问题。从设计到编程，模型与程序的主要成分是严格对应的，这不仅有利于设计与编程的衔接，而且还可以利用工具自动生成程序的框架和（部分）代码。对于测试而言，面向对象的测试工具不但可以依据类、继承和封装等概念与原则提高程序测试的效率与质量，而且可以测试程序与面向对象分析和设计模型不一致的错误。这种一致性也为软件维护提供了从问题域到模型再到程序的良好对应，如图 1-16 所示。

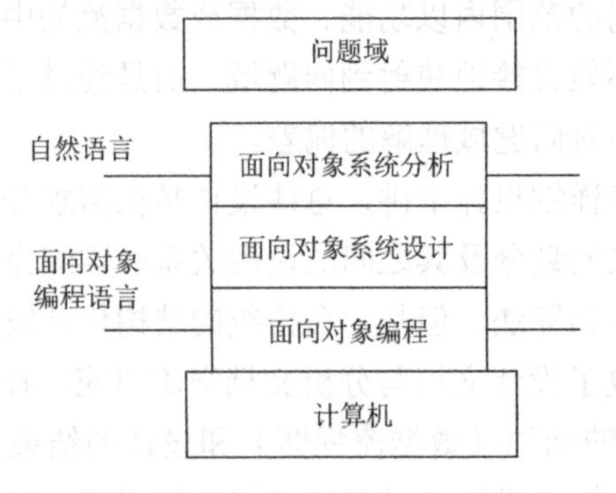

图 1-16　面向对象方法示意图

1.4.4 面向对象有助于软件的维护与复用

众所周知，在信息系统开发过程中，用户的需求是不断变化的，这是因为业务流程、企业战略、信息技术和社会的规章制度等因素都不断地在发生变化。对于传统的结构化开发方法来说，最初的时候需要冻结用户的需求，等项目完成之时，用户的需求可能已经改变了，即使项目能够满足最初的需求，也可能被宣告失败。这是因为在传统的结构化开发方法中，所有的系统都按照功能来划分模块，并将系统功能分离为数据和处理过程。例如，对一个“业务项”建模，如销售订单，销售订单的属性，如订货数量和订货日期被认为是数据，它的处理，如显示详细资料和计算总额被认为是过程；这两者从逻辑上被分隔开来。然而，研究人员和从业人员发现，这种分隔是不自然的。

首先，从本体论的观点来看，这是反常的。本体论观点考虑现实世界的“事物”到表示概念的映射。这种分隔也削弱了对事物表示的复用。在现实世界中，一个事物（如DVD 播放器）的数据方面和它的行为或处理方面通常并不被认为是分离的。例如，认为 DVD 播放器的属性如品牌、型号和价格等，与它的行为（如播放、快进和显示字幕等）是逻辑上分离，这是不自然的。其次，这种分离非常不利于系统的维护，对一处进行修改，可能会引起连锁反应，导致系统非常脆弱。最后，数据和处理过程的分离，也使得复用难以实现。

通过与结构化开发方法的比较能够看出，面向对象方法还具有以下的主要优点。

（1）把易变的数据结构和部分算法封装在对象内并加以隐藏，仅供对象自己使用，这保证了对它们的修改并不会影响其他的对象，系统稳定性较好。

（2）类或者对象的独立性强，只要修改不涉及类或者对象的对外接口，则内部修改完全不影响外部调用。

（3）面向对象开发方法对需求的变化有较强的适应性，有利于维护。对象的接口（供其他对象访问的那些操作）的变化会影响其他的对象，若在设计模型时遵循了一定的原则，这种影响可局限在一定的范围之内。此外，由于将操作与实现的细节进行了分离，若接口中的操作仅在实现上发生了变化，也不会影响其他对象。对象本身来自于客观事物，是较少发生变化的。

（4）封装、继承和多态性有利于复用对象。把对象的属性和操作捆绑在一起，提高了对象（作为模块）的内聚性，减少了与其他对象的耦合，这为复用对象提供了可能性和方便性。在继承结构中，特殊类对一般类的继承，本身就是对一般类的属性和操作的复用。继承与多态性还增加了程序的灵活性和可扩展性。

（5）传统开发方法通过建立标准函数库来重用软构件，但标准函数缺少必要的“柔性”，难以适应不同场合的不同需要。一个类所有的实例都可重用它的代码；由继承派生出的新的类可重用其父类的代码，并且可以修改、扩充而不影响其父类的使用。

要注意的是，面向对象方法并不是减少了开发时间，而是通过提高可重用性、可维护性，提高扩充和修改的容易程度等，从长远角度改进了软件的质量。面向对象方法与原型法结合使用效果比较好。

本 章 小 结

信息系统分析与设计是基于对组织的目标、结构和业务等方面深入了解的基础上，建设和维护信息系统的一种方法。信息系统开发方法遵循生命周期理论，典型的开发方法包括传统的结构化开发方法、原型法和面向对象方法。

面向对象方法更接近人类的日常思维方式，强调将客观世界（问题域）中的客观事物抽象表示成对象，以对象作为构造系统的基本构成单位。面向对象方法充分体现了抽象、继承、封装等思想，这能够使系统直接映射问题域，保持问题域中事物及其相互关系的本来面貌。

与传统的结构化开发方法相比，面向对象方法具有显著的优势：从认识论的角度看，面向对象方法改变了开发软件的方式；面向对象语言使客观世界到计算机世界的语言鸿沟变窄；面向对象方法使分析与设计之间的鸿沟变窄；面向对象方法使系统更易于理解，需求变化引起的全局性修改较少，分析文档、设计文档、源代码对应良好，更加有利于软件的复用。

本 章 习 题

一、单项选择题

1．对于管理信息系统，为提高系统的开发效益和质量，采用（　　），可改进用户和开发者之间由于需求变化而引起修改和定义不准确等问题。

A．软件测试　　B．生命周期法　　C．第四代语言　　D．面向对象方法

2．下面关于面向对象分析与面向对象设计的说法中，不正确的是（　　）。

A．面向对象分析侧重于理解问题域

B．面向对象设计侧重于理解解决方案

C．面向对象分析描述软件的作用

D．面向对象设计一般不关注技术和实现层面的细节

3．（　　）是把对象的属性和服务结合成一个独立的系统单元，并尽可能地隐藏对象的内部细节。

A．继承　　B．多态　　C．消息　　D．封装

4．（　　）是指子类可以自动拥有父类的全部属性和服务。

A．继承　　B．多态　　C．消息　　D．封装

5．（　　）是对象与其外界相互关联的唯一途径。

A．函数调用　　B．接口　　C．状态转换　　D．消息传递

6．下面关于面向对象技术优点的论述中，存在错误的是（　　）。

A．利用面向对象技术开发的系统比较稳定，较小的需求变化不会导致大的系统结

构的改变

B．利用面向对象技术开发的系统易于理解

C．利用面向对象技术开发的系统具有更高的可靠性

D．利用面向对象技术开发的系统具有较好的适应性，但不适用于构造大型软件系统

7．对象之间的服务请求是通过传递（　　）来实现的。

A．对象名　　B．属性　　C．参数　　D．消息

8．下面哪个不是面向对象的基本原则（　　）。

A.抽象　　B.多态性　　C.封装　　D.关联

9．面向对象分析的第一步是（　　）。

A．定义服务　　B．确定附加的系统约束

C．确定问题域　　D．定义类和对象

10．面向对象的主要特征除对象唯一性、封装、继承外，还有（　　）。

A．多态性　　B．完整性　　C．可移植性　　D．兼容性

11．使得在多个类中能够定义同一个操作或属性名，并在每一个类中有不同的实现的一种方法是（　　）。

A．继承　　B．多态性　　C．抽象　　D．封装

12．一个设计良好的面向对象系统具有（　　）的特征。

A．低内聚、低耦合　　B．高内聚、低耦合

C．高内聚、高耦合　　D．低内聚、高耦合

二、判断题

1．结构化开发方法采用数据流、加工进行建模，需求变化极易引起两者的变动，进而引起其他数据流和加工的变化。（　　）

2．面向对象方法比以往的方法更接近人类的日常思维方式，强调运用人类在日常的逻辑思维中经常采用的思想方法与原则。（　　）

3．在面向对象方法中，对象是用操作描述事物的数据特征，用属性描述事物的行为特征。（　　）

4．抽象是指忽略事物非本质特征，只注意那些与当前目标有关的特征，从而找出事物共性。（　　）

5．从一般到特殊意味着较多地注意事物之间的差别，可以得到较一般类。（　　）

6．根据事物之间的组成关系的紧密程度可以分为两类：一种是紧密而固定的，密不可分的，称为聚合；另一种是松散而灵活的，称为组合。（　　）

7．面向对象方法仅仅是减少了开发时间。（　　）

8．面向对象方法与原型法结合使用的效果好。（　　）

三、填空题

1．对象的________与操作结为一体，成为一个独立不可分的实体，对外屏蔽其内部细节。

2．______是对象发出的服务请求，一般包含提供服务的对象标识、服务标识、输入信息和应答信息等。

3．面向对象方法以_______为核心，强调对现实概念的模拟而不强调算法。

4．在面向对象方法中，由继承派生出的新的_____可重用其父类的代码，并且可以修改、扩充而不影响其父类的使用。

四、简答题

1．传统的结构化开发方法存在哪些问题？

2．简述面向对象的基本思想。

3．简述面向对象的系统开发过程。

4．相对于传统的结构化开发方法，面向对象方法有哪些优点？

第2章 UML概述

引导案例：面向对象方法的困难

根据第 1 章的学习，可以发现面向对象方法有很多优点，但它也有与生俱来的困难。例如，如果把构建一套系统比喻为组装一辆汽车，我们利用汽车零部件能够组装出我们所需要的功能的汽车，但是，这些构成汽车的零部件是怎么来的?组装汽车的规则是什么？各个零部件之间的工作机理是什么？这些疑问本质上体现了现实世界和对象世界的差距。

对象是怎么被抽象出来的？现实世界和对象世界看上去差别是那么大，为什么要这么抽象而不是那么抽象呢？对象世界由于其灵活性，可以任意组合，可是我们怎么知道某个组合就正好满足了现实世界的需求呢？什么样的组合是好的？什么样的组合是差的？……

现实世界和对象世界之间存在着一道鸿沟，这道鸿沟称为抽象。抽象是面向对象的精髓所在，同时也是面向对象的困难所在。实际上，要想跨越这道鸿沟，我们需要一种把现实世界映射到对象世界的方法，一种从对象世界描述现实世界的方法，还有一种验证对象世界行为是否正确反映了现实世界的方法。

幸运的是，统一建模语言（Unified Modeling Language，UML），准确地说是UML背后所代表的面向对象建模方法，正好架起了跨越这道鸿沟的桥梁。

2.1 UML介绍

2.1.1 建模的原因

模型是对某个事物的抽象表达，其目的是在构建这个事物之前先来理解它。因为模型忽略了那些非本质的细节，这样有利于更好地理解和表示客观事物。

抽象是人类的一项基本技能，我们可以借其处理复杂事件。几千年来，工程师、艺术家、工匠们一直在创建模型，以便在执行设计之前先试验出好的设计。例如，要建造一座房子，首先得给要建造的房子设计一张草图甚至是蓝图；若要建造一座大厦，首先要做的肯定不是先去买材料，而是需要对建筑物的大小、形状和样式做一个规划，做出相应的图纸和模型。如果在规划中突然有了更好的想法，还可以对图纸或模型进行不断的修改，直到对图纸、模型满意之后再进行施工，这样不仅能建造出满意的大厦，还能提高施工的效率。

硬件和软件系统的开发也不例外。对软件系统来说，模型就是对目标系统进行简化，提供系统的蓝图。要创建复杂的系统，开发人员必须抽象出系统不同的视图，使用准确的表示方法来构建系统的模型，检验模型是否满足用户对目标系统的需求，并在分析设计过程中逐步把与实现有关的细节添加至模型中，直至在实现阶段用程序设计语言及开发环境将其转换为具体的实现。

所以说，每个失败的信息系统项目都有其特殊的原因，但是成功的项目在许多方面都是类似的，信息系统开发获得成功的因素有很多，一个基本的因素就是对建模的使用。

1．建模的目的

建模的根本目的是能够更好地理解问题域和待开发的系统。通过建模，可以达到以下 4 个目的。

（1）模型有助于按照所需的样式可视化（Visualize）目标系统。模型可以为开发团队提供待开发系统的可视化表示，加强开发人员之间以及与用户之间的沟通，从而使团队成员更好地理解问题域和对系统有统一的理解。

（2）模型能够描述（Specify）目标系统的结构和行为。模型允许用户在构造系统前准确地描述其结构和行为。

（3）模型提供构造（Construct）目标系统的依据。模型为最后的代码提供了依据，开发人员可以根据模型（而不是原始的需求）构造目标系统。

（4）模型可以使目标系统文档化（Document）。开发人员通过模型可以将开发过程记录成文档并长期保存，为以后升级维护提供参考。

建模并不只是针对大型系统，甚至像“计算器”这样一个很简单的软件系统也能从建模中受益。然而，可以明确的一点是，系统规模越大，模型的重要性级别就越高。例如，当构造一架大型客机时，必须要事先构造各种不同的模型。而当叠一架纸飞机时，显然就没有必要花太多的精力去提前构造模型了。

2．建模的原则

1）真实准确原则

模型必须准确地反映目标系统的真实情况。如果模型不能真实地反映目标系统的真实情况，就使模型失去了应有的价值。在系统开发的整个过程中，模型必须与目标系统保持一致。

2）标准统一原则

模型必须在某种程度上是标准统一的。建模的一个基本目的就是进行交流，如果开发团队在建模时采用统一的建模方法和符号，那么成员之间的交流就会高效地进行。否则，交流的时候会发生困难，也会影响系统开发的成败。

3）多视角原则

需要从多个视角创建不同的模型，单一的模型是不够的。为了更好地理解问题域和目标系统，在建模过程中，需要创建多个互补的视图。例如，用例视图来揭示系统需求，用逻辑视图来揭示系统内部逻辑，这些视图从整体上描述了系统的开发蓝图。

2.1.2 什么是 UML

UML 是一种支持模型化和信息系统开发的图形化语言。UML 经历了多年的研究、发展并不断完善，成为现在很多领域内建模的首选标准。信息系统开发人员主要使用 UML 来构造各种模型，以便描述系统需求和进行系统分析与设计。

1. UML 是一种语言

语言提供了用于交流的标准。UML 作为一种标准的图形化建模语言，定义了一系列的图形符号来描述信息系统，这些图形符号有严格的语义和清晰的语法。UML 为所有事物、所有事情和所有人提供了标准的建模语言，便于开发组所有成员通信交流。

2. UML 是一种可视化语言

UML 提供了一组图形符号，方便开发组所有成员对系统中仅用文字描述无法完全阐述清楚的结构进行图形描述。此外，UML 中的每个符号都有明确语义，确保开发组所有成员都可以理解他人所绘制的图形模型。

3. UML 是一种建模语言，而不是一种建模方法

虽然 UML 定义了系统建模所需的概念并给出可视化表示法，但是它并不涉及如何进行系统建模。因此，它仅是一种建模语言，而不是一种建模方法。

2.1.3 UML 的发展历程

面向对象建模语言最早出现于 20 世纪 70 年代中期，从 1989 年到 1994 年的五年时间里其数量就从 10 种迅速增长到 50 多种。然而由于面向对象方法种类的增加使得不了解不同建模语言优缺点的用户难以在应用中恰当地对建模语言进行合理的选择。到了 20 世纪 90 年代中期，又有一批新方法出现，最具有代表性的是 Booch1993、OMT-2 和 OOSE 等方法。Booch 是面向对象方法的先驱之一，最早提出了面向对象软件工程的概念。他所设计和构造的 Booch1993 适合系统构建。Rumbaugh 等人提出了面向对象的建模技术（OMT）方法，采用了面向对象的方式，引入独立于语言的标识符号，包括对象模型、动态模型、用例模型和功能模型四部分，共同完成系统的分析、设计与实现的全过程。OMT-2 方法被设计为以数据为中心的信息系统。Jacobson 于 1994 年所提出的 OOSE 方法采用面向用例（Use-Case）方式，最大特点是在用例的描述中引入外部角色，将用例贯穿于整个开发过程，在商业工程需求分析中非常流行。此外，Coad/Yourdon 方法（OOA/OOD），也是最早的面向对象分析与设计方法之一，该方法简单易

学，非常适合面向对象分析设计的初学者。

由于众多建模语言各有千秋，导致用户难以区分不同建模语言之间的差别，使得选择存在困难。Booch 和 Rumbaugh 开始致力于将不同建模语言进行求同存异，建立统一的建模语言。他们首先将 Booch1993 和 OMT-2 统一起来，于 1995 年 10 月发布了第一个称为统一方法 UM 0.8（UnitiedMethod）的公开版本。之后，在 OOSE 的创始人 Jacobson 加入后，经过三人的共同研究，于 1996 年 6 月和 10 月分别发布了 UML 0.9 和 UML0.91 两个新的版本，也给 UM 重新起了新的名字，称为 UML。UML 就此诞生。

1996 年，在 UML 的开发者们和一些商业机构的倡导和努力下，成立了 UML 成员协会，目的是进一步促进、完善 UML 定义工作。当时的一些软件、互联网商业巨头构成了成员协会主体，包括 Rational Software、TI、Unisys、Microsoft、Oracle、ICON Computing、MCI Systemhouse、Itellicorp、 IBM、DEC、HP、I-Logix 等。他们对 UML 1.0、UML 1.1 等后续版本发布起到了积极贡献和重要作用。时至今日，基于面向对象方法的软件开发技术已经得到了多方面的认可与肯定，展示出了巨大的市场前景和重大的经济价值。

2.1.4 UML 的特点

1. 统一标准

UML 的中文含义为统一建模语言，“统一”在 UML 中具有特殊的作用和含义，统一的目标就是标准化，就是要人和机器都能读懂。

UML 合并了许多面向对象方法中被普遍接受的概念，对每一种概念都给出了清晰的定义、表示法和有关术语，使用 UML 可以对已有的各种方法建立的模型进行描述，并比原来的方法描述得更好。

在软件开发的生命周期方面，UML 对于开发的要求具有无缝性，开发过程中的不同阶段可以采用相同的一整套概念和表示法，在同一个模型中它们可以混合使用，而不必去转换概念和表示法。这种无缝性对现代的增量式软件开发至关重要。

2. 面向对象与可视化

UML 还吸取了面向对象技术领域中其他流派的长处。UML 符号表示考虑了各种方法的图形表示，删掉了大量易引起混乱的、多余的和极少使用的符号，也添加了一些新符号；系统的分析与设计模型都可以用 UML 模型清晰地表示，可用于复杂软件系统的建模。

3. 独立于开发过程

UML 是一种建模语言，不依赖于特定的编程语言，UML 可应用于运行各种不同的编程实现语言和开发平台的系统。

4．应用领域广

UML 适用于各种领域的建模，包括大型的、复杂的、实时的、分布的、集中式或嵌入式的系统等。

2.2　UML 的核心元素

UML 的核心元素由四部分组成，主要包括视图（View）部分、图（Diagram）部分、模型元素（Model Element）部分和通用机制（General Mechanism）部分，下面对这些主要部分功能进行描述。

1．视图（View）部分

视图是由 UML 中的 9 种图构成的，UML 的建模元素子集用来表达系统在某一方面的特征，能够对系统进行抽象描述。

2．图（Diagram）部分

图是用图形化表示与描述模型元素集的，由基本弧连接和顶点构成，其中弧连接代表元素间的关系，顶点代表元素。

3．模型元素（Model Element）部分

模型元素是图所使用的最基本构件，UML 中的模型元素主要包括类、对象、关系及消息，还包括事物之间的关系。事物是 UML 的重要组成部分，可以代表任何定义好的东西。关系把事物相互联系起来，每个模型元素都有一个图形元素与之对应。

4．通用机制（General Mechanism）部分

通用机制是对核心元素以外内容或概念的定义，主要包括注释、模型元素语义等。另外，通用机制部分还提供了灵活的可扩展方式，满足特殊用户的需求。

2.2.1　UML 视图

UML 包括静态特征和动态特征，并通过不同的模型来描述，这些模型各自从不同的视角上为构建系统建立模型。UML 视图从不同的视角对 UML 进行分类，主要包括 5 类，如图 2-1 所示。

1．用例视图（Use Case View）

用例视图强调从系统的外部参与者（主要是用户）角度描述系统应该具有的功能。用例可以被描述为参与者与系统之间的一次交互作用。用例视图是其他视图的核心，它的内容直接驱动其他视图的开发。系统要提供的功能都在用例视图中描述，用例视图的修改会对所有其他的视图产生影响。此外，通过测试用例视图还可以检验最终系统。

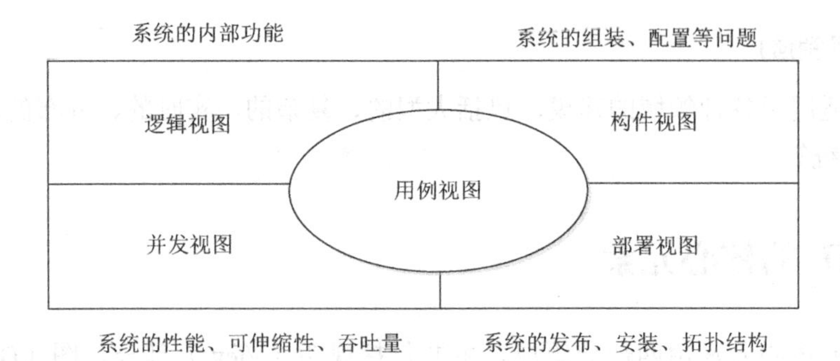

图 2-1 UML 视图

描述用例视图的图包括用例图和活动图。

2. 逻辑视图（Logical View）

逻辑视图用于描述系统类、对象和关系等静态结构的特征，刻画了系统内部功能构造，有时候也被称为结构模型视图（Structural Model View）或静态视图（Static View）。所以，逻辑视图主要包括类图和对象图。

逻辑视图的使用者主要是设计人员和开发人员，它描述如何实现用例视图所提出的系统内部的功能。

3. 并发视图（Concurrent View）

并发视图用于描述系统的动态或行为的特征，有时也称为行为模型视图（Behavioral Model View）、动态视图（Dynamic View）或进程视图（Process View）。其主要用来关注一些非功能性需求，如系统的性能、伸缩性和吞吐量等以及描述系统要处理的通信、线程及进程同步的问题，包括并发、同步机制的线程和进程。所以，该视图主要由序列图、协作图、状态图和活动图组成。

并发视图的使用者主要是开发人员和系统集成人员，它主要考虑资源的有效利用、代码的并行执行以及系统环境中异步事件的处理。

4. 构件视图（Component View）

构件视图描述的是组成一个信息系统的各个物理部件，这些物理部件以各种方式（例如，不同的源代码经过编译构成一个可执行系统；不同的网页文件以特定的目录结构组成一个网站等）组合起来，构成一个可实际执行的系统。

构件视图也被称为实现模型视图（Implementation Model View），其主要是对代码模块的描述，不同代码模块组合形成不同的构件。所以，构件视图主要由构件图组成。

描述实现视图的主要是构件图（组件图），它的使用者主要是设计者、开发者。

5. 部署视图（Deployment View）

部署视图描述了系统环境实现的物理系统硬件拓扑结构和行为特征，包括计算机等设备的部署情况及其之间的连接方式，描述了软件构件到硬件物理节点的映射情况，也被称为环境模型视图（Environment Model View）或物理视图（Physical View）。部署视图主要用系统部署图描述系统构件在硬件计算机上的分布。所以，部署视图主要由部署图组成。

2.2.2 UML 图

每种 UML 的视图都是由一个或多个图组成的，图就是系统架构在某个侧面的表示，所有的图一起组成了系统的完整视图。UML1.*x* 提供了 9 种不同的图，包括用例图、类图、对象图、状态图、顺序图、协作图、活动图、构件图和部署图。9 种图在面向对象系统分析与设计中分别处于不同的建模阶段，如图 2-2 所示。

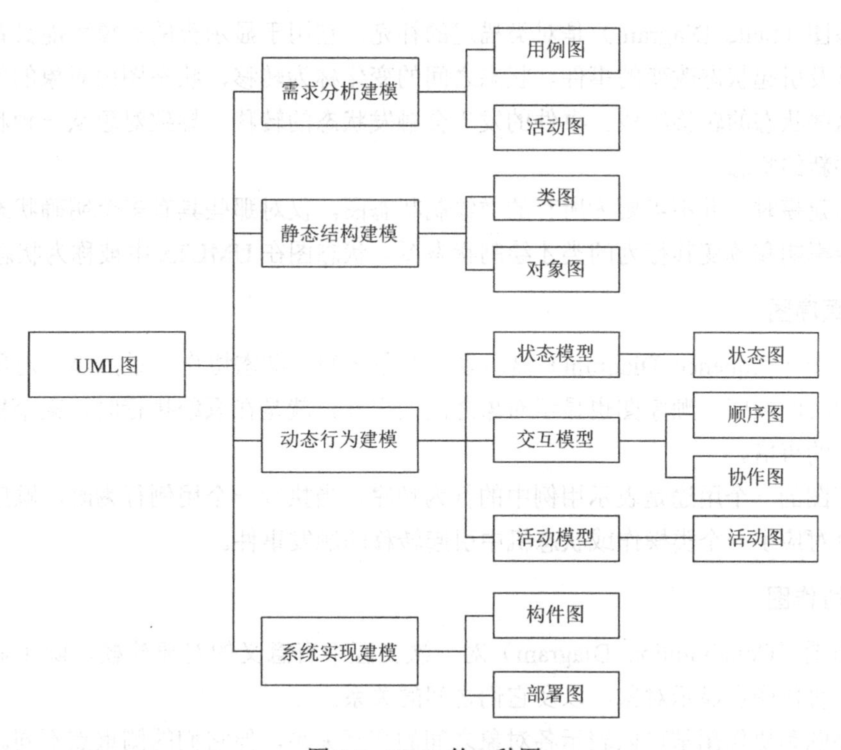

图 2-2　UML 的 9 种图

1. 用例图

用例图（Use Case Diagram）用于需求分析建模阶段，描述系统用例功能需求。用例图显示多个外部参与者以及他们与系统提供的用例之间的连接。用例是系统中的一个可以描述参与者与系统之间交互作用的功能单元。用例图仅描述系统参与者从外部观察到的系统功能，并不描述这些功能在系统内部的具体实现。

2. 类图

类图（Class Diagram）对系统的静态结构进行建模，是面向对象分析、设计与程序实现的关键。类图以类为中心，图中的其他元素或属于某个类，或与类相关联。在类图中，类可以有多种方式相互连接——关联、继承、聚合、组合、依赖等，这些连接称为类之间的关系。所有的关系连同每个类内部结构都在类图中显示。

3．对象图

对象图（Object Diagram）是类图的变体，它使用与类图相类似的符号描述。不同之处在于对象图显示的是类的多个对象实例而非实际的类。可以说对象图是类图的一个实例，用于显示系统执行时的某个时刻系统显现的样子。对象图用于系统对象的发现，描述某个时刻的静态结构。

4．状态图

状态图（State Diagram）是对类描述的补充，它用于显示类的对象可能具备的所有状态，以及引起状态改变的事件。状态之间的变化称为转移，状态图由对象的各个状态和连接这些状态的转移组成。事件的发生会触发状态的转移，导致对象从一种状态转化到另一种新的状态。

实际建模时，并不需要为所有的类绘制状态图，仅对那些具有多个明确状态并且这些状态会影响和改变其行为的类才绘制状态图。状态图在 UML2.*x* 中被称为状态机图。

5．顺序图

顺序图（Sequence Diagram）显示多个对象之间的动态协作，重点显示对象之间发送消息的时间顺序。顺序图也显示对象之间的交互，就是在系统执行时，某个指定时间点将发生的事情。

顺序图的一个用途是表示用例中的行为顺序，当执行一个用例行为时，顺序图中的每个消息对应了一个类操作或状态机中引起转移的触发事件。

6．协作图

协作图（Collaboration Diagram）对一次交互中有意义的对象建模，除了显示消息的交互，协作图也显示对象，以及它们之间的关系。

顺序图和协作图都可以表示各对象之间的交互关系，但它们的侧重点不同。顺序图用消息的排列关系来表达消息的时间顺序，各对象之间的关系是隐含的；协作图用各个对象的排列来表示对象之间的关系，并用消息说明这些关系。在实际应用中可以根据需要来选择两种图，若需要重点强调时间或顺序，则选择顺序图；若需要重点强调上下文，则选择协作图。协作图在 UML2.*x* 中被称为通信图。

7．活动图

活动图（Activity Diagram）的主要用途有两种：一是为业务流程建模；二是为对象的特定操作建模。在需求分析中对活动图的介绍主要是为了分析用例，或理解涉及多个用例的工作流程，除此之外，活动图还可以描述执行算法的工作流程中涉及的活动。因此，活动图可以在系统需求分析建模阶段使用（描述用例），也可以在动态建模阶段使用。

8. 构件图

构件图（Component Diagram）用代码构件来显示代码物理结构，一般用于实际的编程中。构件可以是源代码构件、二进制构件或一个可执行的构件，构件中包含它所实现的一个或多个逻辑类的相关信息。

构件图显示构件之间的依赖关系，根据构件图可以很容易地分析出某个构件的变化对其他构件产生的影响。

9. 部署图

部署图（Deployment Diagram）描述环境元素的配置情况，将对系统的实现与配置进行映射。用于显示系统的硬件和软件物理结构，不仅可以显示实际的计算机和节点，还可以显示它们之间的连接和连接类型。

2.2.3 事物

UML 中事物包括结构事物、动作事物、分组事物以及注释事物四个部分，各类型的事物分类如下。

1. 结构事物

UML 中的结构事物具体包括类、接口、协作、用例、活动类、构件和节点七种。

（1）类：类是对象的抽象表达，现实中具有一样的属性和方法的对象被抽取归为一类，一个类能够实现一个或多个接口，类是由类名、属性和方法的三部分构成的矩形。

（2）接口：接口是为类提供特定服务和方法的集合，接口通过继承方法被类实现。

（3）协作：协作用于定义对象之间的交互操作，对象包括角色和元素，协同工作提供协助的动作，UML 采用虚线构成的椭圆表示协作。

（4）用例：系统中对一个特定角色所执行的一系列动作使用用例来描述，用例一般用来组织事物的行为或动作，并靠协作来实现，UML 采用实线椭圆标注用例名称来表示用例。

（5）活动类：活动类是类的一种，包含一个或多个进程或线程，在 UML 中活动类的表示形式与类的表示形式相同，其边框为粗线。

（6）构件：构件实现了一个接口的集合，是组成系统的一部分，可以被灵活地替换，本书第 6 章会详细讲述。

（7）节点：节点表示的是一个物理元素，代表一个可计算单元，通常由内存和计算单元组成，具有一定的运算处理能力。节点是组件运行的平台，多个节点可以链接成一个集群协同工作，本书第 6 章会详细讲述。

2. 动作事物

UML 中的动作事物描述的是模型中的动态内容，在模型中为动词形式且代表着动作，最基本的两个动态元素是交互和状态机，本书第 5 章会详细讲述。

（1）交互：交互是一组对象在特定环境中为实现某个特定的目的所进行的消息交换的动作过程。在交互中，动作对象所执行的每个操作（包括消息、动作次数及连接）被详细列出。

（2）状态机：一系列对象的状态组成了状态机。

3．分组事物

分组事物只有一种，称为包（Package），是 UML 模型的组织部分，本书第 6 章会详细讲述。

4．注释事物

注释事物是 UML 模型中的解释部分，在 UML 中注释事物由统一的图形表示。

2.2.4 关系

1．关联关系

关联（Association）关系是对象之间存在的一种引用关系，连接元素和链接实例，用来表示一个对象和另一类对象之间的联系，如老师和学生。关联关系是普遍存在的一类关系，又可以分为普通关联关系、聚合关系、组合关系。关联关系在 UML 中表示可以用带两个箭头或者没有箭头的实线来表示。关联线的两端可以标注角色的名字和多重性标记。在代码中一般将一个类的对象作为另一个类的成员变量来实现。如图 2-3 所示，老师和学生的关系图，每个老师可以教多个学生，每个学生也可以被多个老师教，构成了双向关联关系。

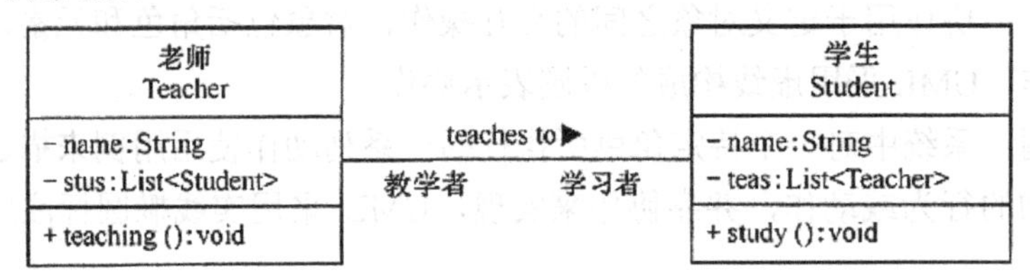

图 2-3　关联关系的实例

2．依赖关系

依赖（Dependency）关系是使用与被使用的关系，描述元素之间的依附，两者之间关系较弱，属于临时性的关联。依赖关系在 UML 中表示成带箭头的虚线，方向是由源模型指向目标模型。在代码中，依赖方式表现为某个类的方法通过局部变量、方法参数或者对静态方法的调用访问被依赖类中的方法的形式。如图 2-4 所示，人通过手机打电话将语音传送到出去。

3．泛化关系

泛化（Generalization）关系也称为继承关系，它构成了耦合度最大的一种关系，表示一般到特殊的关系（子类与父类间的关系），这种关系可以用 is-a 进行描述。泛化关系在 UML 中用带空心三角箭头的实线表示，箭头由子类指向父类。在代码中，使用面向对象程序设计中的继承机制来实现。如图 2-5 所示，Person 类是 Student 类和 Teacher 类的父类。

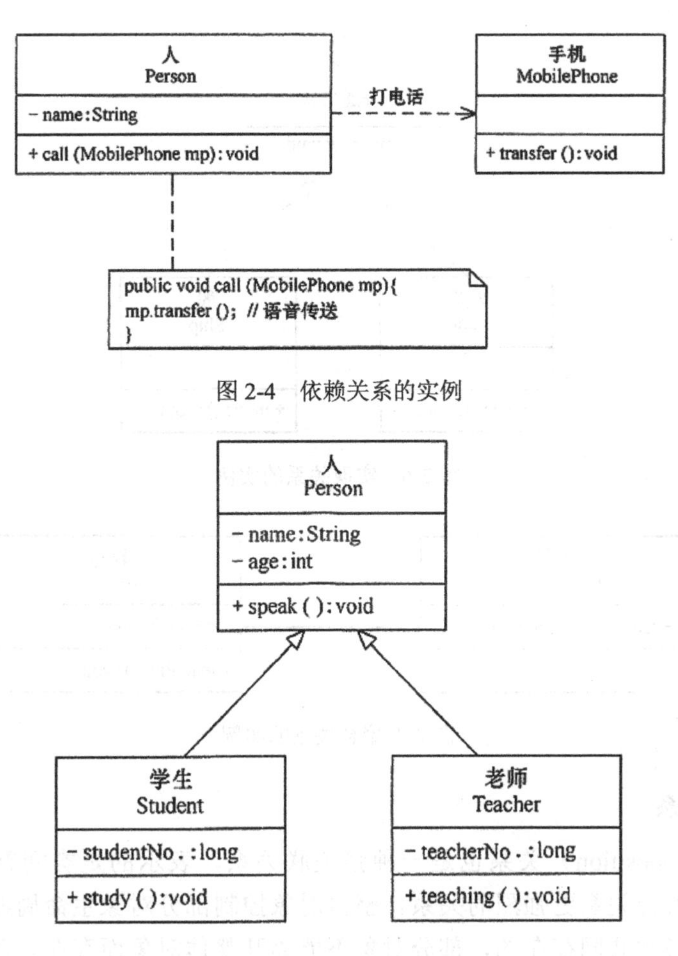

图 2-4　依赖关系的实例

图 2-5　泛化关系的实例

4. 实现关系

实现（Realization）关系描述接口与实现类之间的关系，表示为实现类元素实现一个接口元素（即类实现了接口），在面向对象方法中类实现了接口全部抽象方法。实现关系在 UML 中表示为带空心三角箭头的虚线，箭头指向接口对象。如图 2-6 所示，汽车和船实现了交通工具接口。

5. 聚合关系

聚合（Aggregation）关系也是一种强关联关系，是描述元素间整体和部分的关系，可以用 has-a 进行描述，即一个整体由几部分的模型元素聚合形成。聚合关系中的成员对象是整体对象的一部分，但是成员对象也可以独立于整体对象而存在。聚合关系在UML 中用带空心的菱形实线来表示，方向为从菱形到整体。如图 2-7 所示，大学和老师关系构成了聚合关系，大学由老师组成，但是大学倒闭了，老师仍存在（可以调到其他大学继续当老师）。

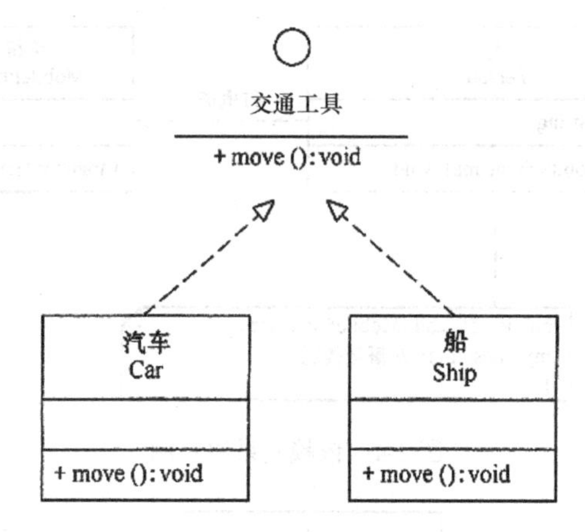

图 2-6　实现关系的实例

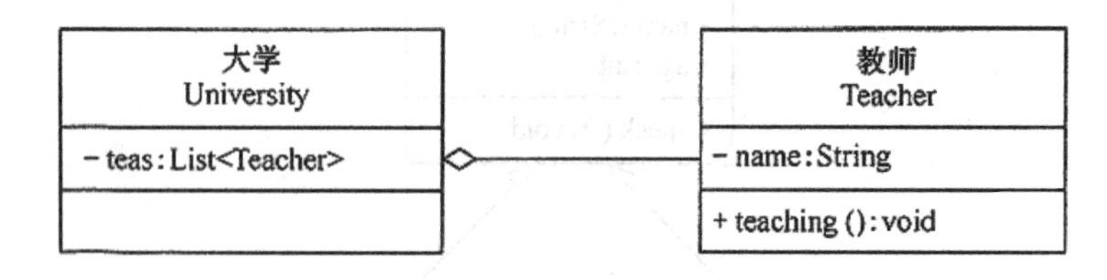

图 2-7 聚合关系的实例

6. 组合关系

组合（Composition）关系也是一种强关联关系，表示的是类间整体与部分的关系，是一种比聚合关系更强烈的关系。整体对象控制部分对象生命周期，即部分对象与整体对象是必须共同存在的，部分对象不能离开整体对象而存在。在组合关系中，一旦整体对象不存在，部分对象也将不存在，不能脱离整体对象而存在。如图 2-8 所示，人的头和人的嘴之间的关系构成组合关系，因为如果人的头不存在了，人的嘴也就没有了。

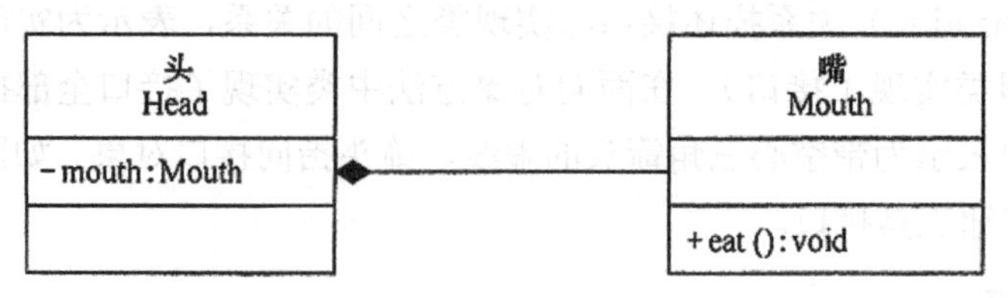

图 2-8　组合关系的实例

2.2.5　通用机制

1．规格说明

UML 不仅是一个图形化的语言，而且在每个图形符号后面都有一段描述用来说明构建模块的语法和语义。例如，在一个类的符号中暗示了一种规格说明：它提供类所有的属性、操作等信息的全面描述，有时为了表现得更直观，类图示可能只显示这些描述的一小部分。从另外一个视角来看这个类，可能会有完全不同的部分，但仍然与类的基本规范保持一致。

UML 的规格说明用来对系统的细节进行描述，在增加模型的规格说明时可以确定系统的更多性质，细化对系统的描述。通过规格说明，我们可以利用 UML 构建出一个可增量的模型，即首先分析确定 UML 图形，然后不断对该元素添加规格说明来完善其语义。

2．修饰

UML 中大多数的元素都有一个唯一且直接的图形符号，用来给元素的最重要的方面提供一个可视的表达方式。例如，类的图示有意地设计为易描绘的图形，并且类符号也揭示出类最重要的方面，即它的名称、属性和操作。

修饰是对规格说明的文字或图形表示。我们已经知道，类的规格说明可能包含其他细节，如它是不是抽象类、它的属性和操作的可见性，其中大多数细节都可以通过图示或文本修饰在类的基本矩形框符号中表达。例如，这里有一个类，我们可以通过不同的修饰来标示出它是一个抽象类，拥有两个公有性的操作，一个保护性的操作和一个私有性的操作。

3．通用划分

UML 的模型元素定义了两类通用划分，一种为“类型-实例”，另一种为“接口-实现”。

1）类型-实例（Type-Instance）

类型-实例是通用描述与某个特定元素的对应。通用描述符称为类型，特定元素称为实例，一个类型可以有多个实例。在使用过程中可以类比面向对象语言中的类和对象的关系，事实上，类和对象就是一种典型的类型-实例划分。实例的表示方法为在类型的描述符的名称下加下画线，后附冒号和类型，如 Undergraduate : Student。

2）接口-实现（Interface-Implement）

接口是一个系统或对象的行为规范，这种规范预先告知使用者或外部的其他对象这个系统或对象的某项能力，以及其提供的服务。通过接口，使用者可以启动该系统或对象的某个行为。实现是接口的具体行为，它负责执行接口的全部语义，是具体的服务兑现过程。例如，在借钱时我们打过一张欠条，那么这张欠条就是一种还钱的约定。但是欠条只代表一个“我会还钱”的约定，而不代表真正还了钱。把钱真正交到借主手上才是将承诺兑现的过程。那么接口就相当于欠条，而还钱是欠条所对应的实现。

许多 UML 的构造块都有像“接口-实现”这样的二分法。例如，接口与实现它的类或构件、用例与实现它的协作、操作与实现它的方法等。

4. UML 扩展机制

UML 扩展机制（Extensibility）允许根据需要自定义一些构造型语言成分，通过该扩展机制，用户可以定义使用自己的元素。UML 中的扩展机制包括构造型（Stereotype）、标记值（Tagged value）和约束（Constraint）三种。

UML 扩展机制的基础是 UML 元素，扩展形式是为元素添加新语义。UML 扩展机制可以重新定义语义，增加新语义和为原有元素添加新的使用限制，这样做只能在原有元素基础上添加限制，而非对 UML 直接进行修改。

2.3 UML 与面向对象的系统开发统一过程

UML 给出了面向对象建模的符号表示和规则，是用图形方式描述一个系统的静态结构和动态行为的一种可视化的面向对象建模语言。它独立于软件开发过程，从不同的角度为系统建模，形成了整个系统的不同视图。

UML 是一种可应用于软件开发的非常优秀的建模语言，但是 UML 本身并没有告诉人们怎样使用它，为了有效地使用 UML，需要有一种方法应用于它。这就引出了面向对象软件开发统一过程（Unified Process，UP）。UML 的创始者 Booch、Jacobson 和 Rumbaugh 在创建 UML 的同时，于 1998 年提出了 UML 与 UP 相结合进行软件系统的开发是面向对象系统开发的最好途径。

当前最流行的使用 UML 的方法就是 Rational 公司的统一过程（Rational Unified Process，RUP），RUP 为有效地使用 UML 提供了指导。RUP 集合了成功的工程实践经验、面向对象的方法、迭代开发要素，能够把 UML 和软件开发的过程很好地结合在一起，非常适合面向对象的软件开发。

2.3.1 RUP 核心工作流

RUP 中有 9 个核心工作流，分为 6 个核心过程工作流（Core Process Workflows）和 3 个核心支持工作流（Core Supporting Workflows）。尽管 6 个核心过程工作流可能使人想起传统瀑布模型中的几个阶段，但迭代过程中的阶段是完全不同的，这些工作流在整个生命周期中一次又一次被访问。9 个核心工作流在项目中被轮流使用，在每次迭代中以不同的重点和强度重复。

1. 业务建模工作流

业务建模（Business Modeling）工作流描述了如何为新的目标组织开发一个构想，

并基于这个构想在商业用例模型和商业对象模型中定义组织的过程、角色和责任。

2. 需求工作流

需求（Requirement）工作流的目标是描述系统应该做什么，并使开发人员和用户就这一描述达成共识。为了达到该目标，要对需要的功能和约束进行提取、组织、文档化；最重要的是理解系统所解决问题的定义和范围。在 UML 中，主要使用用例图和活动图来描述系统的需求。

3. 分析与设计工作流

分析与设计（Analysis & Design）工作流将需求转化成未来系统的设计，为系统开发一个健壮的结构，并调整设计使其与实现环境相匹配，优化其性能。分析与设计的结果是产生一个设计模型和一个可选的分析模型。设计模型是源代码的抽象，由设计类和一些描述组成。设计类被组织成具有良好接口的设计包（Package）和设计子系统（Subsystem），而描述则体现了类的对象如何协同工作实现用例的功能。设计活动以体系结构设计为中心，体系结构由若干结构视图来表达，结构视图是整个设计的抽象和简化，该视图中省略了一些细节，使重要的特点体现得更加清晰。体系结构不仅是良好设计模型的承载媒介，而且在系统的开发中能提高被创建模型的质量。

在分析与设计阶段创建的 UML 图有类图、对象图、包图、顺序图、协作图、状态图、活动图、构件图和部署图等。

4. 实现工作流

实现（Implementation）工作流的目的包括：以层次化的子系统形式定义代码的组织结构；以组件的形式（源文件、二进制文件、可执行文件）实现类和对象；将开发出的组件作为单元进行测试以及集成由单个开发者（或小组）所产生的结果，使其成为可执行的系统。

5. 测试工作流

测试（Test）工作流要验证对象间的交互作用，验证软件中所有组件的正确集成，检验所有的需求已被正确实现，识别并确认缺陷在软件部署之前被提出并处理。RUP 提出了迭代的方法，意味着在整个项目中进行测试，从而尽可能早地发现缺陷，从根本上降低了修改缺陷的成本。测试类似于三维模型，分别从可靠性、功能性和系统性能来进行。

在测试阶段，依靠用例图来验证系统，集成测试还会用到部署图、顺序图和协作图。

6. 部署工作流

部署（Deployment）工作流的目的是成功地生成版本并将软件分发给最终用户。部署工作流描述了那些与确保软件产品对最终用户具有可用性相关的活动，包括软件打包、生成软件本身以外的产品、安装软件、为用户提供帮助。在有些情况下，还可能包括计划和进行 beta 测试版、移植现有的软件和数据以及正式验收。在 UML 中，由构件图和部署图进行描述。

7．核心支持工作流

核心支持工作流包括配置与变更管理工作流、项目管理工作流及环境工作流。

（1）配置与变更管理工作流

配置与变更管理工作流描绘了如何在多个成员组成的项目中控制大量的产物。配置与变更管理工作流提供了准则来管理演化系统中的多个变体，跟踪软件创建过程中的版本。工作流描述了如何管理并行开发、分布式开发，如何自动化创建工程，同时也阐述了对产品修改的原因、时间、人员保持审计记录。

（2）项目管理工作流

项目管理（Project Management）工作流平衡各种可能产生冲突的目标，管理风险，克服各种约束并成功交付使用户满意的产品。其目标包括：为项目的管理提供框架，为计划、人员配备、执行和监控项目提供实用的准则，为管理风险提供框架等。

（3）环境工作流

环境（Environment）工作流的目的是向开发组织提供开发环境，包括过程和工具。环境工作流集中支持配置项目过程中所需要的活动，同样也支持开发项目规范的活动，提供了逐步的指导手册并介绍了如何在组织中实现过程。

2.3.2 UML 支持迭代、渐增式的开发过程

在系统开发的初期就想完全、准确地获得用户的需求基本是不可能的。实际上，设计者常常碰到的问题是需求在整个系统开发过程中经常会发生变化。

面向对象的系统开发统一过程从时间顺序来看是一个迭代的渐增式的开发过程，迭代式开发允许每次迭代开发过程中需求发生变化，它正是通过不断迭代来细化对问题的理解。这样，迭代式开发大大降低了项目开发的风险，提高了软件开发的效率。

RUP 中的系统生命周期在时间上被分解为四个顺序阶段，分别是初始阶段（Inception）、细化阶段（Elaboration）、构造阶段（Construction）和交付阶段（Transition）。

1．初始阶段

初始阶段的目标是确定系统的目标和边界，并进行可行性分析。主要工作如下：

（1）明确软件系统的范围和边界条件；

（2）明确区分系统的关键用例（Use Case）和主要的功能场景；

（3）展现或者演示至少一种符合主要场景要求的候选软件系统体系结构；

（4）对整个项目做最初的项目成本和日程估计（更详细的估计将在随后的细化阶段中做出）；

（5）估计出潜在的风险（主要指各种不确定因素造成的潜在风险）。

2．细化阶段

细化阶段的目标是分析问题领域，建立健全体系结构基础，编制项目计划，淘汰项目中最高风险的元素。主要工作如下：

（1）必须在理解整个系统的基础上，对体系结构做出决策，包括其范围、主要功能和诸如性能等非功能需求；

（2）为项目建立支持环境，包括创建开发案例，创建模板、准则并准备工具；

（3）检验详细的系统目标和范围、结构的选择以及主要风险的解决方案。

3．构造阶段

在构造阶段，所有剩余的构件和应用程序功能被开发并集成为产品，所有的功能被详细测试。从某种意义上来说，构造阶段是一个制造过程，其重点放在管理资源及控制运作上，以优化成本、进度和质量，主要工作是确定软件、环境、用户是否可以开始系统的运作，此时的产品版本也常被称为“beta”版。

4．交付阶段

交付阶段的重点是确保软件对最终用户是可用的。交付阶段可以跨越几次迭代，该阶段的主要工作有系统测试、系统安装部署、用户培训等。

2.3.3 UML 建模过程产生的模型与文档

可视化、文档化的模型是对现实世界和问题域的简化，用于更好地理解系统。UML 建模过程如下，并产生相应的模型和文档。

1．业务建模

在 UML 中，业务建模的主要目的是建立问题域的组织结构和业务流程的抽象，确保客户、最终用户和开发人员对问题域有统一的理解，从而获取用户支持的目标组织的系统需求。

在业务建模过程中，开发人员通过需求规格说明书对问题域进行描述。

2．需求分析

在 UML 建模过程中，采用用例建模技术描述客户对系统的需求，通过用例建模可以对外部的角色以及它们所需要的系统功能建模。

在需求分析过程中，开发人员通过用例图、活动图及需求规格说明书对需求进行描述。

3．分析与设计

分析阶段主要考虑所要解决的问题，可用类图描述系统的静态结构；协作图、状态图、顺序图和活动图描述系统的动态特征。在分析阶段，只为问题领域的类建模，不定义软件系统的解决方案的细节（如用户接口的类数据库等）。

在设计阶段把分析阶段的结果扩展成具体技术解决方案，调整和完善分析阶段的模型。设计阶段加入新的类来提供技术基础结构，如边界类、实体类等。

4. 构造与实现

在构造（或程序设计）阶段把设计阶段的类转换成某种面向对象程序设计语言的代码。开发人员通过包图、构件图、程序代码进行体系结构和实现细节的描述。

5. 测试

测试模型是验证系统功能的途径，对系统的测试通常分为单元测试、集成测试、系统测试和接受测试几个不同级别。

不同的测试小组使用不同的 UML 图作为他们工作的基础。单元测试使用类图和类的规格说明；集成测试使用构件图和协作图；而系统测试使用用例图来确认系统的行为是否符合这些图中的定义。

2.3.4 用例驱动的 UML 系统分析与设计

基于以上对 RUP 和面向对象方法的讨论，UML 系统分析与设计是 RUP 在面向对象开发方法中的最佳实践，我们将面向对象分析与设计过程归纳为以用例驱动的 UML 建模过程。

1. 从现实世界到业务模型

现实世界无论多么复杂，无论是哪个行业，无论做什么业务，其本质无非是由人、事、物和规则组成的。人是一切的中心，人要做事，做事就会使用一些物并产生另一些物，同时做事需要遵循一定的规则。“人”驱动系统，“事”体现过程，“物”记录结果，“规则”是控制。建立模型的关键就是弄明白有什么人、什么人做什么事、什么事产生什么物、中间有什么规则，再把人、事、物之间的关系定义出来，一个模型也就基本成型了。

第一，UML 采用称之为参与者（Actor）的建模元素作为信息的提供者，参与者代表现实世界的“人”。参与者是模型信息的提供者，也是第一驱动者。

第二，UML 采用称之为用例（Use Case）的这一关键元素来表示参与者的业务目标，也就是参与者想要做什么并且获得什么。这个业务目标就是现实世界中的人要做的“事”。

第三，这件事是怎么做的，依据什么规则，再通过用例场景、领域模型等视图将现实世界的人、事、物、规则这些构成现实世界的元素用 UML 描述出来。这些场景便是现实世界中的“规则”。

由此看出，UML 本身被设计成为一种不但适用于现实世界理解，而且也适用于对象世界理解的语言。

但是，得到业务模型仅仅是把现实世界映射到计算机世界的第一步，要想将业务模型转化为计算机能理解的模型，还有一段路要走。其中最重要的一步便是分析模型。

2. 从业务模型到分析模型

从前面的描述可以看出，虽然现实世界被业务模型映射并且记录下来，但这只是原始需求信息，距离可执行的代码还很遥远，必须把这些内容再换成一种可以指导开发的表达方式。UML 通过称之为概念化的过程（Conceptual）来建立适合计算机理解和实现的模型，这个模型称为分析模型（Analysis Model）。

分析模型介于原始需求和计算机实现之间，是一种过渡模型。分析模型向上映射了原始需求，可执行代码可以通过分析模型追溯到原始需求；同时，分析模型向下为计算机实现规定了一种高层次的抽象，这种抽象是一种指导，也是一种约束，计算机实现过程非常容易遵循这种指导和约束来完成可执行代码的设计工作。

事实上，分析模型在整个分析设计过程中承担了很大的职责，起到了非常重要的作用。绘制分析模型最主要的元模型有以下几种。

（1）边界类（Boundary）。边界类是面向对象分析的一个非常重要的观点。从狭义上说，边界类就是大家熟悉的界面，所有对计算机的操作都要通过界面进行。

（2）实体类（Entity）。原始需求中领域模型的业务实体映射了现实世界中参与者完成业务目标时所涉及的事物，UML 采用实体类来重新表达业务实体。实体类可以采用计算机观点在不丢失业务实体信息的条件下重新归纳和组织信息，建立逻辑关联，添加实际业务中并不会使用到，但是执行计算机逻辑时需要的控制信息等。这些实体类可以视为是业务实体的实例化结果。

（3）控制类（Control）。边界类和实体类都是静态的，本身并不会产生动作。UML 采用控制类来表述原始需求中的动态信息，即业务或用例场景中的步骤和活动。从 UML 的观点来看，边界类和实体类之间，边界类和边界类之间，实体类和实体类之间不能够直接相互访问，它们需要通过控制类来代理访问要求。这样就把动作和物体分开了。

总体来讲，边界类实际上代表了原始需求中的“事”；实体类则由业务模型中的领域模型转化而来，它代表了现实世界中的“物”；控制类则体现了现实世界中的“规则”，也就是行为；再加上由参与者转化而来的系统的“用户”，这样一来，“人”也有了。

经过分析模型的转换，业务模型看起来对计算机来说可以理解了，但是要得到真正可以执行的计算机代码，我们还有一步要走。我们需要将分析模型实例化，即再次转化为计算机执行所需要的设计模型。

3. 从分析模型到设计模型

分析模型使我们获得了信息系统的蓝图，获得了建设信息系统所需要的所有组成内容以及建设系统所需要的所有必要细节。这就类似于我们已经在图纸上绘制出了一辆汽车的所有零部件，并且绘制出如何组装这些零部件的步骤，接下来的工作就是建造或者购买所需的零部件，并送到生产线去生产汽车。

设计模型的工作就是建造零部件、组装汽车的过程。在大多数情况下，实现类可以简单地由分析类映射而来。

在设计模型中，分析模型中的边界类可以被转化为操作界面或系统接口；控制类可以被转化为计算程序或控制程序，如工作流、算法体等；实体类可以转化为数据库表、XML 文档或者其他带有持久化特征的类。

如果把三个模型的建立过程综合起来，如图 2-9 所示，我们可以更清楚地看到用例驱动的 UML 系统分析与设计过程。

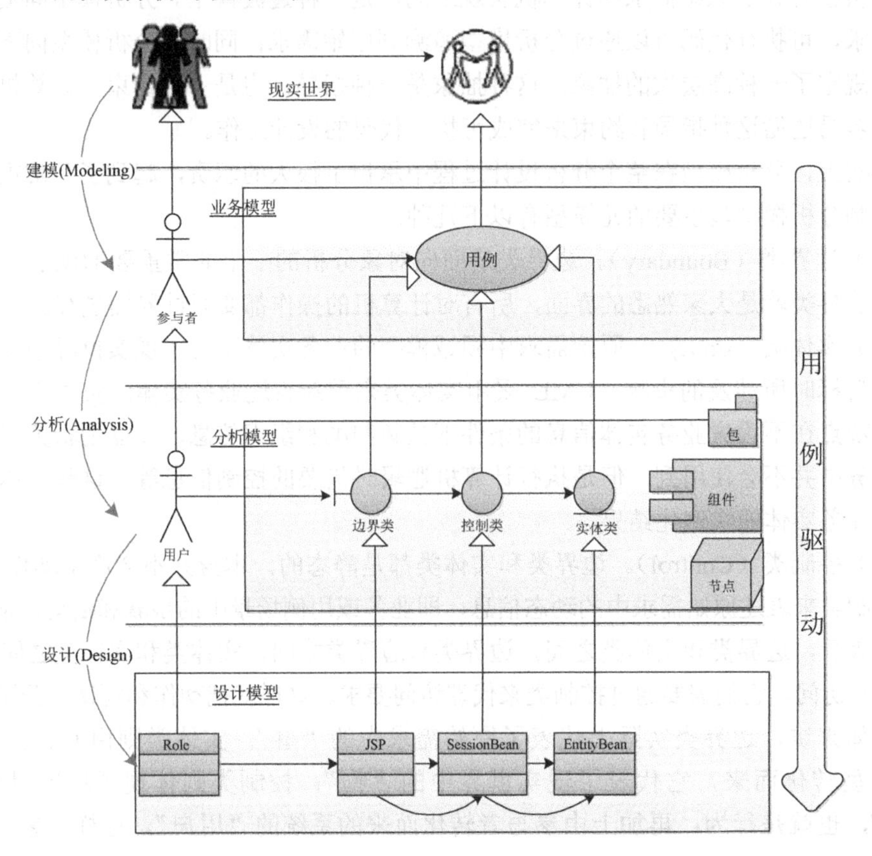

图 2-9 用例驱动的 UML 系统分析与设计过程①

本 章 小 结

建模是信息系统开发成功与否的关键因素，UML 是一种支持模型化和信息系统开发的图形化语言。信息系统开发人员主要使用 UML 来构造各种模型，以便描述系统需求和进行系统分析与设计。

UML 的核心元素由 UML 视图、UML 图、模型元素和通用机制四部分组成。RUP

① 资料来源：谭云杰. 大象 Thinking in UML（第二版）[M]. 北京：中国水利水电出版社.2012.

为有效地使用 UML 提供了指导，能够把 UML 和软件开发的过程很好地结合在一起，非常适合面向对象的软件开发。本章将面向对象分析与设计过程归纳为以用例驱动的从现实世界到业务模型、分析模型和设计模型的建模过程。

本 章 习 题

一、单选题

1．下列关于建模的描述，不正确的是（　　）。

A．模型有助于加强开发人员之间以及与用户之间的沟通

B．模型无须准确地反映软件系统的真实情况

C．模型为最后的代码提供了依据

D．开发人员可以通过模型将开发过程记录成文档

2．下列关于 UML 的叙述正确的是（　　）。

A．UML 是一种系统开发语言

B．UML 仅是一组图形的集合

C．UML 是一种建模方法

D．UML 是独立于软件开发过程的建模语言

3．（　　）刻画了系统内部功能构造。

A．用例视图　　B．逻辑视图　　C．实现视图　　D．部署视图

4．（　　）不属于描述逻辑视图的 UML 图。

A．用例图　　B．类图　　C．顺序图　　D．协作图

5．UML 图不包括（　　）。

A．用例图　　B．类图　　C．状态图　　D．流程图

6．下面哪个 UML 图是描述一个对象的生命周期的（　　）。

A．类图　　B．状态图　　C．协作图　　D．顺序图

7．要表示对象之间的消息交互，应采用的 UML 图是（　　）

A．用例图　　B．类图　　C．状态图　　D．顺序图

8．（　　）不属于 UML 中的结构事物。

A．类　　B．接口　　C．交互　　D．用例

9．在类图中，（　　）表示继承关系。

A．——▶　　B．------>　　C．——▷　　D．——◇

10．UML 中的（　　）表示整体和部分的关系。

A．关联关系　　B．依赖关系　　C．泛化关系　　D．聚合关系

二、简答题

1．什么是建模？系统开发过程中为什么要进行建模？

2．什么是 UML？UML 有哪些特点？

3．简述 UML 五种视图。

4．简述 UML 中的五种关系。

5．简述 RUP 的四个阶段。

6．简述 RUP 的核心工作流。

7．简述 UML 建模过程产生的模型与文档。

8．简述用例驱动的 UML 系统分析与设计过程。

第3章　需求分析与用例建模

引导案例：自动取款机（ATM）的需求①

有人说，ATM的功能是取款、存款、查询余额，所以针对ATM的需求应该是：取款、存款、查询余额。

有人说，ATM的功能有很多，如识别卡、密码认证、点钞、验钞、查询余额、跨行取款等，所以针对ATM的需求应该是：识别卡、密码认证、点钞、验钞、查询余额、跨行取款等。

如果你是ATM的购买商，你认为哪种功能是你的需求？

如果你是ATM的制造者，你认为哪种功能是你的需求？

如果你是ATM的使用者，你认为哪种功能是你的需求？

站在系统分析员的角度看，在系统开发过程中，你认为需求和功能的差别是什么？

3.1　需求分析

RUP中将需求分析定义为一个核心工作流，其目标是描述系统应该做什么。需求分析的任务就是理解系统所解决问题的定义和范围，使系统开发人员能够清楚地了解系统需求，与客户和其他参与者在系统的工作内容方面达成共识并保持一致，包括定义系统边界、为计划迭代的技术内容提供基础、为估算开发系统所需成本和时间提供依据及对需要的功能和约束进行提取、组织和文档化。

3.1.1　需求分析的重要性

在系统开发过程中，定义需求是非常具有挑战性的工作，涉及不同背景的项目团队的协作。客户是领域专家，对系统的功能有总体的考虑，但软件技术及开发的经验可能会存在不足。系统开发团队的技术经验丰富，但对用户个性化的日常业务流程的细节缺乏深入的了解，这将导致需求的表达和定义出现偏差。

Boehm（1981）发现要改正在产品付诸应用后所发现的一个需求方面的缺陷比在需

---

① 案例来源：李运华.面向对象葵花宝典：思想、技巧与实践[M].北京：电子工业出版社.2015.

求阶段改正这个缺陷要多付出约 68 倍的成本。近来很多研究表明，需求分析的错误导致成本放大的因子可以高达 200 倍。Wiegers（1996）发现强调需求质量并没有引起广泛的重视，许多人错误地认为在需求上的时间消耗将导致软件开发的推迟。实际上，系统的需求分析作为开发过程的第一个阶段，是整个项目成功的核心所在，是后续的系统分析、系统设计、系统实现等各个阶段的基础。高质量的需求分析可以减少软件开发中的错误，从而缩短系统开发周期，降低开发成本。

IEEE 的软件工程标准词汇表（1997 年）中对需求的定义：①用户解决问题或达到目标所需的条件或权能（Capability）；②系统或系统部件要满足合同、标准、规范或其他正式文档所需具有的条件或权能；③一种能反映上面两条所描述的条件或权能的文档说明。需求是客户可接受的、系统必须提供的功能和必须满足的特性。

在 RUP 中，需求按照“FURPS+”模型可分为以下 5 类。

（1）功能性（Functional）：详细描述系统的特性、应具备的功能和安全性。

（2）可用性（Usability）：详细描述系统的人性化因素（准确的错误提示、美观性、易用性）、细致的帮助、操作文档和培训资料。

（3）可靠性（Reliability）：详细规定系统的故障频率、可恢复性、可预测性。

（4）性能（Performance）：详细规定系统在功能性需求上施加的条件，如响应时间、吞吐量、准确性、有效性、资源利用率。

（5）可支持性（Supportability）：详细规定系统的适应性、可维护性、国际化、可配置性。

“FURPS+”中的“+”是指一些辅助性的和次要的因素，例如：

（1）实现（Implementation）：资源限制、语言和工具、硬件等；

（2）接口（Interface）；强加于外部系统接口之上的约束；

（3）操作（Operation）：对其操作设置的系统管理；

（4）包装（Packaging）：物理的包装盒；

（5）授权（Legal）：许可证或其他方式。

使用“FURPS+”分类方案（或其他分类方案）作为需求范围的检查列表是有效的，可以避免遗漏系统的某些重要方面。

在这些需求中，功能性需求一般是需求定义的重点，其他的非功能性需求主要说明系统环境所具备的属性。从这个角度用户的需求可以划分为功能性和非功能性需求。

（1）功能性需求系统要具体完成业务方面的需求，如客户登录、管理商品、浏览商品及购买商品等。

（2）非功能性需求是指软件产品为满足用户业务需求而必须具有的特性，包括系统的并发性、可靠性、可维护性、可扩充性等。例如，并发性：要求系统能满足 100 个人同时使用，页面反应时间不能超过 6 秒；可靠性：系统能 7×24 小时连续运行，每年非计划宕机时间不能高于 8 小时，要求能快速地部署，特别是在系统出现故障时，能够快速地切换到备用机。

3.1.2 需求分析的过程

用户的需求常常发生变化，系统分析与设计人员需要针对这些需求进行进一步的开发和探讨，发掘其本质的需求。从用户的原始需求中开发出软件需求的过程，采用的主要技术是用例。基于用例来定义用户和表达用户的需求，从用户的角度去理解并建立用例模型，以适应需求难以捕获的特点。

需求分析研究的对象是用户的需求，需求分析的任务是依据当前系统设计目标系统的逻辑模型，进一步明晰目标系统“做什么”的问题。需求分析是发现、精炼、建模和规格说明的过程。包括：

（1）明晰系统开发计划中规定的系统边界；

（2）创建所需的数据模型、功能模型和控制模型；

（3）分析可选择的解决方案，并将它们分配到各个软件成分中去。

需求分析的过程可以分成以下 4 个阶段。

第一个阶段：问题识别

进行系统开发的可行性分析并确定实施计划。从系统角度来刻画功能和性能，指明与其他系统元素的接口细节，并评审软件范围是否恰当。最后确定目标系统的综合需求，提出这些需求的实现条件以及完成需求应达到的标准。

此外，为保证能顺利地对问题进行分析，还需建立系统分析所需要的通信途径，也就是建立起用户、软件开发机构的管理部门、软件开发组的人员之间的联系。在管理部门的协调下，参与各方协调工作，便于进一步正确识别问题的基本内容。

第二个阶段：分析与综合

从系统的角度对各种功能及性能的各项要求进行一致性检查，进一步细化所有的软件功能，分解数据域并分配给各个子功能。找出系统各成分之间的联系、接口特性和设计限制，判断是否存在用户的不合理要求或尚未提出的潜在要求，综合系统的解决方案，给出目标系统的详细逻辑模型。

第三个阶段：需求描述

该阶段要编制需求分析阶段的文档，制定数据要求说明书及编写初步的用户手册（User Guide），确认测试计划，修改和完善软件开发计划，为开发人员和用户提供软件开发完成时进行质量评价的依据。

第四个阶段：需求评审

作为需求分析阶段工作的复查手段，应该对功能的正确性，文档的一致性、完备性、准确性和清晰性，以及其他需求给予评价。

3.2 用例建模

用例建模是用于描述一个系统需求的建模技术，即回答系统应该“做什么”的问题，是由系统需求分析到最终实现的第一步，也就是从现实世界到业务模型，如图 3-1 所示。

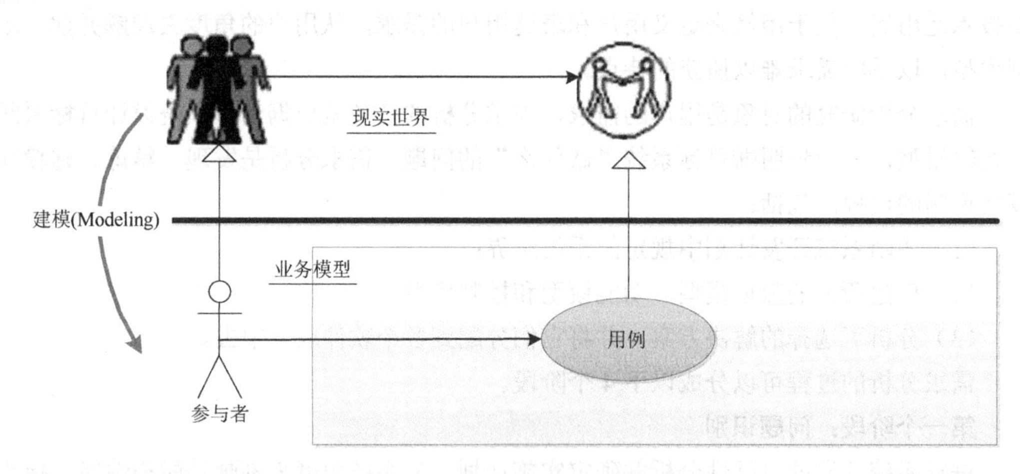

图 3-1 从现实世界到业务模型

在需求分析阶段，用例模型是表达系统外部事物（参与者）与系统之间交互的可视化工具。一个系统的用例模型由若干用例图组成，用例图的主要成分有用例、参与者和系统边界，用简单的图符准确地描述了参与者与系统的交互情况以及参与者对系统的需求。因此，用例模型将系统视为一个黑盒，我们只关心参与者向系统提供输入，系统响应参与者的输入，而不关心系统如何做的内部细节。建立用例模型就是用参与者和用例描述系统的功能性需求，包括用例图和用例规约两部分。

用例建模的过程包括：

（1）找出系统的范围和边界；

（2）识别与系统进行交互的参与者；

（3）分析参与者使用系统达到的业务目标，通过用例来描述每项需求；

（4）形成由参与者、用例及它们之间的关系所构成的用例图；

（5）进行用例描述，形成用例规约。

3.2.1 用例图

用例图是系统需求分析到最终实现的第一步，将系统的功能划分为对参与者（系统的用户）有用的需求，并以每个系统开发参与者容易理解的方式来表达系统。用例图是从参与者使用系统的角度来描述系统的需求的，也就是描述系统的参与者、用例及它们之间的关系，但不描述这些功能在系统内部的实现过程。

图 3-2 描述了一个网上书城管理员部分的用例图，管理员在登录网上书城系统后，可以进行图书管理、公告管理、订单管理及销售榜单管理。它是一个实际系统简化后的示例，由图 3-2 可见，用例图涵盖了系统边界、参与者、用例和关系。

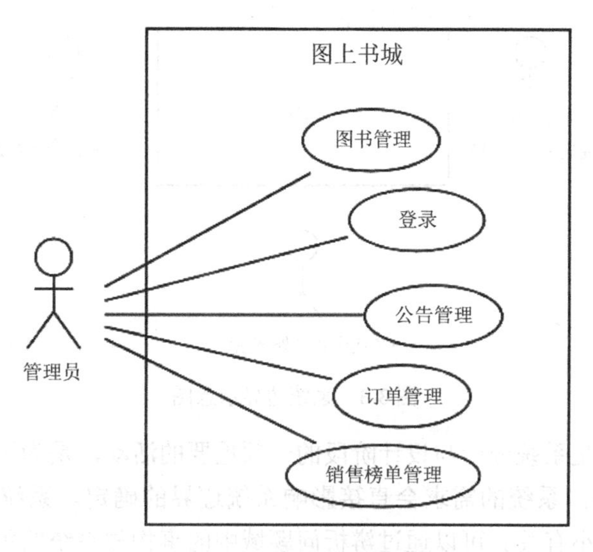

图 3-2　网上书城系统用例图

3.2.2　系统边界

系统通常是人们为了满足特定的信息需求而开发的，这些系统须在计算机系统的支持下运行，因此系统是解决某个特定领域问题需要开发的软件系统。在构造软件系统的开始阶段，用户和系统分析人员都很难清晰地描绘系统需求。因此系统分析人员必须与用户进行反复交流，进行大量的调查、研究和论证工作，才能明晰系统的范围和边界，进而确定系统的责任、功能和性能等。

系统的范围是指系统问题域的目标、任务、规模及系统提供的功能和服务。例如，"账务管理系统"的问题域是账务管理，系统的目标和任务就是负责该企业业务涉及的总账管理、固定资产管理、成本核算、工资核算与发放等有关财务管理方面的工作，并提供相应的服务。而企业中的其他工作，如生产管理、销售管理、仓库管理等，则不属于账务管理系统的范围，可以由其他系统完成。

用面向对象方法所开发的系统是对现实世界的抽象表达。当计算机软件系统尚未存在时，我们可以把它先视为一个黑箱，首先要了解它对外部现实世界发挥的作用，然后描述它的外部可见的行为。问题域中的某些事物位于系统边界之外，作为系统的外部实体处理，而系统内的成分是指在面向对象分析和面向对象设计过程中定义的那些系统元素。系统边界是一个系统的所有系统元素与系统以外的事物的分界线。如图 3-3 所示，系统是由一个边界包围起来的未知空间，系统只通过边界上的有限个接口与外部的系统使用者（人员、设备、外部系统等）进行交互，当把系统内外的交互情况描述清楚了，也就确切地定义了系统的功能需求。简言之，用例模型里的所有参与者都在系统边界以外，而用例表示的系统功能都在系统边界以内。根据系统边界就能确认哪些内容是需要系统处理的，哪些内容是需要与系统交互的外部事物处理的。

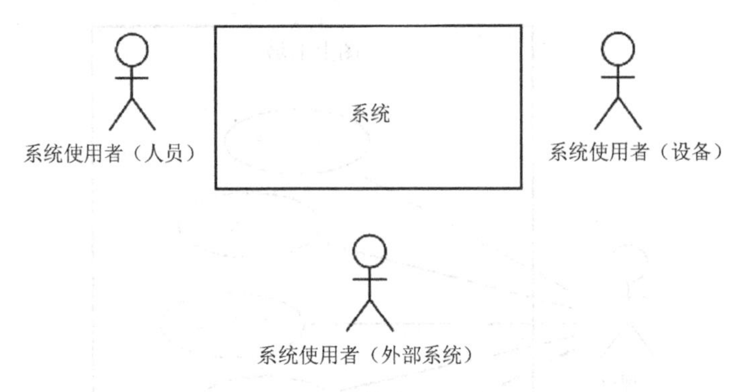

图 3-3　系统边界示意图

定义系统边界是系统分析与设计阶段的一项重要的活动，是为了明确系统责任、参与者、外部系统等，系统的需求会直接影响系统边界的确定。系统的边界与开发的目标、任务和规模大小有关。可以通过辨析问题域中的事物与系统的关系，来确定系统边界。现实世界中事物与系统的关系包括以下几种情况。

（1）某些事物位于系统边界内，成为系统的元素。例如，网上图书销售系统中的图书可抽象为“网上书城系统”内的对象“图书”。

（2）某些事物直接与系统进行交互，系统内部没有相应的成分作为它们的抽象表示，这些事物就是系统边界外的参与者。例如，网上书城系统中的游客，他们可以直接浏览图书，但不需要在系统中设立相应的“游客”对象，因此“游客”是系统边界外与系统进行交互的参与者。

（3）某些事物既在系统边界以外与系统进行直接交互，又作为一个系统对象对其进行抽象性描述。例如，网上书城系统中的“会员”，既需要作为系统成分来模拟其行为、管理其信息，它本身又是系统的直接使用者，是系统的参与者。

（4）某些事物是当前问题域需要使用的一个已经存在的系统（这样的系统此时不需要再开发），那么这样的系统被视为一个外部系统，作为系统的参与者存在。例如，网上书店在进行支付时，需调用银联系统、支付宝系统、微信支付等，这些外部系统也是系统的参与者。注意：如果一个大系统被划分为若干子系统，则每个子系统的开发者都可以把其他子系统视为外部系统，子系统边界内只包括它所负责的那部分功能。

如果要实现的是人事管理系统，则生产管理系统和财务管理系统是边界以外的外部系统，使用人事管理系统的人事部门及其他部门的相关管理人员为外部事物，而人事管理系统中的人力资本规划、人才招聘管理、绩效管理等功能模块是系统内部的成分。如果要实现的是企业综合管理系统，则人力管理子系统、财务管理子系统、生产管理子系统等功能将是系统内部的成分。各个子系统的操作人员、管理人员及决策人员都成为系统的用户，是系统的外部事物。

在用例建模过程中，参与者都定义在系统边界之外，用例都定义在系统边界内部，我们在画用例图时常常省略边界。在 Rational Rose 没有直接表示边界的符号，我们可以借用包的符号表示。一般认为用例的边界就是系统边界，无须再画出系统边界。此外，我们一般把参与者画在用例图的两边，用例画在中间。

3.2.3 参与者

1. 参与者的定义与表示法

参与者是指在系统外部与系统进行交互的实体，可以是人员、其他系统、设备、计时器（时间）等。例如，ATM 系统中的客户是与系统进行交互的“人”；门禁系统中的磁卡读写器是系统需要与硬件进行交互的“设备”；ATM 系统中的银行后台系统是与其交互的其他系统；当需要周期性地向系统发起定时事件，则“时间”也是参与者。

在 UML 建模过程中，用一个简化的人形图标来表示参与者，无论参与者是人或者其他事物，UML 语法定义的参与者的表示符号如图 3-4 所示。

参与者

图 3-4 参与者的表示法

1）人员

对于“人员”，首先从接受系统服务或者直接使用系统的人员中发现参与者；其次，从为系统直接提供服务或者直接对话的各类人员中发现参与者。

例如，对于一个商品销售系统，客户给销售员发来传真订货，销售员下班前将当日订货单汇总输入系统。对于客户和销售员，谁是系统的参与者？应该是销售员，不是客户，因为销售员是直接使用系统或者接受系统服务的人员，销售员使用系统提高了工作绩效。

拓展思考：如果是一个网上商城系统，客户通过网络下单，那么客户是不是参与者？为什么？

2）设备

能够作为参与者的“设备”是指对内与系统相联、对外不必经过与人员的交互而直接发挥某种作用的设备。如图 3-5 所示，警报传感器为“生成警报数据”用例提供传感器输入，监控操作员查看警报信息。

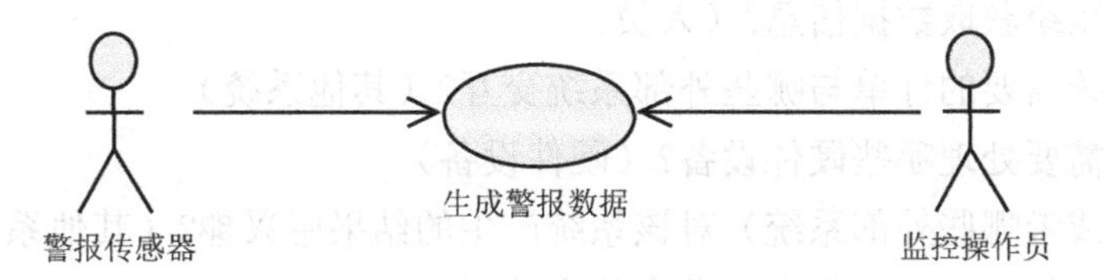

图 3-5 外部设备的示例

3）其他系统

其他系统是指与本系统相联，并进行信息交互的外部系统、上级系统或任何与它进行协作的系统，它的开发不是当前这个分析员小组的当前责任。

如图 3-6 所示，远程系统启动用例，监控操作员接收监控数据，并从该用例中获得价值，远程系统就是一个其他系统。

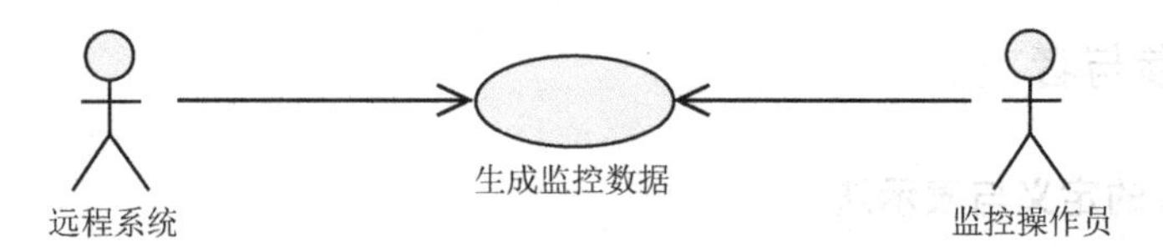

图 3-6　其他系统的参与者示例

4）计时器（时间）

当系统需要定期输出某些信息时，“计时器”参与者可以周期性地向系统发送定时事件。如图 3-7 所示，“报告计时器”参与者启动“显示周报”用例，该用例周期性准备一份每周报告供给用户查看。

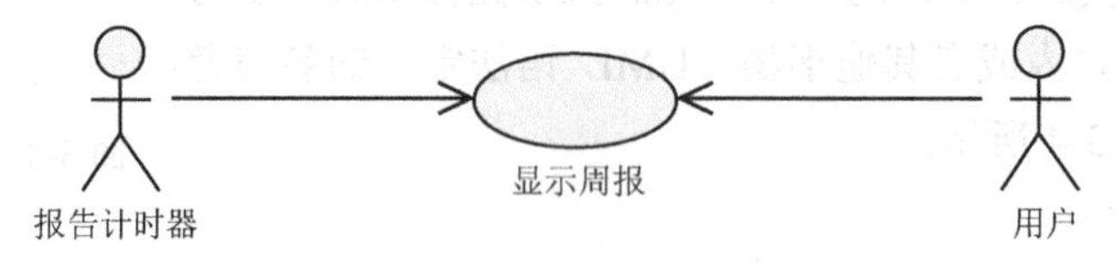

图 3-7　计时器的参与者示例

2．如何识别参与者

每个参与者可以驱动一个或多个用例，一个用例也可以被多个参与者驱动。参与者通过交换信息与用例发生交互，而参与者的内部实现与用例是不相关的。参与者是指系统以外的，在使用系统时与系统交互中所扮演的角色，并不是指人或事物本身。

当划分好系统范围并明确系统边界后，首先要确定参与者，可以通过回答以下问题来寻找系统的参与者：

（1）谁将使用该系统的主要功能？（人员）

（2）谁需要系统的支持以完成日常工作任务？（人员）

（3）谁负责维护、管理系统，保持系统的正常工作状态？（人员）

（4）谁改变了系统的数据信息？（人员）

（5）谁从系统获取数据信息？（人员）

（6）该系统需要的订单与哪些外部系统交互？（其他系统）

（7）系统需要处理哪些硬件设备？（硬件设备）

（8）谁（或者哪些外部系统）对该系统产生的结果感兴趣？（其他系统）

（9）在预设的时间点，有自动发生的事件吗？（时间）

3. 识别参与者的注意事项

在识别参与者的过程中，要注意以下几点：

（1）参与者对于系统而言总是外部的，因此它们在系统之外；

（2）参与者直接与系统进行交互，这将有助于确定系统边界；

（3）参与者表示的是与系统进行交互时扮演的角色，不是特定的人或者特定的事物；

（4）一个人或事物在与系统发生交互时，可以扮演多个角色；

（5）每个参与者需要有一个能更好表达其角色的名字，如系统管理员、会员、游客等，不推荐使用“新参与者”这样缺少实际意义的名字；

（6）每个参与者必须有简短的描述，从业务角度描述参与者是什么，像类一样，表示参与者属性和它可接受的事件；

（7）参与者一定是直接并且主动地向系统发出动作并获得反馈的，否则就不是参与者。

4. 参与者与业务工人

在实际的用例建模工作中，系统分析人员常常会面临一个问题，谁是参与者？

例如，这样一个场景：小王到银行去开户，向大堂经理询问了办理手续，填写了表单，交给柜台职员，拿到了银行存折。在这个场景中，谁是参与者？

在前面提到识别参与者要注意两个问题：

（1）谁对系统有着明确的目标和要求并且主动发出动作？

（2）系统是为谁服务的？

显然在这个场景中，第一个问题的答案是小王有着明确的目标：开户，并且主动发出了开户请求的动作；第二个问题的答案是系统运作的结果给小王提供了开户的服务。小王是参与者，而大堂经理和柜台职员都不满足条件，在小王没有主动发出动作以前，他们都不会做事情，所以他们不是参与者。同时，由于确定了小王是参与者，相应地也就明确了系统边界，包括大堂经理和柜台职员在内的其他事物都在系统边界以内。

实际上，在官方文档中，参与者还有另一种叫法：主角。笔者认为从含义上讲，主角这个译法比参与者更准确。参与者容易让人误解为只要参与了业务的，都是参与者；主角则很明确地指出，只有主动启动了这个业务的，才是参与者。

现实中参与者这个叫法更加普遍，本书将采用参与者这个叫法，读者可自行决定采用哪个叫法。我们确定了小王是参与者，那大堂经理和柜台职员是什么呢？他们不是也“参与”业务了吗？实际上大堂经理和柜台职员由于“参与”了业务，他们被称为业务工人（Business Worker）。

那么，应该如何区分参与者与业务工人呢？应该按照以下三条原则：

（1）他是主动向系统发出动作的吗？

（2）他有完整的业务目标吗？

（3）系统是为他服务的吗?

这三个问题的答案如果是否定的，那一定是业务工人。

以人工座席这个例子来说，人工座席只有在购票人打电话的情况下才会去购票，因此他是被动的。订票的最终目的是拿到机票，但人工座席只负责订，最终票并不到他的手里，因此他没有完整的业务目标。系统是为购票者服务的。非常明显，人工座席只可能是一个业务工人。

3.2.4 用例

1．用例的定义与表示法

用例是指与参与者交互的，并且给参与者提供可观测的、有意义的结果的一系列活动的集合。用例可以简单理解系统的功能，用例分析的过程也就是系统功能进行分析的过程。用例的命名往往从参与者的角度出发进行命名（如使用“登录”，而不是“身份验证”)，使用动宾结构或主谓结构命名，并尽量使用业务术语。

在 UML 中，用例可以用图 3-8 中的两种形式进行表示。

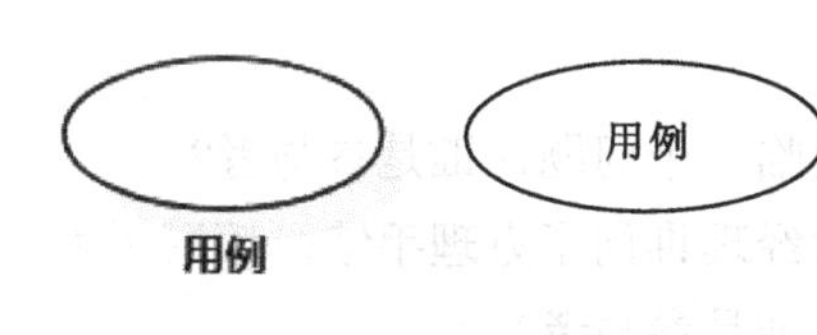

图 3-8　用例的两种表示法

2．如何识别用例

可以通过回答以下问题来识别系统中的用例:

（1）参与者要向系统请求什么功能?

（2）每个参与者的特定任务是什么?

（3）参与者需要读取、创建、撤销、修改或存储系统的某些信息吗?

（4）是否任何一个参与者都要向系统通知有关突发性的、外部的改变?或者必须通知参与者关于系统中发生的事件?

（5）这些事件代表了哪些功能?

（6）系统需要哪些输入/输出?

（7）是否所有的功能需求都被用例使用了?

3．识别用例注意的问题

在确定用例时，要注意以下问题。

（1）每个用例至少应该涉及一个参与者。如果存在不与参与者进行交互的用例，则应该检查是否遗漏了该用例的参与者。如果确实没有与参与者进行交互，则可考虑将其并入其他用例中。

（2）每个参与者也必须至少涉及一个用例。如果存在不与用例进行交互的参与者，则应该考虑该参与者是如何与系统发生联系的，由参与者确定一个新的用例，或者认为该参与者是一个多余的模型元素。

（3）用例的粒度可大可小，一般一个系统控制在 20 个左右，但没有严格规定。

（4）用例是系统级的、抽象的描述，不是细化的［考虑“做什么（what）”，而不是“怎么做（how）”］。

（5）对复杂的系统划分为若干子系统处理。

4．判断用例的标准

用例可以表示为某个参与者通过系统要做的事情，或者所要实现的目标。用例通常具有以下特征。

（1）用例（或者这件事情）是相对独立的。这意味着它不需要与其他用例交互而独自完成参与者的目的，也就是说用例从“功能”上说是完备的。用例本质上体现了系统参与者的愿望，不能完整达到参与者愿望的事件不能被称为用例。

例如，取钱是一个有效的用例，填写取款单却不是有效的用例，如图 3-9 所示。因为完整的目的是取到钱，没有人会为了填写取款单而专门跑一趟银行。

图 3-9　用例示例 1

（2）用例（或这件事情）的执行结果对参与者来说是可观测的和有意义的。例如，有一个后台进程监控参与者在系统里的操作，并在参与者删除数据之前执行备份操作，虽然它是系统的一个必需的组成部分，但它在需求阶段不应该作为用例出现。因为这是一个后台程序，对参与者来说是不可观测的，它应该作为系统需求在补充规约中定义，而不是一个用户需求。例如，登录系统是一个有效的用例，但输入密码不是。这是因为登录系统对参与者是有意义的，这样他可以获得身份认证和授权，但单纯地输入密码是没有意义的。

图 3-10　用例示例 2

（3）用例必须由一个参与者发起。不存在没有参与者的用例，用例不应该自动启动，也不应该主动启动另一个用例。

（4）用例必然以动宾短语形式出现。慎用弱动词、弱名词，否则会掩盖真正的业务，如图 3-11 所示。常被误用的弱动词有“进行”“使用”“复制”“加载”“重复”等；常被误用的弱名词有“数据”“报表”“表格”“表单”“系统”等。

（5）用例的粒度必须是合适的，用例要有路径，路径要有步骤。一般来说，过细的粒度会导致必须使用技术语言来描述用例，而不是业务语言。常见错误是把步骤作为用例、把系统活动作为用例、把交互的某个步骤作为用例、把参与者的动作作为用例。例如，在 ATM 取钱场景中，取钱、读卡、验证账号、打印回执单等都是用例，但是，取钱包含了其他用例，取钱的粒度更大一些，其他用例的粒度要小一些。用例建模是以参与者为中心的，因此用例的粒度以能实现参与者的目的为依据。在上例中，实际用例只有“取钱”，其他是完成这个目的的步骤。

图 3-11　用例示例 3

3.2.5　用例图中的关系

1）关联关系

参与者和用例之间存在着一定的关系，这种关系是关联关系，又称为通信关联。这种关系表明了哪个参与者与用例通信。

如图 3-12 所示，参与者和用例之间的关联关系用带箭头或不带箭头的实线表示。箭头所指方是对话的被动接受者，起始端则是对话的主动发起者。如果不想强调对话中的主动者与被动者，或者参与者和用例互为主动者与被动者，则可以使用不带箭头的实线来表示它们之间的关联关系。

图 3-12　参与者与用例的表示法

2）泛化关系

泛化（Generalization）是从下到上的抽象过程，是从特殊到一般的过程。泛化可以应用于参与者和用例来表示其子项从父项继承的功能，表示父项的每个子项都有略微不同的功能或目的，以确保自己的唯一性。泛化既可以用于参与者，也可以用于用例。

由于参与者实质上也是类，用例图中的参与者之间有时会出现泛化的关系，这种泛化关系和类之间的泛化关系是相似的。参与者之间的泛化关系表示一个一般性的参与者与另一个更为特殊的参与者之间的联系。子参与者继承了父参与者的行为和含义，还可以增加自己特有的行为和含义，子参与者可以出现在父参与者能出现的任何位置上。在 UML 规范中，泛化关系用带空心三角形箭头的实线表示，箭头指向父参与者，如图 3-13 所示。

与参与者泛化相似，可以将特殊用例（子用例）与一般用例（父用例）用泛化关系表示。子用例是父用例的特殊化，子用例除具有父用例的特性外，还可以有自己的特性。父用例可以被特殊化为一个或多个用例，表示父用例更多明确的形式，如图 3-14 所示，查询图书是一般用例，而精确查询和模糊查询是特殊用例。此外，父用例的子用例还可以拥有自己的子用例，即泛化还可以分层。

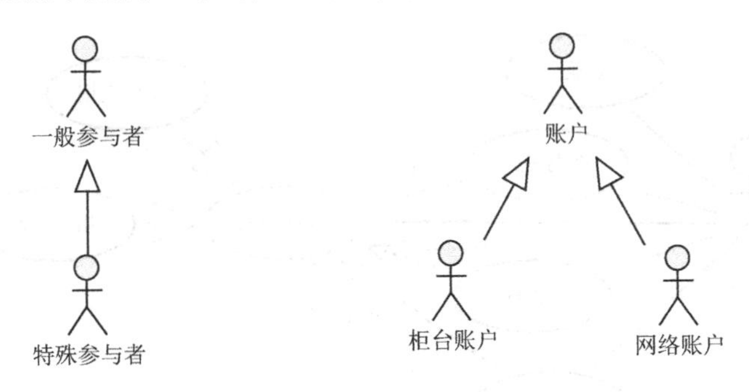

图 3-13　参与者之间的泛化关系

3）包含关系

在进行系统分析时，通常会发现有些功能在不同的环境下都可以使用，则把某些功能独立出来，成为单独的用例。虽然每个用例都是独立的，但一个用例可以用其他更简单的用例来描述。包含关系描述的是一个用例需要某种功能，而该功能被另外一个用例定义，那么在用例的执行过程中，就可以调用已经定义好的用例，则称一个用例（基础用例）的功能包含另一个用例（包含用例）。如图 3-15 所示，包含关系表示为虚线箭头加《include》，箭头指向包含用例。

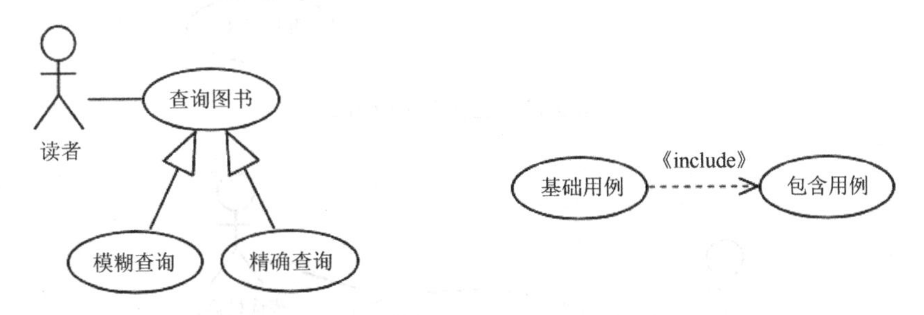

图 3-14　用例之间的泛化关系　　图 3-15　包含关系

可以在以下三种情况下引入包含关系。

（1）提取公共事件流：如果两个以上的用例有大量相同的行为，则可以将这段行为抽象到另一个用例中，其他用例可以与这个用例建立包含关系。

例如，在图书管理系统中，读者可以在系统中预定图书、查询图书、借书和还书；登录后可进行预定图书和借书；在如图 3-16 所示的用例图中，“查询图书”用例是多个用例的公共行为，可以用包含关系表示。

（2）用例功能分解：一个用例的功能太多，可以用包含关系建模成几个小用例。

例如，在开发系统中，总是存在着维护某些信息的功能，若将它作为一个用例，那新建、编辑及修改都要在用例详述中描述，则过于复杂；若分成新建用例、编辑用例和删除用例，则划分太细。这时包含关系可以用来厘清关系，如图 3-17 所示。

（3）可以利用包含关系组织一个冗长的用例（基用例提供参与者和系统之间高层次

的交互，包含用例提供参与者和系统之间低层次的交互）。

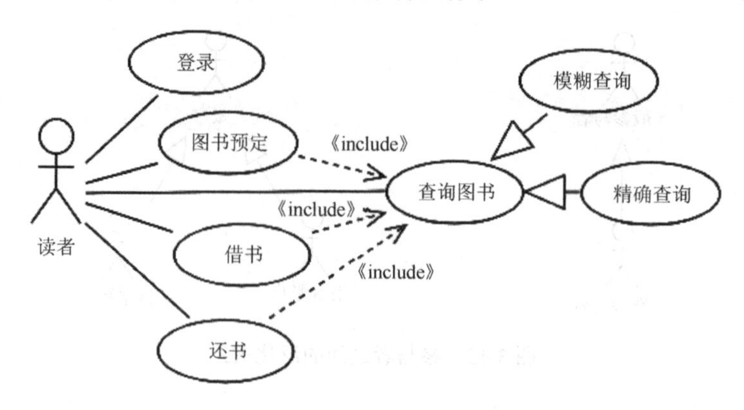

图 3-16　包含关系应用 1

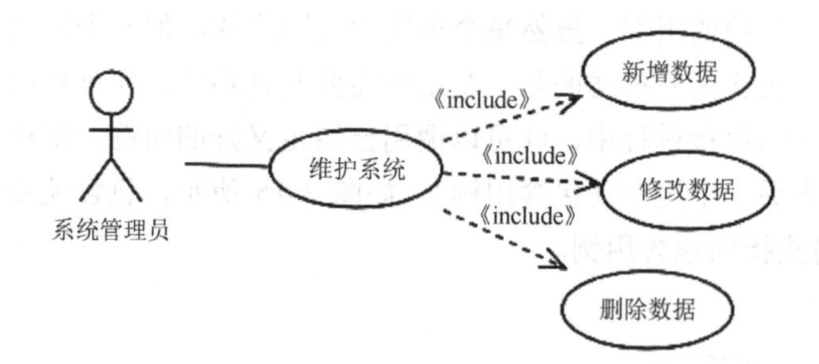

图 3-17　包含关系应用 2

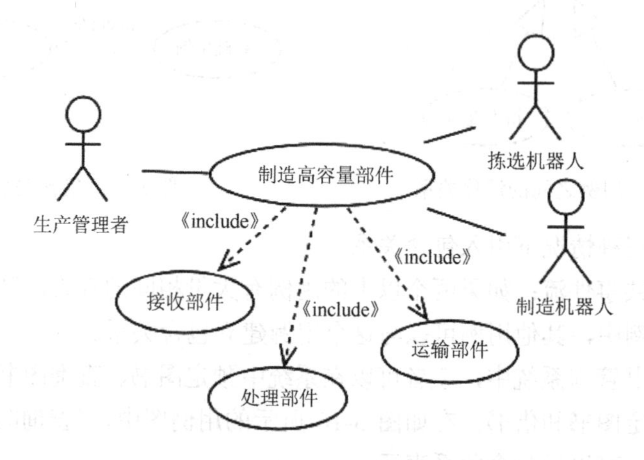

图 3-18　包含关系应用 3

例如，生产管理人员组织整个“制造高容量部件”的过程拣选机器人接收生产该部件的原材料（“接收部件”用例），制造机器人在每个工厂工作站执行生产步骤（高容量工作站“处理部件”用例）和运输已生产的部件（“运输部件”），如图 3-18 所示。

4）扩展关系

扩展关系表示后一个用例（扩展用例）是对前一个用例（基用例）的可选增量扩展

事件，即它是前一个用例的可选附加行为。扩展关系表示为虚线箭头加《extend》，箭头指向基础用例。注意：基础用例本身是完整的，可以单独存在，在每次执行基础用例时，扩展用例不是每次都被执行。扩展用例的执行必须依赖于基础用例。扩展点是基础用例中的一个或多个位置，在该位置会衡量某个条件以决定是否启用扩展用例。扩展点定义了启动扩展用例的条件，一旦该条件满足，那么扩展用例将被使用。

例如，在图书管理系统中，“超期”为扩展点，还书时若超期，则交罚款，如图 3-20 所示。

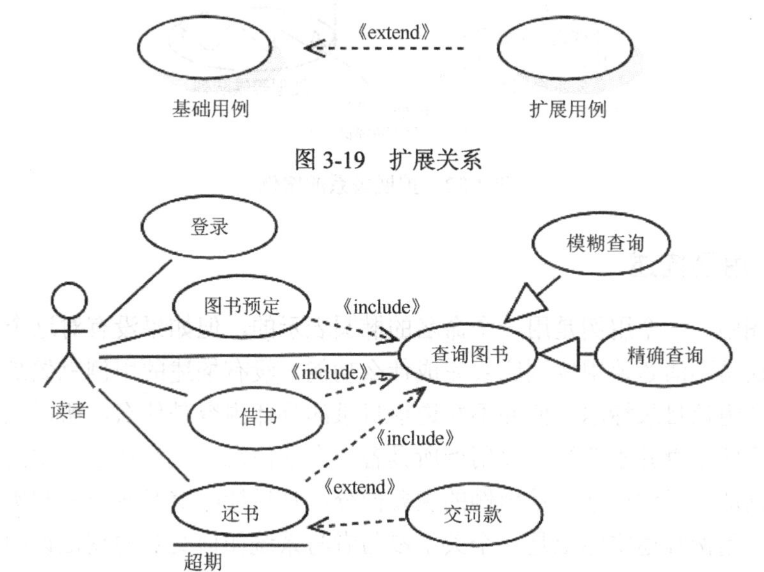

图 3-19　扩展关系

图 3-20　包含关系、扩展关系和泛化关系应用

5）包含关系和扩展关系的异同

相同点：它们都是基本用例的行为的一部分。

不同点：在基本用例的每次执行时，包含用例都一定会执行，而扩展用例只是偶尔被执行。

如图 3-21 所示的为包含关系，在一个餐厅预订系统中，当执行“预订座位”用例时，一定要执行“检查座位详情”用例，用来检查座位是否空闲，因此，“检查座位详情”是必须要执行的子事件流。

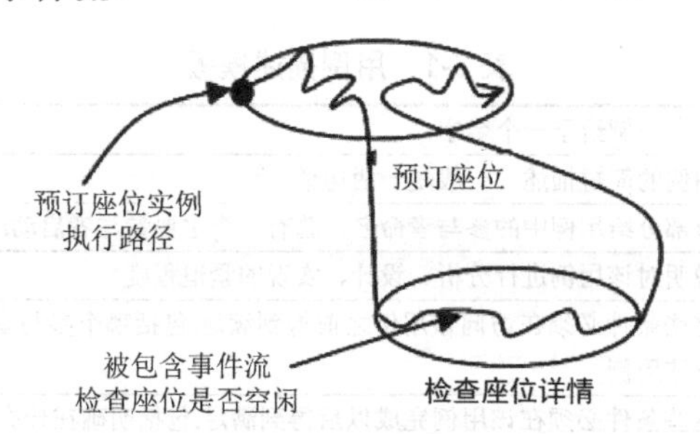

图 3-21　包含关系的案例

图 3-22 所示的为扩展关系，在一个餐厅预订系统中，在执行“预订座位”用例时，当没有空闲的座位或者没有满意的座位，并且客户愿意进入等待队列，当有符合要求座位时，让系统通知他，这种情况下，“处理等候队列”才会执行，该用例就是一个扩展用例。

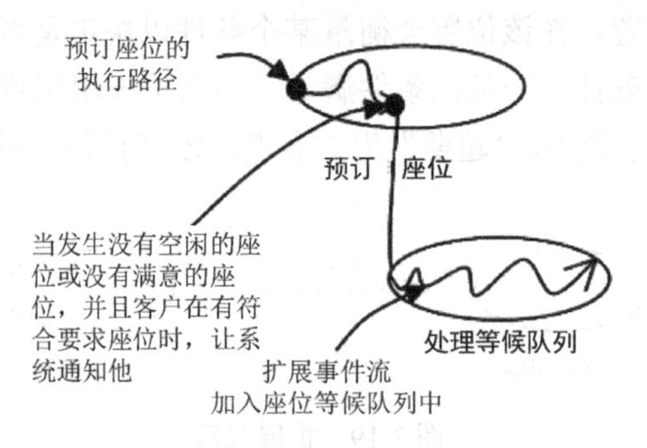

图 3-22 扩展关系的案例

3.2.6 用例描述

在用例图中，一个用例是用一个命名的椭圆表示的，但如果没有对这个用例的具体说明，那么还是不清楚该用例到底会完成什么功能。没有描述的用例就像是一本书的目录，人们只知道该目录标题，但并不知道该目录的具体内容是什么。所以说，仅用图形符号表示的用例本身并不能提供该用例所具备的全部信息，必须通过文本的方式描述该用例的完整功能。用例描述也是用例的主要部分，是后续的交互图分析和类图分析必不可少的部分。用例描述实际上是一个关于参与者与系统如何交互的规范说明，该规范说明要清晰明了，没有歧义。

由于用例描述了参与者和软件系统进行交互时，系统所执行的一系列的动作序列。因此，这些动作序列不但应包含正常使用的各种动作序列（称为基本操作流程），而且还应包含对非正常使用时软件系统的动作序列（称为可选操作流程）。所以，基本操作流程描述是用例描述的主要内容。

需要注意的是，在表述用例描述时，仍然注重描述系统从外部看到的行为。用例描述的内容还应包括用例激活前的前置条件，说明如何启动用例，以及执行结束后的后置结果，说明在什么情况下用例才被认为是完成的。此外，在用例描述中除表明主要步骤与顺序外，还应包括可选操作流程和特殊需求。

表 3-1 用例描述模板

用例名称	每个用例给予一个名字
概述	用例的简短描述，一般是一两句话
参与者	该部分给用例中的参与者命名，总有一个主要参与者启动用例
优先级	说明对该用例进行分析、设计、实现的紧迫程度
前置条件	这些条件必须在访问该用例之前得到满足,包括哪个参与者或用例在怎样的情况下启动执行该用例
后置条件	这些条件必须在该用例完成以后得到满足,包括明确在什么情况下用例才能被视为完成,完成时要把什么结果值传递给参与者或系统

（续表）

基本操作流程（主事件流）描述	用例的主体是对该用例主事件流的叙述性描述，这是参与者和系统之间最经常的交互序列。该描述的形式是参与者的输入，接着是系统的响应
可选操作流程（可替换事件流）描述	主事件流的可替换分支的叙述性描述。主事件流可能有多个可替换分支。例如，如果客户的账号没有足够的资金，则显示抱歉并退出卡片。在给出可替换描述的同时，用例中可替换序列从主事件流分支出来的这个步骤也被标识出来
特殊需求	描述该用例的非功能性需求和设计约束
被泛化的用例	描述该用例所泛化的用例列表，即父用例列表，而此用例作为子用例
被包含的用例	描述该用例所包含的用例列表，即包含用例列表，而此用例作为基本用例
被扩展的用例	描述该用例所扩展的用例列表，即扩展用例列表，而此用例作为基本用例
未解决的问题	在开发期间，有关用例的问题被记录下来，用于和用户进行讨论

案例：通过使用 ATM 机，客户能够从支票账户或者存储账户提取现金、查询账户余额、在账户间转账。客户将一个 ATM 卡插入读卡器会启动一个交易。ATM 卡背面的磁条编码保存了该卡的卡号、生效期和失效期。如果一张 ATM 卡能够被系统识别，那么系统会验证这张卡的情况。客户输入 PIN 进行验证，并可确认该卡是否被挂失；客户可以尝试输入三次 PIN 码，若三次输入错误，则没收 ATM 卡。

若输入的 PIN 码通过了验证，则客户可以进行取款、查询或转账交易。在取款交易被许可之前，系统需确认该取款账户是否拥有足够的余额、取款额度未超过单日取款上限以及本地提款机中拥有足够的现金。如果该交易获得了许可，则 ATM 机将提取指定的取款金额、打印包含交易信息的凭条并弹出 ATM 卡。在转账交易被许可前，系统需确认客户拥有至少两个账户以及待转出的账户中拥有足够的金额。对于被允许的查询和转账请求，ATM 机会打印凭条并弹出 ATM 卡。客户可以在任何时候取消交易，如果交易被取消，那么 ATM 卡也会被弹出。服务器中保留了所有的客户记录、账户记录以及借记卡记录。

按照如上问题描述，ATM 系统用例图如图 3-23 所示。

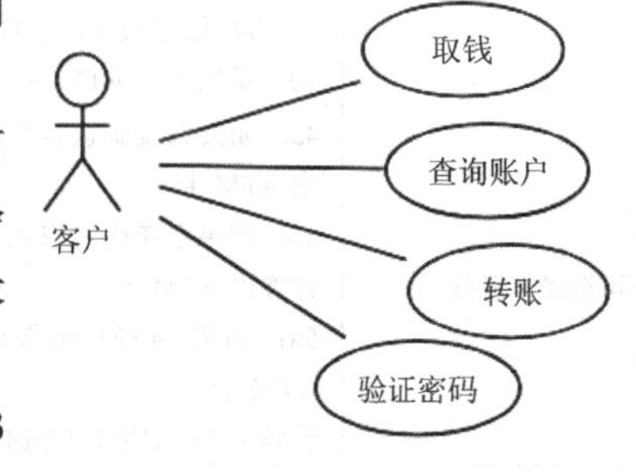

图 3-23　ATM 系统用例图

用例描述如表 3-2～表 3-4 所示。

表 3-2　“验证密码”的用例描述

用例名称	验证密码
概述	系统验证客户
参与者	客户
基本操作流程	1. 客户向读卡器插入 ATM 卡 2. 如果系统识别了该卡，则读取卡号 3. 系统提示客户输入 PIN 码 4. 客户输入 PIN 码 5. 系统检查该卡的有效期是否已经报告丢失或遭窃 6. 如果卡是有效的，则系统检查用户输入的 PIN 码是否和系统存储的 PIN 码匹配

（续表）

基本操作流程	7．如果 PIN 码匹配，则系统检查该 ATM 卡可访问哪些账户 8．系统显示客户账号，并提示客户交易类型：取款、查询或转账
可选操作流程	2a：如果系统未能识别该卡，则弹出该 ATM 卡 5a：如果系统确认该卡失效，则没收该 ATM 卡 5b：如果系统确认该卡已被挂失（遗失或者被盗），那么系统没收该 ATM 卡 7a：如果客户输入的 PIN 码不正确，那么系统提示用户重新输入 PIN 码 7b：如果客户输错三次 PIN 码，则系统没收该 ATM 卡 步骤 1~8：如果客户选择“取消”选项，则系统取消交易并弹出 ATM 卡
后置条件	客户的 PIN 码已被验证

表 3-3 “取款”的用例描述

用例名称	取款
概述	客户从有效的银行账户提取特定数量的钱款
参与者	客户
前置条件	ATM 机验证 PIN 码通过
基本操作流程	1．客户选择取款 2．系统提示客户输入取款金额 3．客户输入取款金额 4．系统检查客户在该账户中的余额是否充足，以及用户输入的取款金额是否超过取款上限 5．系统验证通过，则授权允许本次取款请求 6．系统分发相应数额的现金 7．客户核对现金金额，并确认交易 8．系统打印凭条，显示交易号、交易类型、取款金额和账户余额信息 9．客户取款成功，选择退卡 10．系统弹出 ATM 卡
可选操作流程	4a：如果系统确认客户账户上没有足够的金额，则系统显示“账户余额不足”的提示信息并弹出 ATM 卡 4b：如果系统确定取款金额超过了每日取款上限，那么系统显示“取款超过限额”的提示信息并弹出 ATM 卡 6a：如果 ATM 机现金不够，则系统显示“ATM 机内余额不足”的提示信息，并弹出 ATM 卡 步骤 1~8：如果客户选择“取消”选项，则系统取消交易并弹出 ATM 卡
后置条件	客户账户的金额已被扣除

表 3-4 “查询”的用例描述

用例名称	查询
概述	客户查询有效银行账户中的金额
参与者	客户
前置条件	ATM 机验证 PIN 码通过
基本操作流程	1．客户选择查询 2．系统提示查询的内容 3．客户选择查询的内容 4．系统显示查询结果 5．客户查询结束，选择退卡 6．系统弹出 ATM 卡

表 3-5 “转账”的用例描述

用例名称	转账
概述	客户从一个账户向另一个账户转钱
参与者	客户
前置条件	ATM 机验证 PIN 码通过
基本操作流程	1．客户选择转账 2．系统提示客户输入转账金额和对方账户号、姓名 3．客户输入转账金额和对方账户号、姓名 4．系统检查客户在该账户中的余额是否充足，以及用户输入的取款金额是否超过转账上限 5．系统验证通过，则授权允许本次转账请求 6．客户确认转账 7．系统按输入的金额扣减账户余额，并增加对方账户号相同的金额 8．转账成功，客户选择打印凭条 9．系统打印凭条，显示交易号、交易类型、转账金额和账户余额信息 10．转账结束，客户选择退出系统 11．系统弹出 ATM 卡
可选操作流程	4a：如果系统确认客户账户上没有足够的金额，则系统显示“账户余额不足”的提示信息并弹出 ATM 卡 4b：如果系统确定转账金额超过了每日取款上限，那么系统显示“转账超过限额”的提示信息并弹出 ATM 卡 步骤 1~7：如果客户选择“取消”选项，则系统取消交易并弹出 ATM 卡
后置条件	客户账户的金额已被扣除，对方账户金额等额增加

3.2.7 用例描述中经常出现的问题

由于用例描述了参与者和系统进行交互时，系统所执行的一系列动作序列，而且用例描述注重描述系统从外部看到的行为。因此，在用例描述的“基本操作流程（或主事件流）”中一方面要注意体现参与者和系统的交互，另一方面要注意不要过于注重界面细节。

1．只描述了参与者的动作序列，而没有描述系统的行为

如表 3-6 所示的“ATM 取款”用例描述的基本操作流程中只描述了参与者的动作序列，而没有描述系统的行为。

表 3-6 “ATM 取款”用例描述一

用例名称	取款
参与者	客户
基本操作流程	1．客户插入 ATM 卡，并输入 PIN 码 2．客户按“取款”按钮，并输入取款数目 3．客户取走现金、ATM 卡并拿走收据 4．客户离开

2．只描述了系统的行为，没有描述参与者的行为

如表 3-7 所示的“ATM 取款”用例描述的基本操作流程中只描述了 ATM 系统的动作序列，而没有描述参与者的行为。

表 3-7 “ATM 取款”用例描述二

用例名称	取款
参与者	客户
基本操作流程	1．ATM 系统获得 ATM 卡和 PIN 码 2．设置事务类型为取款 3．ATM 系统获取要提取的现金数目 4．验证账户上是否有足够储蓄金额 5．输出现金、数据和 ATM 卡 6．系统复位

3．在用例描述中对用户界面的描述过于详细

如表 3-8 所示的“ATM 取款”用例描述存在的问题：对用户界面的描述过于详细，对于需求文档来说，详细的用户界面描述对获取需求并无帮助。

表 3-8 “ATM 取款”用例描述三

用例名称	取款
参与者	客户
基本操作流程	1．通过读卡机，客户插入 ATM 卡 2．ATM 系统从卡上读取银行 ID、账号、加密密码、并用主银行系统验证银行 ID 和账号 3．客户按“取款”按钮，ATM 系统根据上面读出的卡上加密密码，对加密密码进行验证 4．客户按“快速取款”按钮，并输入取款数量，取款数量应该是 100 的倍数 5．ATM 系统通知主银行系统，传递客户账号和取款数量，并接收返回的确认信息和客户账户余额 6．ATM 系统输出现金、ATM 卡和显示账户余额的收据 7．ATM 系统记录事务到日志文件

4．描述的步骤过细、过于冗长，缺乏概括性

如表 3-9 所示的“购物”用例的描述中，存在以下问题：用例描述的步骤过于详细，对于需求文档来说，过于详细的描述对获取需求并无帮助。

表 3-9 “购物”用例描述

用例名称	取款
参与者	顾客
基本操作流程	1．系统显示 ID 和密码窗口 2．顾客输入 ID 和密码，然后按 OK 键 3．系统验证 ID 和密码，并显示个人信息窗口 4．顾客输入姓名、街道地址、城市、邮政编码、电话号码，然后按 OK 键 5．系统验证用户是否为老顾客 6．系统显示可以卖的商品列表

（续表）

基本操作流程	7．顾客在准备购买的商品图片上单击，并在图片旁边输入要购买的数量。选购商品完毕后按 Done 按钮 8．系统通过库存系统验证要购买的商品是否有足够库存 …….（后续描述省略）

改进后的“购物”用例描述如表 3-10 所示。

表 3-10 “购物”用例描述

用例名称	取款
参与者	顾客
基本操作流程	1．顾客使用 ID 和密码进入系统 2．系统验证顾客身份 3．顾客提供姓名、地址、电话号码 4．系统验证顾客是否为老顾客 5．顾客选择要购买的商品和数量 6．系统通过库存系统验证要购买的商品是否有足够库存 …….（后续描述省略）

5．描述“登录”的四种方法

很多信息系统在一开始都需要登录，若用户登录成功，则可以进入系统。以“银行 ATM 系统”为例，需求描述如下：首先执行登录的交互过程，然后选择存款、取款、余额查询、转账等操作，并执行相应的交互过程。经过对“银行 ATM 系统”的用例进行细分，识别出“登录”用例、“存款”用例、“取款”用例、“余额查询”用例、“转账”用例。

1）“登录”用例的表示方法一

由于参与者操作所有的用例之前都要先进行登录，因此专门设立一个“登录”用例，通过“登录”用例与其他用例之间的包含关系来反映出用例之间的执行次序，如图 3-24 所示。从表面上来看，这样非常符合客户操作 ATM 系统时的操作次序效果，因为在操作 ATM 系统时，直观的印象是先看到“登录”界面，再看到“存款”“取款”等界面。但是，根据包含关系的语义，“登录”用例执行时，每一次都要相继执行“存款”“取款”“余额查询”“转账”等用例，这样显然是不合理的。另外，这种表示方法必须要了解系统的所有其他模块，才能描述清楚“登录”用例。向系统增加新用例时，也要修改“登录”用例。此外，从维护的角度来看，有时会忘记对“登录”用例进行修改。

(2）“登录”用例的表示方法二

如图 3-25 所示，客户可以直接操作“存款”“取款”“余额查询”“转账”等用例，这 4 个用例包含了“登录”用例。通过包含关系来反映这 4 个用例中的每一个用例与“登录”用例之间的执行次序。但是，这种表示方法没有直接反映出客户与“登录”用例的通信关系。这种表示方法中的“登录”用例仅描述有关登录的信息，客户执行系统的每项功能都要先登录，需要对客户进行多次验证，这显然不符合系统设计的要求。

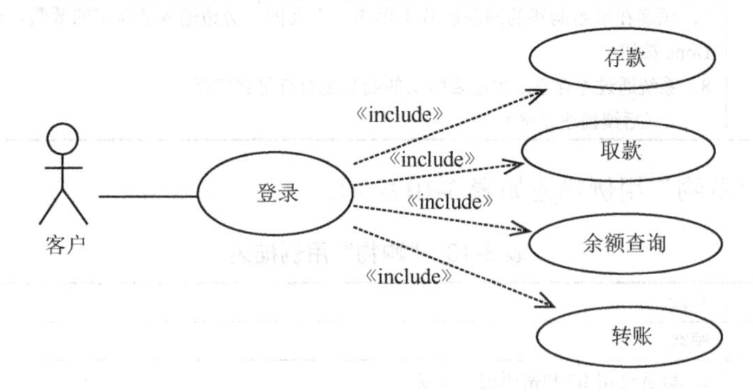

图 3-24 “登录”用例的表示方法一

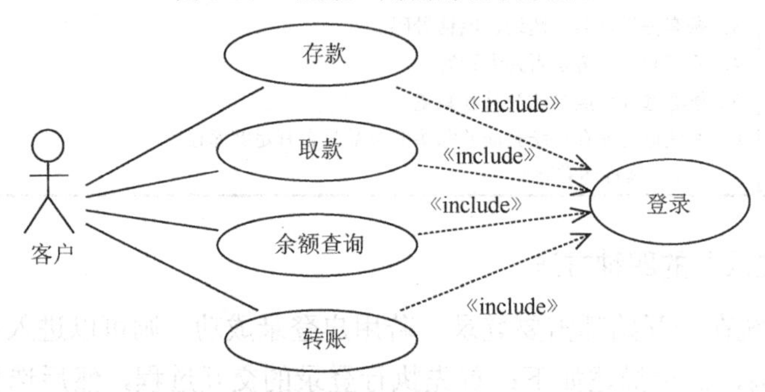

图 3-25 “登录”用例的表示方法二

（3）“登录”用例的表示方法三

如图 3-26 所示，客户先直接操作“登录”用例，然后通过“登录”用例与“存款”“取款”“余额查询”“转账”等用例之间的扩展关系来反映用例间的执行次序。根据扩展关系的语义，“登录”用例执行时，每一次根据扩展点上的扩展条件来选择执行“存款”“取款”“余额查询”“转账”等用例。这样的表示方法相对于前面两种表示方法更能反映出需求的规定，但是，图形符号的表达缺乏一定程度上的直观性，不能反映出客户与“存款”“取款”“余额查询”“转账”等用例之间的直接通信关系。而且，在增加新用例时，需要在“登录”用例中填加新的扩展点。

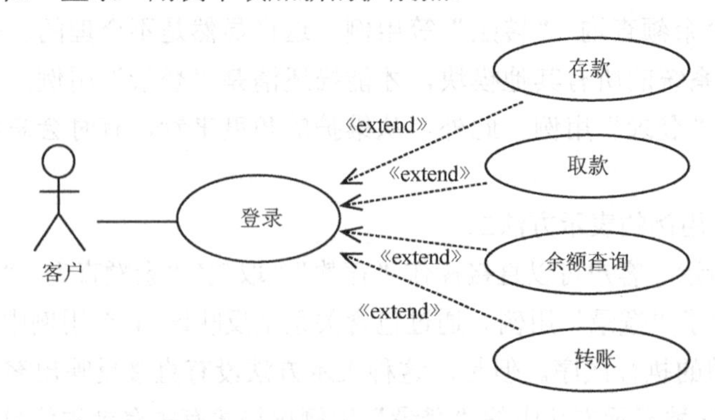

图 3-26 “登录”用例的表示方法三

（4）“登录”用例的表示方法四

如图 3-27 所示，客户直接操作“登录”“存款”“取款”“余额查询”“转账”等用例，“登录”用例完全独立于其他用例。这种表示方法使各个用例之间相对比较独立，能够清晰地反映出客户与“登录”“存款”“取款”“余额查询”“转账”等用例之间的通信关系。这种表示方法是比较常见的，也是比较合理的。使用这种表示方法，必须要在“存款”“取款”“余额查询”“转账”等用例的描述中指定“前置条件”，只有在登录成功后，才能执行其他用例。

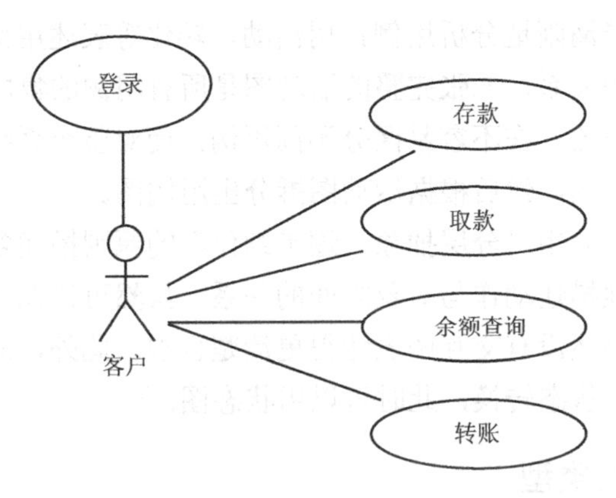

图 3-27 “登录”用例的表示方法四

3.3 活动图建模

用例图显示系统应该做什么，活动图则指明了系统将如何实现它的目标，活动图在用例图之后提供了需求分析中对系统的进一步充分描述。活动图能够清楚表达出系统的执行，以及根据不同条件改变执行的方向，因此活动图可以用于对用例中的工作流建模，也可以理解为活动图是用例图中工作流的具体细化。

活动图是用于系统动态行为建模的常用工具之一，用来描述活动的顺序，展示从一个活动到另一个活动的控制流，其本质是流程图。使用活动图能够很好地表示出业务场景中哪些地方存在功能，以及这些功能和系统中其他组件的功能如何共同满足前面使用用例图建模的商务需求。活动图的主要作用就是描述工作流，其中每个活动都代表工作流中一组动作的执行。

3.3.1 活动图的定义

在系统开发过程中，往往有一些业务流程、组织过程的逻辑相对复杂，用语言描述难以体现各个业务机构的责任。活动图是描述系统或业务的一系列活动构成的控制流，它描述了系统从一种活动转换到另一种活动的整个过程。

活动图通常出现在设计的前期，即在所有实现决定前出现，特别是在对象被指定执行所有活动前。活动图的作用主要体现在描述一个操作执行过程中所完成的工作，活动图能够实现对系统动态行为的建模，即用活动图刻画用例内部流程细节，显示用例内部和用例之间的路径。

活动图也可以用于描述复杂过程的算法，在这种情况下使用的活动图和传统的流程图的功能是差不多的。

活动图的优点在于它最适合支持并行行为，也支持多线程编程，因此很多场合下都适合用活动图建模。活动图的优点主要有以下几个。

（1）分析用例：能清晰地分析用例，用活动、转化等表述用例内部的操作流程，以及多个用例之间的依赖关系，一张完整的活动图是所有用例的集成图。

（2）理解复杂工作流：在不容易区分不同用例，而对整个系统的工作过程又十分清晰时，可以先构造活动图，然后根据活动图拆分出用例图。

（3）使用多线程：采用“分层抽象、逐步细化”的原则描述多线程。

活动图很难清晰地描述动作与对象之间的关系，虽然可以在活动图中标识对象名，也可以使用泳道，但仍然没有交互图表达得更清楚直观。此外，活动图也不能表示一个对象整个生命周期内的状态转换，此时可以用状态图。

3.3.2 活动图的类型

在 UML 建模中，活动图有两种类型：简单活动图和泳道活动图。

1. 简单活动图

简单活动图仅是将过程流程表示为并发过程，并不显示负责每个过程的参与者或类。与传统结构化开发方法中的业务流程图非常相似。

2. 泳道活动图

泳道活动图不仅使用并发操作表示过程流程，还显示过程中涉及的参与者或类。泳道用于分组活动图上由同一参与者执行的活动，或者对单个线程中的一组活动进行分组。在此类型中，活动图划分为多个对象泳道，每个泳道确定负责对应活动的对象或参与者。每个活动会引出一个转移，连接到下一个活动。

3.3.3 基本组成元素

活动图展示从活动到活动的控制流。活动的执行最终延伸为一些独立动作的执行，每个动作会导致系统状态的改变或消息的传递。UML 活动图包括：初始节点、终止节点、活动节点、分支与合并、分叉与汇合、泳道、对象、接收信号与发出信号等各种元素，但某些符号（如“泳道”）则是专门与泳道活动图有关。

1. 初始节点和终止节点

初始节点是启动操作的虚拟状态，显示活动图内操作序列的起点，用一个实心圆表示；终止节点也是虚拟状态，表示活动的终止，一个活动图可能包含多个活动终止节点，用一个圆圈内加一个实心圆来表示。相关符号如图 3-28 所示。

图 3-28　初始节点和终止节点

2. 活动

活动是活动图中最重要的元素之一，它表示工作流过程中命令的执行或活动的进行，也可以表示算法过程中语句的执行。当活动完成后，执行流程转入到活动图的下一个活动。活动具有以下特点。

（1）原子性：活动是原子的，它是构造活动图中的最小单位，已经无法分解为更小的部分。

（2）不可中断性：活动是不可中断的，它一旦开始运行就不能中断，一直运行到结束。

（3）瞬时行为性：活动是瞬时的行为，它所占用的处理时间极短，有时甚至可以忽略。

（4）在一张活动图中，活动允许多处出现。

活动节点使用圆角矩形表示。活动的名称写在矩形内部，其表示方法如图 3-29 所示。

活动名称

图 3-29　活动节点

活动指示动作，因此在确定活动的名称时应该恰当地命名，选择准确描述所发生动作的词，如保存文件、打开文件或者关闭系统等。

3. 转换

一个活动图有很多动作或者活动状态，活动图通常开始处于初始状态，当一个活动结束时，活动控制流就会马上传递给下一个活动节点，这种在活动图中称为“转换”或者“转移”，用一条带箭头的直线表示，如图 3-30 所示。

图 3-30　转换

4. 分支与合并

在现实应用过程中，有三种活动控制流，分别为顺序结构、分支结构和循环结构。当从一个活动节点到另一个活动节点的转换需要条件时，常用分支与合并来表示活动的分支结构。分支用菱形表示，它有一个进入转换，以及一个或多个离开转换，每个转换上都有判断条件，表示当满足某种条件才执行该转换。合并表示有多个活动进入转换，以及一个离开转换，其表示方法如图 3-31 所示。

例如，图书馆还书的业务流程，若符合超期条件，则进行罚款，否则与罚款后的控制流合并，继续下一个更新图书信息的活动。

另外，分支同样可以像判定一样，完成判断条件不止一项的情况，如图 3-32 所示。还可以通过增加判定标记，使得阅读起来更加方便，因为它提供了彼此间的条件转移，起到节省空间的作用，如图 3-33 所示。

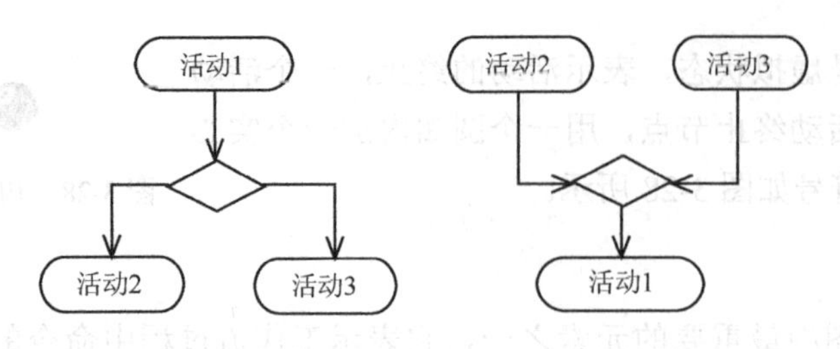

图 3-31　分支和合并

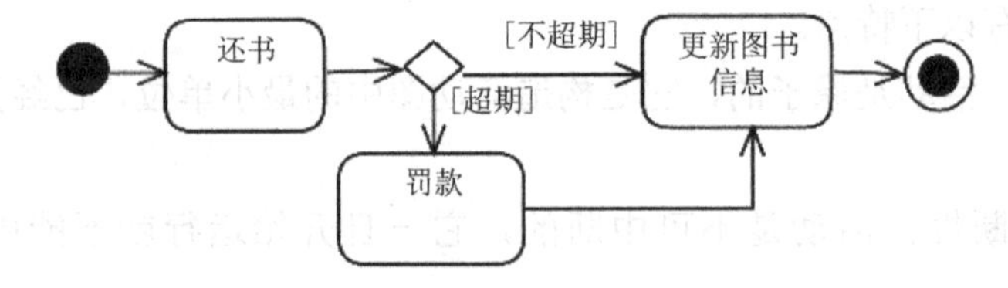

图 3-32　分支与合并示例

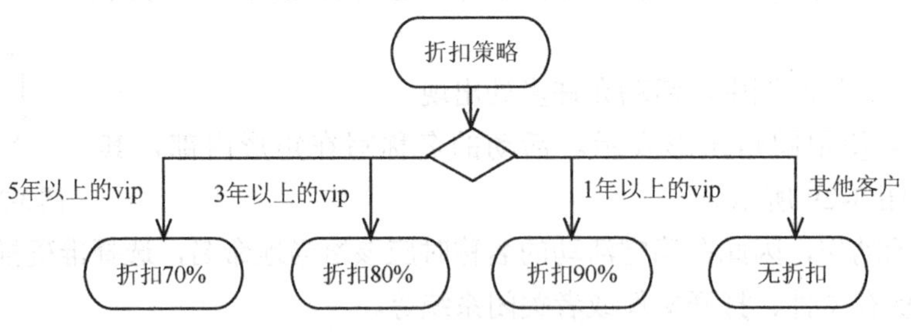

图 3-33　多分支示例

图 3-33 是根据会员级别给予不同折扣的活动图，5 年以上的 vip 打七折，3 年以上的 vip 打八折，1 年以上的 vip 打九折，其他情况不打折。图 3-34 是成绩录入的活动图，期中判定标记符的作用是根据条件分支控制流。在输入成绩时，根据成绩是否已经存在转移到不同的活动。如果成绩为空，说明成绩尚未录入，则新增成绩数据；若成绩存在，表示成绩已经录入，则转移到修改成绩的活动。

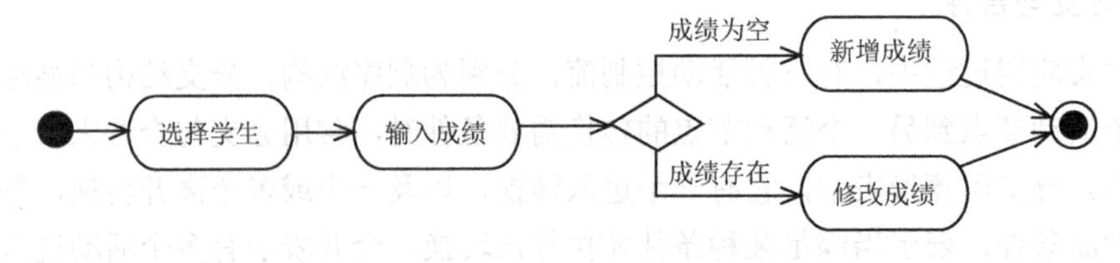

图 3-34　成绩录入活动图示例

5．分叉与汇合

现实应用中，当活动的转换有条件时，我们就用分支与合并来表示转换，如果一些活动是并发执行的，我们就用分叉与汇合来表示并发活动。每个分叉都有一个输入转换，以及两个或多个输出转换，每个转换可以有独立的控制流。每个汇合有两个或多个输入转换，以及一个输出转换，如图 3-35 所示。当且仅当所有的并发分支都到达汇合点后，活动流程才能进入下一个活动节点。分叉与汇合应该是平衡的，即进入一个分叉的控制流的数目和离开与它对应的合并流的数目是相匹配的。

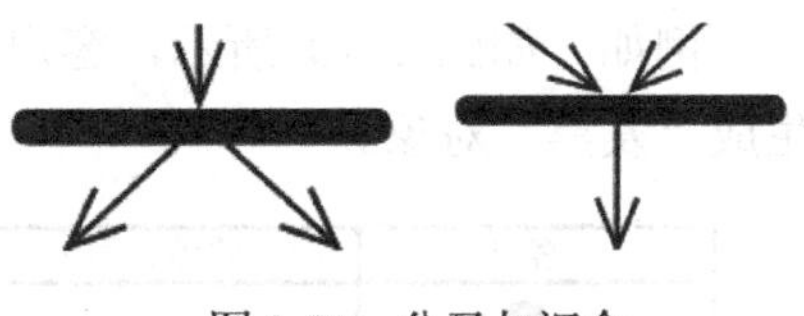

图 3-35　分叉与汇合

例如，乘客到达火车站后再到达候车室之前的活动图，如图 3-36 所示。首先乘客到达火车站，然后查验车票，然后要分别进行行李安检和乘客安检，这两项活动是同时进行的，当两个都完成后再进入候车室。

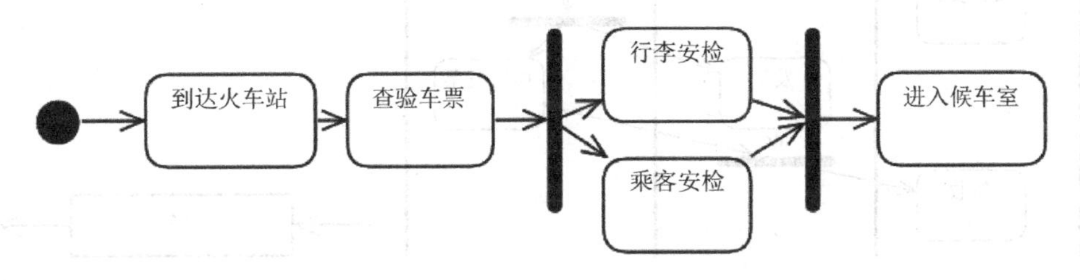

图 3-36　分叉与汇合示例

6．泳道

泳道表示负责某些活动的业务机构，每一组称为一个泳道，用一条垂直的实线将它与其他组分开。一个泳道代表对象对活动的责任，它能清楚地表明动作在哪里执行或者表明哪个机构负责哪些活动。

每个泳道都有唯一的名称，可以代表现实世界中的某些实体，如公司内部的某一个机构。在一个划分了泳道的活动图中，每个活动严格地隶属于一个泳道，而转移可以跨越泳道。泳道如图 3-37 所示。

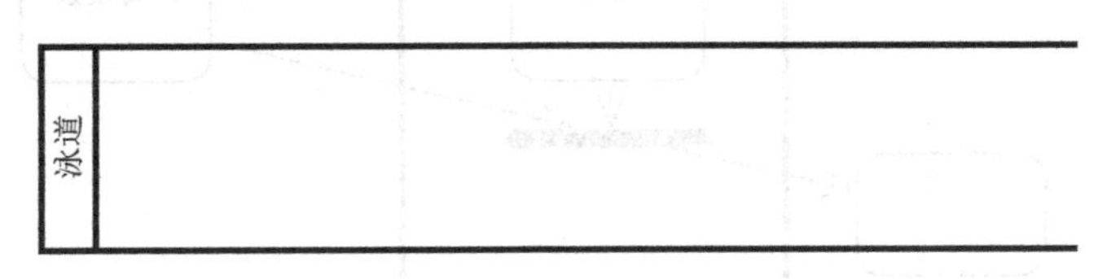

图 3-37　泳道示例

例如，客户填写订单后，支付货款到财务部；财务部负责收款后，邮寄发票；物流公司准备发货；邮寄发票和发货要并发进行。当客户收到货物和发票后，确认收货。带泳道的活动图如图 3-38 所示。

7．对象流

在活动图中，存在这样一些现象：一种情况是可能存在一些对象进入一个活动节点，经过活动处理修改了对象的状态；另一种情况是，活动节点创建或删除了一些对象。在这些活动节点中，对象与活动节点密切相关，可以在活动图中把相关的对象标识出来，即标识哪些对象进入活动节点，哪些对象从活动节点中输出。如图 3-39 所示，我们可以在活动图中标识一个对象。

例如，如图 3-40 所示，客户填写订单后会产生“订单”对象，财务部门收款后会生成“发票”对象。

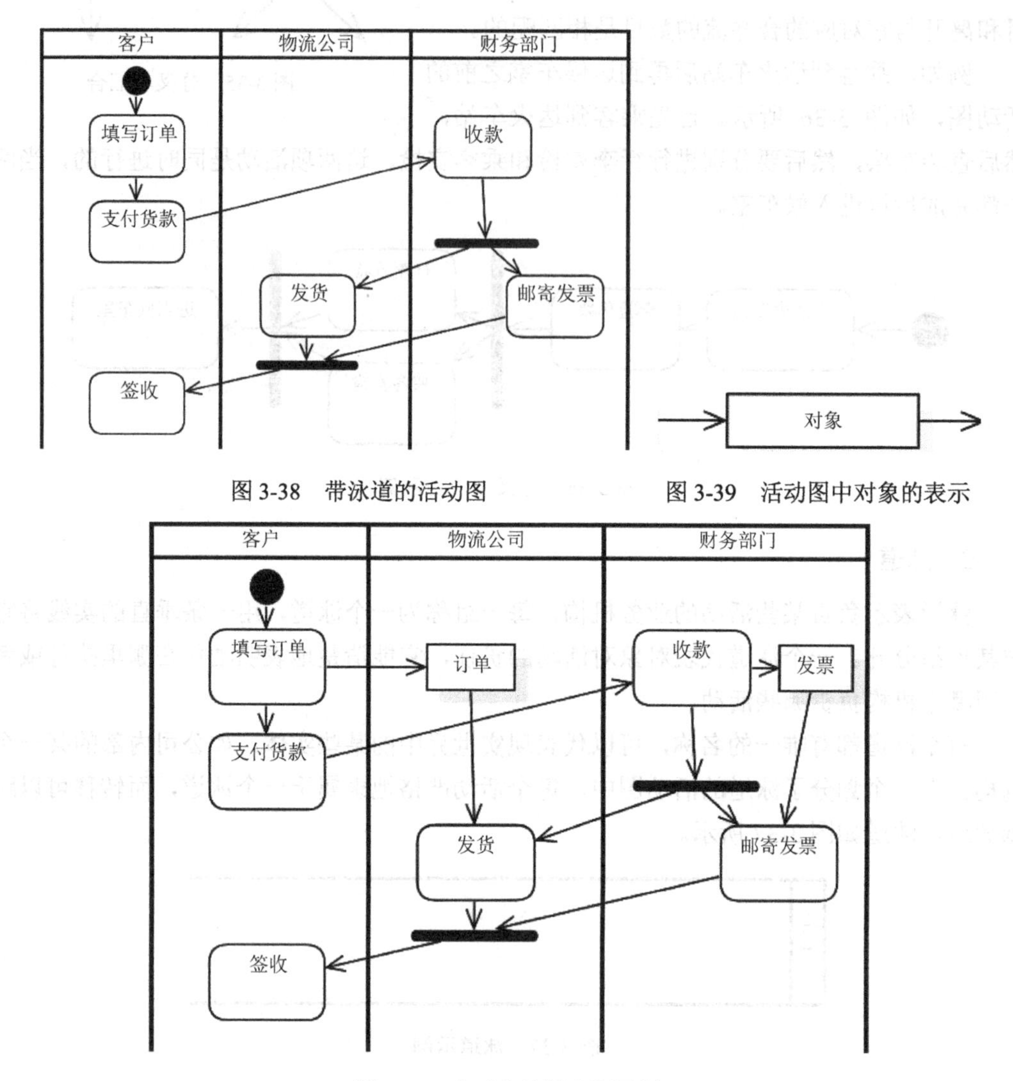

图 3-38　带泳道的活动图　　　　图 3-39　活动图中对象的表示

图 3-40　含对象的活动图示例

8. 信号

信号表示的是两个对象之间进行的异步通信方式，当一个对象接收到一个信号时，将触发信号事件。它包括发送信号、接收信号和时间信号三个信号元素，如图 3-41 所示。

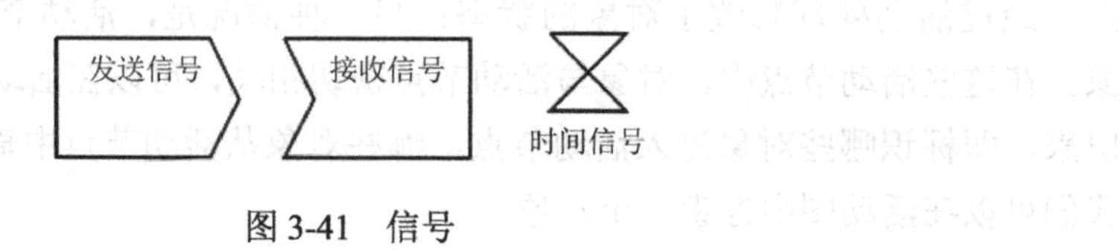

图 3-41　信号

（1）时间信号：时间信号用来表示当时间到达某个特定的时刻就会触发的时间事件。例如，每天 17:30 要提交工作日志，17:30 就是时间信号。

（2）发送信号：活动过程中发送事件，触发另一个活动流程。也就是发出一个异步信息，对于发送者而言，就是发送信号。

（3）接收信号：活动过程中接收事件，接收到信号的活动流程开始执行。

例如，项目经理制定任务后，将任务指派给开发工程师，将信号发送给开发工程师；开发工程师接收信号，即接受指派的任务，然后制定排期；一天后数据工程师接受任务，开始设计数据库。此例中，“指派任务”为发送信号，“接受任务”为接收信号，如图 3-42 所示。

9．异常句柄

在处理流程中，有时活动会遇到异常（正常情况之外或者在某方面超越活动的能力范围的一种情况）。当受保护的活动发生异常时，触发异常处理节点，其表示形式如图 3-43 所示。

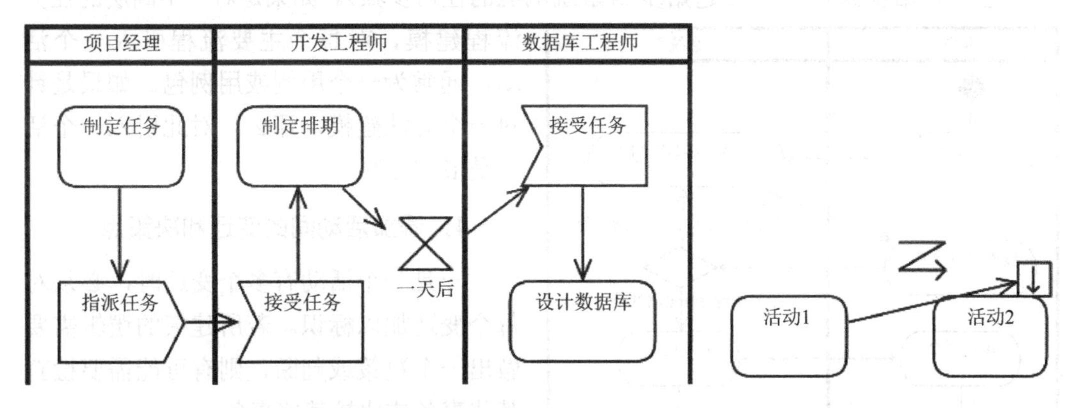

图 3-42　带信号的活动图示例　　　　图 3-43　异常句柄的活动图示例

例如，在计算圆周率的过程中，要求计算次数 n 到 1000000000 次时，圆周率的精度已经符合要求了。当计算次数超过 n 时，则给出（n 超过计算次数）的提示。这时，就可以引入异常句柄，表示从遇到异常活动开始到由引起异常的活动结束。其中针对活动的对象节点称为钉，有输入钉和输出钉两种，如图 3-44 所示。

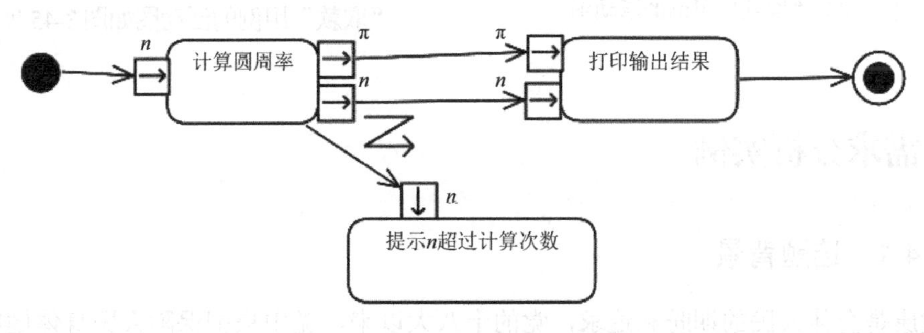

图 3-44　计算圆周率活动图示例

3.3.4 活动图建模步骤

1．定义活动图的范围

首先应该明确要在什么范围内建立活动模型，是单个用例，或者一个用例的部分，或者一个包含多个用例的业务流程，还是一个类的单个方法。定义活动图隶属于那个泳道，是哪个机构的职责，并添加泳道的名称。

2．添加初始节点和终止节点

每个活动图有一个初始节点和一个或多个终止节点，因此，在建立活动图时应明确它们。有时一个活动只是一个简单的结束，如果是这种情况，指明其唯一的变迁到一个终止节点也是可以的。这样，当其他人阅读活动图时就能知道是如何退出这些活动的。

3．添加活动

如果是对一个用例建模，对每个参与者所发出的主要步骤引入一个活动（该活动可能包括起始步骤，加上对起始步骤系统响应的任何步骤）。如果是对一个高层的业务流程建模，对每个主要流程引入一个活动，通常为一个用例或用例包。如果是针对一个方法建模，那么，对此引入一个活动是很常见的。

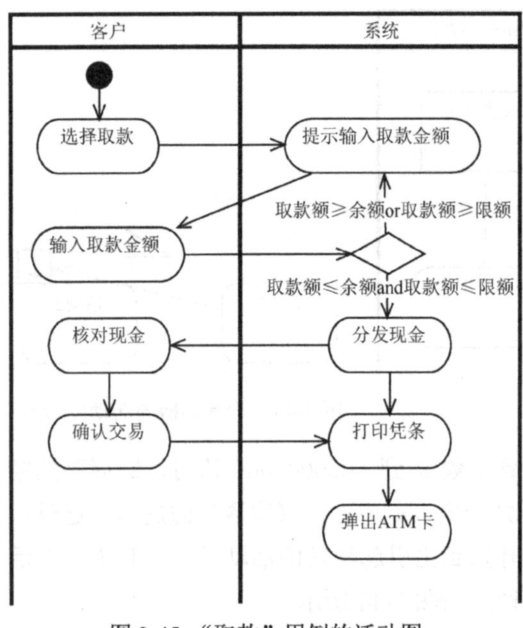

图 3-45 “取款”用例的活动图

4．添加活动间的变迁和决策点

一旦一个活动有多个变迁时，必须对每个变迁加以标识。若所建模的逻辑需要做出一个决策或判断，则有可能需要检查某些事务或比较某些事务。

5．找出可并行活动之处

当两个活动间没有直接的联系，而且它们都必须在第三个活动开始前结束时，那它们是可以并行运行的。

“取款”用例的活动图如图 3-45 所示。

3.4 需求分析实例

3.4.1 选题背景

健康是全体人民的期盼和追求，党的十八大以来，党中央把保障人民身体健康摆在优先发展的战略地位，做出了实施“健康中国”的重大战略部署。党的十九届五中全会通过的“十四五”规划，提出了全面推进健康中国建设的重大任务，确立了 2035 年基本建成健康中国的远景目标。近年来，新发、突发传染病疫情不断涌现，对全球经济社会发展造成了严重威胁。党中央提出要深入总结疫情防控中的经验和教训，深化公共卫生管理体制改革，创新医防协同机制，构建强有力的公共卫生管理体系。

2016 年 6 月，国务院医改办、国家发展改革委等七个有关部门联合发布了《关于推进家庭医生签约服务的指导意见》，要求在 200 个公立医院综合改革试点城市开展签约服务。到 2017 年，家庭医生签约服务覆盖率达到 30%以上，其中重点人群签约服务覆盖率达到 60%以上；到 2020 年，家庭医生签约服务制度基本覆盖所有地区，在医生与居民之间形成长期稳定的契约服务关系。2020 年 5 月 19 日是第十个世界家庭医生日，国家卫生健康委员会基层卫生健康司、中华医学会全科医学分会等联合举办“携手家医，同心抗疫——世界家庭医生日主题云直播活动”，肯定了以家庭医生团队为代表的基层医疗卫生服务人员在基层群防群控中发挥的重要作用，积极引导广大居民主动参与家庭医生签约服务，并加强家庭医生队伍建设，鼓励家庭医生在抗击疫情及各种慢病管理中发挥积极作用。

随着移动互联技术的不断发展，“互联网+医疗”呈现出蓬勃前景，“互联网+医疗健康”的政策体系基本形成，行业发展态势良好。2020 年 12 月，国家卫生健康委员会紧紧围绕解决人民群众医疗卫生工作中的“急难愁盼”问题，研究制定了《关于深入推进“互联网+医疗健康”“五个一”服务行动的通知》，主要包括推进“一体化”共享服务、“一码通”融合服务、“一站式”结算服务、“一网办”政务服务、“一盘棋”抗疫服务。该通知要求各地推进新一代信息技术在医疗健康行业深度应用、创新和发展，进一步优化资源配置，提升服务效率；鼓励各地发展家庭医生签约服务，将健康管理下放至社区服务中心。

本系统主要研究如何开展家庭医生签约服务，能够充分发挥各社区服务团队的优势和特点，进而深化服务，与社区居民之间建立稳定的服务关系，为社区居民提供综合、个性化的服务，引导越来越多的居民到社区就诊，促进分级诊疗的普及。

3.4.2 需求规格说明

家庭医生签约机构由市级卫生院及其下属机构组成，每个签约机构分为若干家庭医生团队，每个家庭医生团队包括一名医生组长和若干一般医生，共同负责服务项目的管理和居民的签约管理。一个居民只能选择一个家庭医生团队进行签约，一个家庭医生团队可以与多个居民签约。

市级医疗机构在运用信息技术拓展服务内容的同时，与线下依托的实体医疗机构之间实现数据共享和业务协同，提供线上线下无缝衔接的连续服务。针对老年人、儿童、残障人士等群体存在的“数字鸿沟”障碍，合理保留传统服务方式，不仅要实现在线服务便捷化，而且要注重线下服务人性化。在签约过程中，各医疗机构需要完善电话、网络、现场等多种签约方式，畅通家人、亲友、家庭医生等代为签约的渠道，同时提供人工服务窗口，配备导医、志愿者、社会工作者等人员提供签约指导服务，切实解决老年人等群体运用智能技术的实际困难。

在每个季度，医生都会到社区进行签约政策宣讲，居民可以通过“现场签约”“线上签约”“电话预约线下受理”这三种方式进行家庭医生的签约和续签。无论哪种签约方式都需要提前建立个人档案。医生通过签约系统将个人档案，包括居民的身份证信息、年龄、档案号、签约状态录入系统，医生和管理员可以在系统查看录入记录。居民也可以注册微信小程序账号自行录入个人档案，并在线查看医生的信息，最终选择一名医生进行签约。居民提交签约申请后，系统会审查其档案填写情况、是否已经签约等约束，将申请消息发送给相应医生。医生登录签约系统进行审核，选择履约的服务项目，完成后系统产生一份签约协议，发送给签约双方。签约成功后，系统给公共卫生服务系统发送消息，公共卫生服务系统为居民提供预约病房、随访管理、远程指导等服务。该公共卫生服务系统是该市已有的系统，不列为本次项目的开发内容。

平台管理员负责创建医生组、管理医生和居民信息。医生首先要发送加入医生组申请，由平台管理员审核通过后加入该医生组。平台管理员根据居民分布情况对医生组进行增加、删除、修改的操作。每个医生组由平台管理员指定一位医生作为医生组长，负责审核医生与居民的签约信息，管理医生团队，拥有对组内医生管理的权限。平台管理员还负责发布健康教育的小知识进行健康宣传，居民可以在小程序端查看。

3.4.3 用例建模

1. 识别参与者

为了识别“家庭医生签约系统”的参与者，应回答前面提到的一些问题。

（1）谁将使用该系统的主要功能？答案是居民、医生组长、一般医生、平台管理员。

（2）谁需要系统的支持以完成他们的日常工作？答案是居民、医生组长、一般医生、平台管理员。

（3）谁负责维护、管理系统，保持系统正常工作？答案是平台管理员。

（4）谁改变了系统的数据信息？答案是居民、医生组长、一般医生、平台管理员。

（5）谁从系统获取数据信息？答案是居民、医生组长、一般医生、平台管理员。

（6）该系统需订单要与哪些外部系统交互？答案是无。

（7）系统需要处理哪些硬件设备？答案是无。

（8）谁（或者哪些外部系统）对该系统产生的结果感兴趣?答案是居民、医生组长、一般医生。

（9）在预设的时间点，有自动发生的事件吗？答案是无。

从用户的角度观察系统，用户并不了解系统管理员的工作内容及作用，为了模型的清晰、简洁，暂时不考虑系统管理员对系统的需求。家庭医生签约系统为医生和居民提供签约服务，医生和平台管理员可以对签约信息进行管理。综上所述，本系统确定的参与者有居民、医生组长、一般医生和平台管理员。

另外，医生组长和一般医生都有医生的行为，不同之处就是医生组长负责管理医生团队，拥有对组内医生管理的权限，因此，为了使模型清晰，系统应该识别“医生”参与者，建立他们之间的泛化关系，表示医生组长和一般医生可以执行医生的用例，如图 3-46 所示。

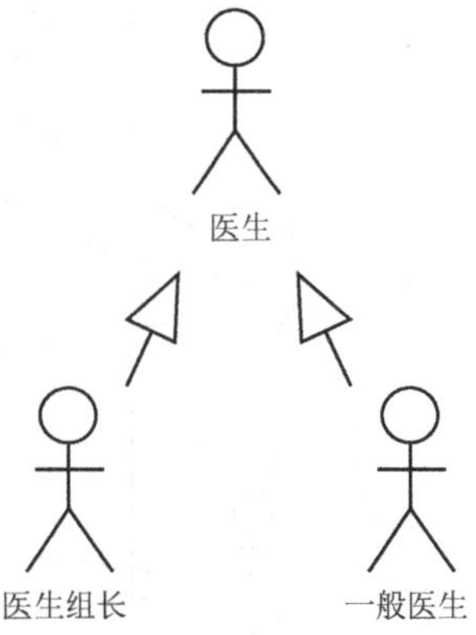

图 3-46　参与者泛化关系

2. 识别用例

通过分析各个参与者需要系统实现的目标，得出以下用例。

（1）一般医生关联的用例：管理签约信息、加入医生组、退出医生组。

（2）医生组长关联的用例：审核签约信息、管理医生组。

（3）医生关联的用例：查看签约情况、管理居民档案。

（4）居民关联的用例：管理个人档案、查看医生信息、申请签约、查看签约信息、申请解约、查看健康知识。

（5）平台管理员关联的用例：统计总体签约情况、管理医生团队、管理服务项目、管理健康知识。

另外，居民、医生组长、一般医生、平台管理员在使用系统时需要登录系统，因此，还有一个共同关联的用例：登录。

3. 确定初始用例图

已经识别的参与者是居民、医生（医生组长、一般医生）和平台管理员，他们在系统边界之外。根据已经识别的用例，可以建立初始的用例图，如图 3-47 所示。

4. 用例的细化

医生在查看签约情况时，只完成一种特定的任务，不再细化。医生在管理居民档案时，完成对居民档案的添加、删除、修改、查询操作，这四个操作是“管理居民档案”的扩展用例。

一般医生在管理签约信息时，完成查询审核记录、查询签约记录、签约居民操作，这三个操作是“管理签约信息”的扩展用例；一般医生在加入或退出医生组时，都各自只完成一种特定的任务，因此不再细化。

医生组长负责审核签约信息；在管理医生团队时，完成对医生组、医生的管理，这两个操作是“管理医生组”的扩展用例，具体管理内容属于基本操作，不再赘述。

居民在管理个人档案时，完成对个人档案的添加、修改、查询操作，这三个操作是“管理个人档案”的扩展用例。居民在查看医生信息时，可以选择申请签约操作，此操

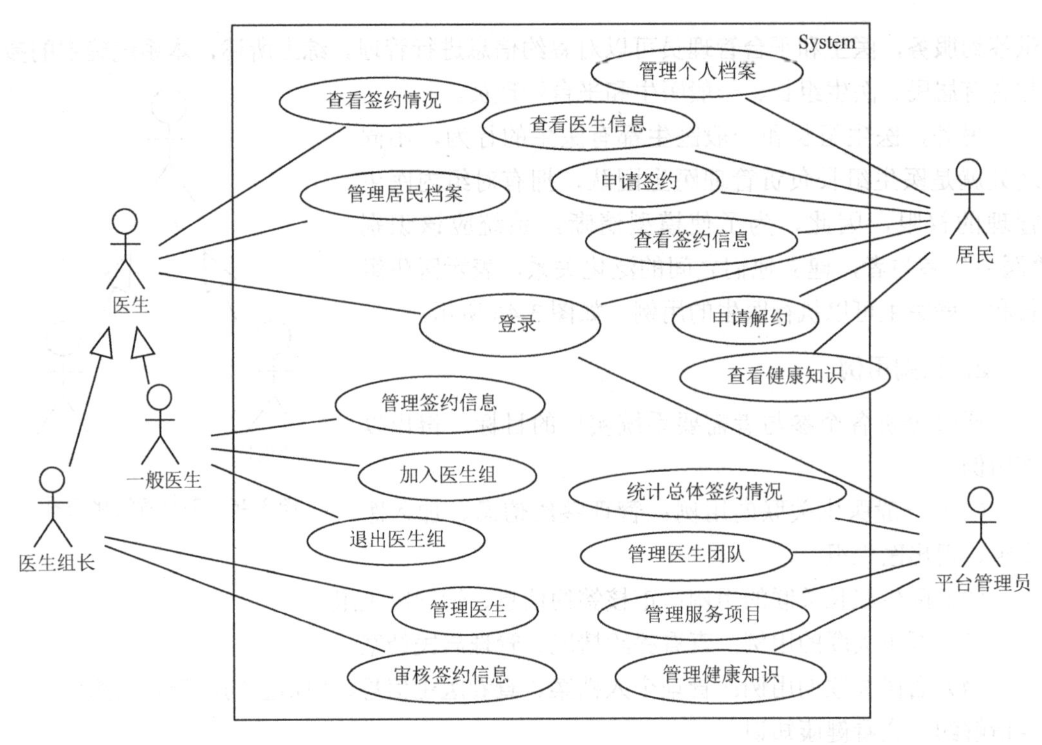

图 3-47　初始用例图

作是“查看医生信息”的扩展用例。如果居民申请签约，则系统检查是否满足签约条件，此操作是包含用例。居民在查看签约信息时，可以选择申请解约操作，此操作是“查看签约信息”的扩展用例。居民查看健康知识用例不再细化。

平台管理员管理医生团队时完成设置医生组、统计家医工作量等操作；管理服务项目和健康知识属于基本操作。

各个参与者在使用系统时需要登录系统，为使模型清晰，抽象出“用户”参与者，表示所有参与者通过“用户”参与者使用“登录”用例登录系统。绘制细化用例图如图 3-48 所示。

5．用例的描述

下面给出一些重要的用例的用例描述。

1）“登录”用例的用例描述

用例名称：登录。

用例简述：该用例允许平台管理员、医生组长、一般医生和居民登录系统，以便进行后续的操作。

参与者：平台管理员、医生组长、一般医生、居民。

前置条件：开始这个用例前，用户必须已经打开系统主页。当用户希望进入系统时，该用例开始执行。

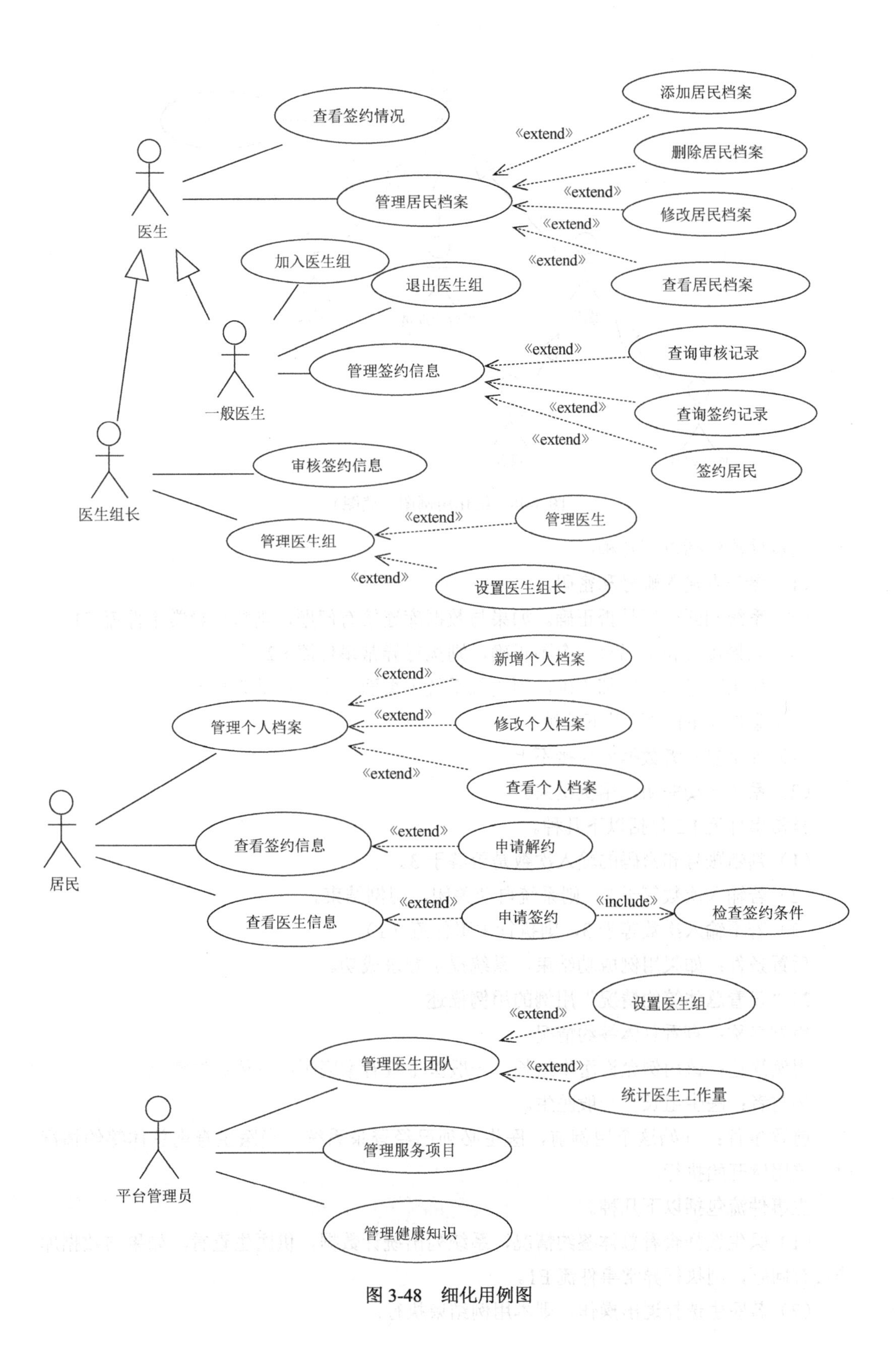
查看签约情况
添加居民档案
《extend》
删除居民档案
医生
管理居民档案
《extend》
修改居民档案
《extend》
加入医生组
《extend》
退出医生组
查看居民档案
《extend》
查询审核记录
管理签约信息
一般医生
查询签约记录
《extend》
《extend》
签约居民
审核签约信息
医生组长
《extend》
管理医生
管理医生组
《extend》
设置医生组长
新增个人档案
《extend》
《extend》
管理个人档案
修改个人档案
《extend》
查看个人档案
《extend》
查看签约信息
申请解约
居民
《extend》
《include》
查看医生信息
申请签约
检查签约条件
设置医生组
《extend》
管理医生团队
《extend》
统计医生工作量
管理服务项目
平台管理员
管理健康知识

图 3-48　细化用例图

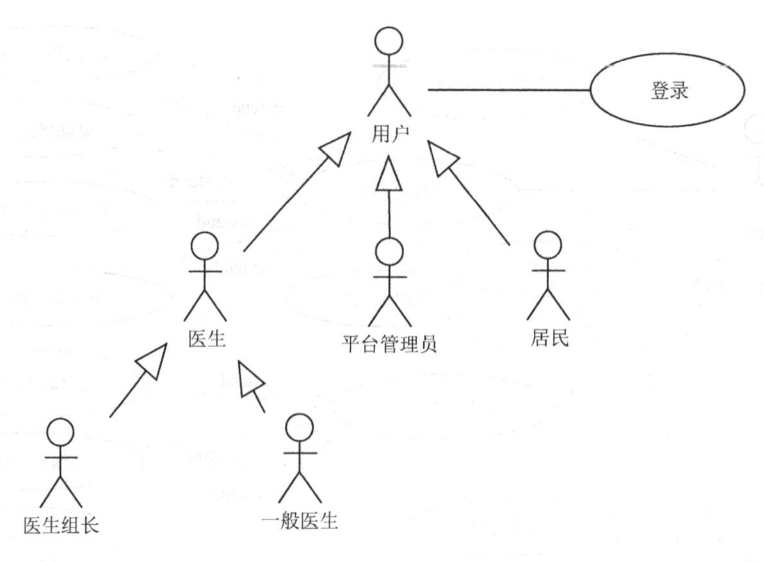

图 3-48　细化用例图（续图）

主事件流包括以下几种：

（1）参与者输入账号和密码。

（2）系统判断密码是否正确。如果与数据库连接有问题，则执行异常事件流 E1。

（3）如果账号和密码有一个不正确，则执行异常事件流 E2。

（4）如果账号和密码都正确，则进入系统主页面。本用例结束执行。

异常事件流 E1 包括以下几种。

（1）提示参与者数据库连接不上。

（2）系统自动关闭，用例结束。

异常事件流 E2 包括以下几种。

（1）判断账号和密码的输入次数是否等于 3。

（2）若输入次数等于 3，则系统自动关闭，用例结束。

（3）若不输入次数等于 3，则执行主事件流（1）。

后置条件：如果用例成功结束，系统提示登录成功。

2）“查看总体签约情况”用例的用例描述

用例名称：查看总体签约情况。

用例简述：该用例允许医生组长、一般医生查看家庭医生总体签约情况。

参与者：医生组长、一般医生。

前置条件：开始这个用例前，医生必须已经登录系统。当医生查询总体签约情况时，该用例开始执行。

主事件流包括以下几种。

（1）医生选择查看总体签约情况，系统列出统计数据，供医生查看。如果与数据库连接有问题，则执行异常事件流 E1。

（2）若医生选择退出操作，则本用例结束执行。

异常事件流 E1 包括以下几种。

（1）提示参与者数据库连接不上。

（2）系统自动关闭，用例结束。

后置条件：如果用例成功结束，系统列出统计数据。

3）“管理居民档案”用例的用例描述

用例名称：管理居民档案。

用例简述：该用例允许参与者对居民档案进行管理。

参与者：医生组长、一般医生。

前置条件：开始这个用例前，医生必须已经进入“管理居民档案”用例。当平台管理员或医生希望管理居民档案时，该用例开始执行。

主事件流包括以下几种。

（1）参与者根据管理居民档案的需求（查询、添加、修改、删除），选择相应的操作。

（2）扩展点 1：若选择查询操作，则执行“查询居民档案”用例。

（3）扩展点 2：若选择添加操作，则执行“添加居民档案”用例。

（4）扩展点 3：若选择修改操作，则执行“修改居民档案”用例。

（5）扩展点 4：若选择删除操作，则执行“删除居民档案”用例。

（6）若选择退出操作，则本次用例结束执行。

后置条件：如果用例成功结束，则会调用相应的扩展用例完成对居民档案的管理。

4）“管理服务项目”用例的用例描述

用例名称：管理服务项目。

用例简述：该用例允许参与者对服务项目进行管理。

参与者：平台管理员、医生组长、一般医生。

前置条件：开始这个用例前，参与者必须已经进入“管理服务项目”用例。当参与者希望管理服务项目信息时，该用例开始执行。

主事件流包括以下几种。

（1）参与者根据管理服务项目的需求（查询、添加、修改、删除），选择相应的操作。

（2）扩展点 1：若选择查询操作，则执行“查询服务项目”用例。

（3）扩展点 2：若选择添加操作，则执行“添加服务项目”用例。

（4）扩展点 3：若选择修改操作，则执行“修改服务项目”用例。

（5）扩展点 4：若选择删除操作，则执行“删除服务项目”用例。

（6）若选择退出操作，则本次用例结束执行。

后置条件：如果用例成功结束，则会调用相应的扩展用例完成对服务项目的管理。

5）“管理签约信息”用例的用例描述

用例名称：管理签约信息。

用例简述：该用例允许参与者对签约信息进行管理。

参与者：一般医生。

前置条件：开始这个用例前，参与者必须已经进入到“管理签约信息”用例。当参与者希望管理签约信息时，该用例开始执行。

主事件流包括以下几种。

（1）参与者根据对家庭医生团队管理的具体需求（审核签约信息、查询签约记录、查询签约居民信息、签约居民、查询签约统计），选择相应的操作。

（2）扩展点 1：若选择审核签约信息操作，则执行“查询审核记录”用例。

（3）扩展点 2：若选择查询签约记录操作，则执行“查询签约记录”用例。

（4）扩展点 3：若选择签约居民操作，则执行“签约居民”用例。

（5）若选择退出操作，则本次用例结束执行。

后置条件：如果用例成功结束，则会调用相应的扩展用例完成对签约信息的修改。

6）“审核签约信息”用例的用例描述

用例名称：审核签约信息。

用例简述：该用例允许医生组长对居民的签约申请进行审核。

参与者：医生组长

前置条件：开始这个用例前，医生组长必须已经登录系统，当参与者希望审核签约申请时，该用例开始执行。

主事件流包括以下几种。

（1）医生组长选择需要审核的签约信息

（2）系统打开数据库，列出需要审核的签约信息。若数据库连接出现问题，则执行异常事件流 E1。

（3）医生组长核对签约信息。

（4）若选择退出操作，则本用例结束执行。

异常事件流 E1 包括以下几种。

（1）提示参与者数据库连接不上。

（2）系统自动关闭，用例结束。

后置条件：如果用例成功结束，则改变签约信息的状态。

7）“签约居民”用例的用例描述

用例名称：签约居民。

用例简述：该用例允许家庭医生主动选择居民进行签约。

参与者：一般医生。

前置条件：开始这个用例前，家庭医生必须已经进入“管理签约信息”用例。当医生希望签约居民时，该用例开始执行。

主事件流包括以下几种。

（1）医生输入签约居民的检索条件。

（2）系统打开数据库，列出其中信息。若数据库连接出现问题，则执行异常事件流 E1。

（3）医生选择需要签约的居民签约。

（4）若选择退出操作，则本用例结束执行。

异常事件流 E1 包括以下几种。

（1）提示参与者数据库连接不上。

（2）系统自动关闭，用例结束。

后置条件：如果用例成功结束，则会改变居民的签约状态。

8）“管理医生团队”用例的用例描述

用例名称：管理医生团队。

用例简述：该用例允许参与者对家庭医生团队进行管理，如平台管理员设置医生组、统计家医工作量等。

参与者：平台管理员

前置条件：开始这个用例前，平台管理员必须已经进入“管理医生团队”用例。当平台管理员希望管理医生团队信息时，该用例开始执行。

主事件流包括以下几种。

（1）参与者根据对医生团队管理的需求（管理医生组、管理医生），选择相应的操作。

（2）扩展点 1：如果参与者选择管理医生组操作，则执行“管理医生组”用例。

（3）扩展点 2：如果参与者选择管理医生操作，则执行“管理医生”用例。

（4）扩展点 3：如果平台管理员选择设置医生组长操作，则执行“设置医生组长”用例。

（5）若选择退出操作，则本次用例结束执行。

后置条件：若用例成功结束，则会调用相应的扩展用例完成对医生团队信息的修改。

9）“管理医生组”用例的用例描述

用例名称：管理医生组。

用例简述：该用例允许医生组长对医生组进行管理查询。

参与者：医生组长。

前置条件：开始这个用例前，医生组长必须已经登录系统。当医生组长希望管理该医生组的信息时，该用例开始执行。

主事件流包括以下几种。

（1）参与者根据管理医生组的具体需求（管理医生、设置医生组长），选择相应的操作。

（2）扩展点 1：若选择“管理医生”操作，则执行“管理医生”用例。

（3）扩展点 2：若选择“设置医生组长”操作，则执行“设置医生组长”用例。

(4) 若选择退出操作，则本次用例结束执行。

后置条件：如果用例成功结束，则会调用相应的扩展用例完成对医生组的管理。

10)“管理医生”用例的用例描述

用例名称：管理医生。

用例简述：该用例允许参与者对医生进行管理。

参与者：医生组长。

前置条件：开始这个用例前，医生组长必须已经进入“管理医生组”用例。当医生组长想要对医生进行管理时，该用例开始执行。

主事件流包括以下几种。

(1) 医生组长根据管理医生的具体需求（查询、通过、驳回），选择相应的操作。

(2) 扩展点 1：若选择查询医生操作，则执行“查询医生”用例。

(3) 扩展点 2：若选择通过医生申请操作，则执行“通过医生申请”用例。

(4) 扩展点 3：若选择驳回医生申请操作，则执行“驳回医生申请”用例。

(5) 若选择退出操作，则本用例结束执行。

后置条件：如果用例成功结束，则会调用相应的扩展用例完成对医生信息的修改。

11)“管理个人档案”用例的用例描述

用例名称：管理个人档案。

用例简述：该用例允许居民对个人档案进行管理，不允许删除个人档案。

参与者：居民。

前置条件：开始这个用例前，居民必须已经进入“管理个人档案”用例。当居民希望增加、修改、查询个人档案时，该用例开始执行。

主事件流包括以下几种。

(1) 居民根据管理个人档案的具体需求（查询、添加、修改），选择相应的操作。

(2) 扩展点 1：若选择查询操作，则执行“查询个人档案”用例。

(3) 扩展点 2：若选择添加操作，则执行“添加个人档案”用例。

(4) 扩展点 3：若选择修改操作，则执行“修改个人档案”用例。

(5) 若选择退出操作，则本次用例结束执行。

后置条件：如果用例成功结束，则会调用相应的扩展用例完成对个人档案的管理。

12)“申请签约”用例的用例描述

用例名称：申请签约。

用例简述：该用例允许居民提交签约申请。

参与者：居民。

前置条件：开始这个用例前，居民必须已经进入“查看医生信息”用例。当居民希望申请签约时，该用例开始执行。

主事件流包括以下几种。

(1) 居民选择意向医生签约。

（2）系统判断居民档案填写情况和签约记录。如果档案填写完整，并未曾签约其他医生，则提示居民申请成功。反之，申请失败。如果与数据库连接有问题，则执行异常事件流 E1。

（3）若选择退出操作，则本用例结束执行。

异常事件流 E1 包括以下几种。

（1）提示参与者数据库连接不上。

（2）系统自动关闭，用例结束。

后置条件：如果用例成功结束，则向系统提交签约申请。

13）“统计总体签约情况”用例的用例描述

用例名称：统计总体签约情况。

用例简述：该用例允许平台管理员对总体签约情况进行统计。

参与者：平台管理员。

前置条件：开始这个用例前，平台管理员必须已经登录系统。当平台管理员想要统计总体签约情况时，该用例开始执行。

主事件流包括以下几种。

（1）平台管理员查询各机构签约数据。

（2）系统查询数据库，列出所查信息。如果数据库出现问题，则执行异常事件流 E1。

（3）若选择退出操作，则本用例结束执行。

异常事件流 E1 包括以下几种。

（1）提示参与者数据库连接不上。

（2）系统自动关闭，用例结束。

后置条件：若用例成功结束，则系统显示签约情况统计表。

14）“管理健康知识”用例的用例描述

用例名称：管理健康知识。

用例简述：该用例允许参与者发布、删除、修改、查询健康知识。

参与者：平台管理员。

前置条件：开始这个用例前，平台管理员必须已经进入“管理健康知识”用例。当平台管理员希望管理健康知识时，该用例开始执行。

主事件流包括以下几种。

（1）平台管理员根据健康知识管理的需求（查询、添加、修改、删除），选择相应操作。

（2）扩展点 1：若选择查询操作，则执行“健康知识查询”用例。

（3）扩展点 2：若选择添加操作，则执行“健康知识添加”用例。

（4）扩展点 3：若选择修改操作，则执行“健康知识修改”用例。

（5）扩展点 4：若选择查询操作，则执行“健康知识查询”用例。

（6）若选择退出操作，则本用例结束执行。

后置条件：若用例成功结束，则会调用相应的扩展用例完成对健康知识的管理。

3.4.4 活动图建模

根据用例建模分析可以看出，居民档案管理活动和签约管理相关活动是本系统的关键用例，下面对其进行活动图建模分析，描述其业务流程。

1. 居民档案管理活动

医生开始操作档案活动，需要先登录签约系统，根据其目的（查询、添加、修改、删除）进行对应操作。当医生想要删除居民档案时，需要确认后方能提交修改。当医生想要修改居民档案时，首先要显示居民档案，确认修改后方能提交。当医生想要添加居民档案时，首先要查询档案是否存在，确认不存在后为其新增档案。具体如图 3-49 所示。

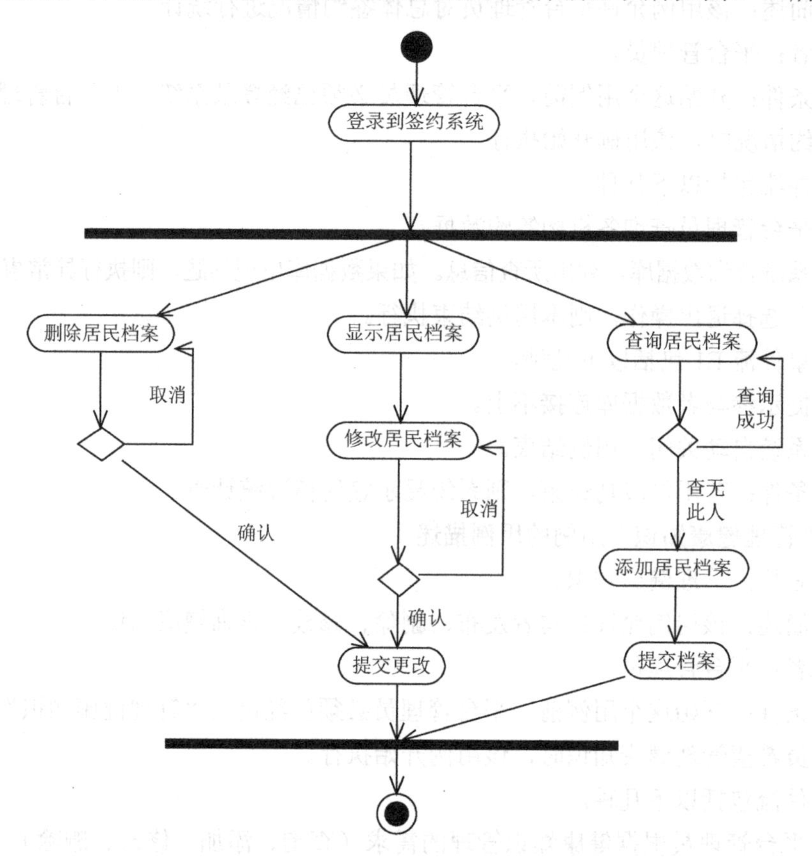

图 3-49 居民档案管理的活动图

2. 签约管理相关活动

医生开始签约或解约相关活动，需要先登录签约系统，根据其目的进行对应操作。当医生想要进行解约业务时，首先选择要解约居民，确认后提交更改。当医生想要进行修改签约信息业务时，首先显示签约情况，确认修改签约信息后提交更改。当医生想进行签约业务时，首先查询居民档案，为其选择服务项目后提交签约。具体如图 3-50 所示。

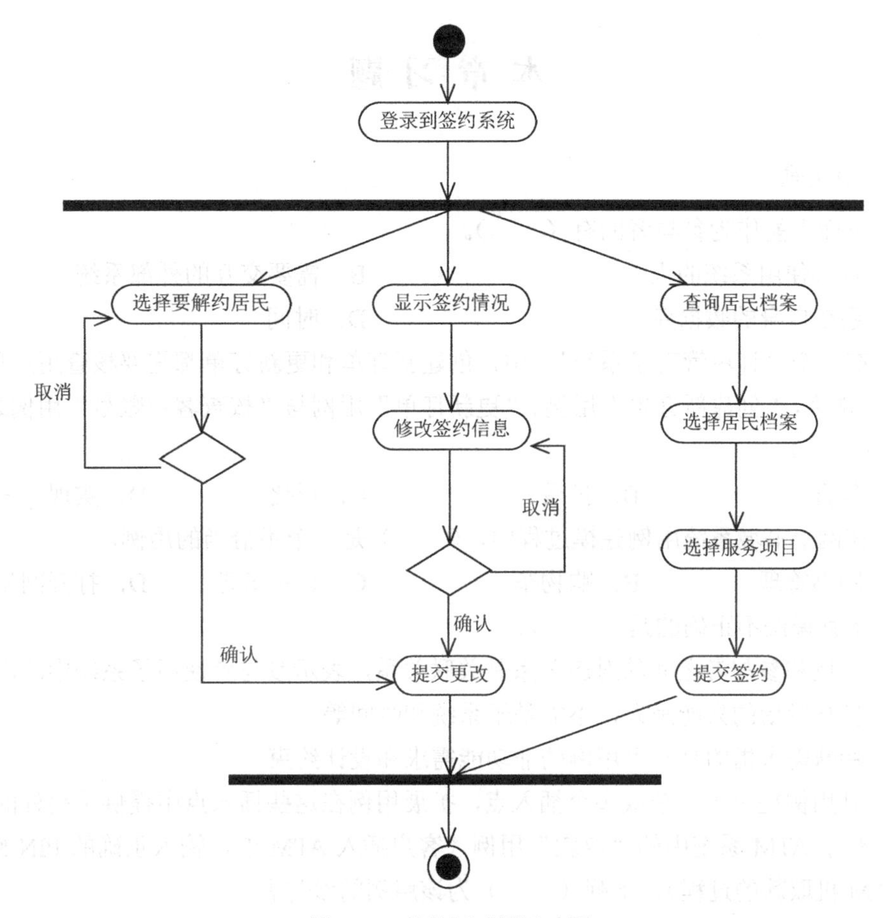

图 3-50　签约活动图活动图

本 章 小 结

用例图是收集系统功能的有力工具，便于系统分析工程师与客户的交流。用例图包含用例、参与者及它们之间的关系。用例表示为椭圆，参与者为直立的人形。参与者之间为继承关系，参与者与用例之间为关联关系，用例之间可以是继承、关联、扩展和包含关系。所有用例都应位于系统边界之内。此外，还需采用用例说明详细规定用例的业务流程。用例图始于捕获的用户需求，是后续的系统设计与开发的基础。

本章介绍了活动图的概述、构成元素、建模步骤和案例。活动是活动图建模的核心元素，表示为圆角矩形。始点和终点是标识活动的开始和结束。当表示多个活动并行进行时，一个活动路径被分成两个或多个路径时，就可以用与路径垂直的粗实心线来代表路径的分支，两个并发路径的合并也可以用相同的方式表示。当表示满足某种条件才执行活动时，用菱形表示分支。活动图还可以显示信号：发送信号的符号为凸五边形，接收信号的符号为凹五边形。在活动图中，还可以用泳道代表每个结构的责任。

本 章 习 题

一、单选题

1. 下面不能作为参与者的有（　　）。

A. 直接使用系统的人　　B. 需要交互的外部系统

C. 系统自身的数据库　　D. 时间

2. 在一个“订单管理子系统”中，创建新订单和更新订单都需要核查用户账号是否正确。那么，“创建新订单”用例、“更新订单”用例与“核查客户账号”用例之间的关系为（　　）。

A. 包含　　B. 扩展　　C. 泛化　　D. 实现

3. 在网上书城系统用例建模过程中，（　　）是一个不恰当的用例。

A. 图书管理　　B. 购物车　　C. 订单管理　　D. 打开网站

4. 下列说法不正确的是（　　）。

A. 用例和参与者之间的对应关系是关联关系，表示参与者使用了系统中的用例

B. 参与者指的只能是人，不能是子系统和时间等

C. 特殊需求指的是一个用例的非功能需求和设计约束

D. 基用例提供了一个或多个插入点，扩展用例在这些插入点中提供了另外的行为

5. 对于 ATM 系统中的“取款”用例（客户插入 ATM 卡，输入正确的 PIN 码，成功从 ATM 机取款的过程），下列（　　）为该用例的参与者。

A. ATM 机　　B. 银行工作人员　　C. 取款客户　　D. 取款

6. 活动图中的分叉节点和结合节点是用来描述（　　）。

A. 并发处理行为　　B. 对象的时序

C. 类的关系　　D. 系统体系结构框架

7. 活动图中的节点不包括（　　）。

A. 动作节点　　B. 对象节点　　C. 控制节点　　D. 交互节点

二、简答题

1. 什么是用例图？用例图有什么作用？

2. 简述用例图建模的一般步骤。

3. 简述活动图建模的一般步骤。

三、建模综合题

1. 某酒店订房系统描述如下：①顾客可以选择在线预订，也可以直接去酒店通过

前台服务员预订；②前台服务员可以利用系统直接在前台预订房间；③不管采用哪种预订方式，都需要在预订时支付相应订金；④前台预订可以通过现金或信用卡的形式进行订金支付，但是网上预订只能通过信用卡进行支付；⑤利用信用卡进行支付时需要和信用卡系统进行通信；⑥客房部经理可以随时查看客房预订情况和每日收款情况。请根据以上描述构造该系统的用例模型。

2．在网上书城系统中，用户首先搜索图书，进入图书详情页，可以将图书放入购物车。用户可以多次重复以上的步骤直至购物结束。购物结束后，进入购物车，支付货款，系统生成本次的购物订单，确认订单后，系统通知财务部门生成发票，通知配送部门打印发票并发货，当商品和发票收到后用户确认收货。请根据以上描述购物活动的绘制活动图。

第 4 章　系统分析与静态结构建模

4.1　面向对象的系统分析

面向对象的系统分析即运用面向对象方法，对问题域和系统责任进行分析与理解，找出描述问题域和系统责任所需要的对象与类，定义对象（类）的属性、操作以及对象（类）之间的关系，目标是建立一个符合问题域、满足用户需求的对象静态模型。对象静态模型对问题域的观察、分析和认识是很直接的，对问题域的描述也是很直接的。它所采用的概念与问题域中的事物在最大程度上保持了一致，不存在语言上的鸿沟。问题域中有哪些值得考虑的事物，模型中就有哪些对象，而且对象的属性与操作的命名都强调与客观事物一致。另外，对象静态模型也保留了问题域中事物之间关系的原貌。

4.1.1　问题域和系统责任

在过去的几十年中，由于信息系统的复杂性和不确定性，人们都认为大规模的系统开发是一项冒险的活动，而且这种复杂性还在不断地增长。

软件的复杂性首先源于问题域和系统责任的复杂性。问题域是指被开发系统的应用领域，即在现实世界中这个系统所涉及的业务范围；系统责任即指被开发系统应该具备的功能或者职能。这两个术语的含义在很大部分上是重合的，但不一定完全相同。例如，要为某高校开发一个教务管理系统，那么学校就是这个系统的问题域。学校的日常业务（如资产管理、学籍管理、课程管理、成绩管理、教学评价等）、内部管理以及与此有关的人和物都属于问题域。尽管学校内部的资产管理属于问题域，但是在当前的这个教务管理系统中它并不属于系统责任。另外像系统备份这样的功能属于系统责任，但不属于问题域，如图 4-1 所示。

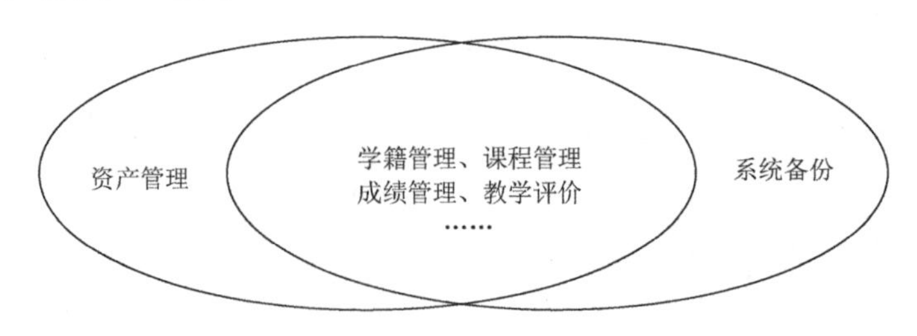

图 4-1　问题域与系统责任示例

在图 4-1 中，左边的椭圆范围为问题域部分，右边的椭圆范围为系统责任部分，二者之间有很大的交集。

4.1.2 对系统开发人员的要求

1. 系统开发人员要迅速、准确、深入地掌握领域知识

俗话讲，隔行如隔山。要开发出正确而完整的系统，就要求系统开发人员必须迅速地了解领域知识，而不能要求领域专家懂得全部的开发知识。这对系统开发人员来说是一个挑战。不但如此，系统开发人员对问题域的理解往往需要比这个领域的工作人员更加深入和准确。许多领域的工作人员长期从事某一领域的业务，却很少考虑司空见惯的事物所包含的信息和行为，以及它们如何构成一个有机的系统。系统开发人员则必须透彻地了解这些。此外，系统开发人员还要考虑如何充分发挥计算机处理的优势，对现实业务系统的运作方式进行改造，这需要系统开发人员具有比领域专家更高明的见解。这是因为许多系统的开发并不局限于简单地模拟问题域中的业务处理并用计算机代替人工操作，还要在计算机的支持下，对现行系统的业务处理方式做必要的改进。

2. 系统开发人员要注重和善于交流

如果分析阶段所产生的文档使得系统开发人员以外的其他人员都难以读懂，那就不利于交流，随之而来的是各方对问题的理解产生歧义。这会使彼此的思想不易沟通，并容易隐藏许多错误。对软件系统建模涉及如下人员之间的交流。

（1）系统开发人员与用户及领域专家间的交流。为了准确地掌握系统需求，双方需要采用共同的语言来理解和描述问题域。以往多采用自然语言描述需求，效果并不理想。

（2）系统开发人员之间的交流。系统开发人员在系统建模时经常需要分工协作，对问题要进行磋商，并要考虑系统内各部分的衔接问题。系统开发人员与设计人员之间也存在着工作交接问题，这种交接主要通过分析文档来表达，也不排除口头的说明和相互讨论。这些要求所采用的建模语言和开发方法应该一致，且不要过于复杂。

（3）系统开发人员与管理人员之间的交流。管理人员要对系统开发人员的工作进行审核、确认、进度检查和计划调整等。这就需要有一套便于交流的共同语言。这里的“语言”是广义的，它包括术语、表示符号、系统模型和文档书写格式等。

面向对象系统分析运用人类的自然思维和构造策略来认识和描述问题域，进行系统建模，并且在建模过程中采用了直接来自问题域的概念。因此，面向对象系统分析为改进各类人员之间的交流提供了最基本的条件——共同的思维方式和共同的概念。

4.1.3 面向对象系统分析的任务

面向对象系统分析即运用面向对象的方法，对问题域和系统责任进行分析和理解，对其中的事物和它们之间的关系产生正确认识，找出描述问题域和系统责任所需

的类和对象，定义这些类和对象的属性和操作，以及找出它们之间所形成的各种关系。最终的目的是建立符合用户需求，并能够直接反映问题域和系统责任的静态结构模型及其规约①。

静态结构建模对应的类图是系统的基本模型，主要因为类图为面向对象编程提供了最直接的依据，同时它描述了系统的静态结构特征。类图的主要构成成分是类、属性、操作、继承（泛化）、关联（包含聚合、组合）和依赖。这些成分所表达的模型信息可以从以下三个层面来看待。

（1）对象层：给出系统中所有反映问题域与系统责任的对象。用类符号表达属于一个类的对象的集合。类作为对象的抽象描述，是构成系统的基本单位。

（2）特征层：给出每一个类（及其所代表的对象）的内部特征，即给出每个类的静态特征（属性）与动态特征（操作）。该层要以分析阶段所能达到的程度为限给出类的内部特征的细节。

（3）关系层：给出各个类（及其所代表的对象）彼此之间的关系。这些关系包括继承（泛化）、关联（包含聚合、组合）和依赖。该层描述了对象与外部的联系。

概括地讲，面向对象系统分析基本模型的三个层次分别描述了：

（1）系统中应设立哪几类对象；

（2）每类对象的内部构成，即属性与操作；

（3）每类对象与外部的关系，即类之间的关系。

三个层次的信息（包括图形符号和文字）叠加在一起，形成完整的类图。面向对象系统分析基本模型如图 4-2 所示。

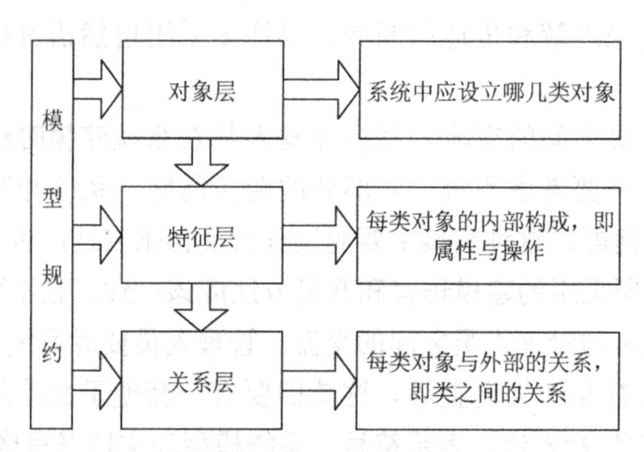

图 4-2　面向对象系统分析基本模型

在面向对象分析与设计中，类图永远是最重要、最基本的模型。这是因为：首先，类图最集中、最完整地体现了面向对象的概念；其次，类图为面向对象编程提供了最直接和可靠的依据。

① 规约：如果做一个信息系统项目，一般都是有需求规约的，就是共同遵守的约束，如文档的标准格式。

4.2 对象与类

4.2.1 对象与类的概念

1. 基本概念

可以从两个角度理解对象，一个角度是现实世界，另一个角度是我们所要建立的系统。在现实世界中，对象可以视为现实世界中客观存在的任何事物，它可以是有形的或者物理的，例如一辆汽车，它也可以是无形的或者概念性的，如一项计划。我们以学生选课系统为例，一名听讲的学生、一位讲课的老师、一间上课的教室、教室中的桌子、教室所在的教学楼等，这些事物都是有形的或者物理的对象；而学生选修的某门课程、教师所在的某个院系、某个学生某门课程的考试分数等，这些都是无形的，但又是客观存在的，也可以称为概念性的对象。

从所要建立的系统模型来说，现实世界中的有些对象是有待于进行抽象的客观事物，这些对象一方面需要在系统中进行定义和持久存储，一方面需要编程实现。

对象具有自己的静态特征和动态特征。静态特征是可以用某种数据来描述的属性，动态特征是对象所表现的行为或对象所具有的功能。

类是对具有相同属性和服务的一组对象的集合，它为属于该类的全部对象提供了统一的抽象描述，其内部包括属性和服务两个主要部分。

类与对象的关系如同模具与用这个模具铸造出来的铸件之间的关系。类给出了属于该类的全部对象的抽象定义，而对象则是符合这种定义的一个实体。所以，一个对象又称为类的一个实例（Instance），也可以把类作为对象模板。各对象属性声明相同，但是属性值不同。

【例 4.1】现实世界与面向对象世界

在现实世界中，居住在绍兴的李四即将过生日，居住在厦门的好朋友张三为了表示祝贺，通过电子商务网站，选择了绍兴本地的一家蛋糕店为李四订了一个生日蛋糕，在生日当天由某位送货人准时送到李四处，具体流程如图 4-3 所示。在该问题域中，张三、李四、电子商务网站、绍兴蛋糕店和送货人都是现实世界的对象。

假设现在需要开发一个电子商务网站实现以上功能，那么，在面向对象的系统建模过程中，首先系统分析员需要用面向对象的思想对现实世界的客观事物进行抽象与分类。在这个例子中，以厦门张三为代表的订货人被抽象为“订货人”类，各地的蛋糕店被抽象为“商家”类，以绍兴李四为代表的收货人被抽象为“收货人”类，该电子商务网站被抽象为“网站”类，当然还有“送货人”类，等等。实际上，类是一个集合概念，一个具体的个体实体仅代表同一类的一个实例，如图 4-4 所示。

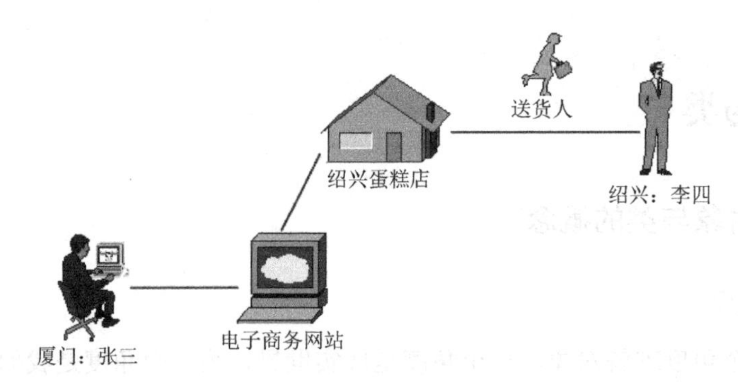

图 4-3 现实世界中的对象

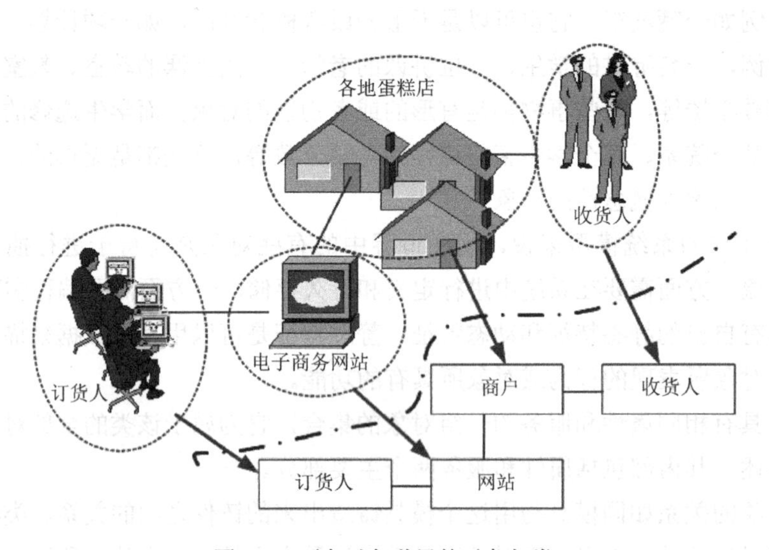

图 4-4 面向对象世界的对象与类

在现实世界中，每个对象都扮演了一个角色，并为其他成员提供特定的服务或执行特定的行为。在面向对象世界中，行为的启动是通过将“消息”传递给对此行为负责的对象来完成的；同时还将伴随着执行要求附上相关的信息（参数）；而收到该消息的对象则会执行相应的“方法”来实现需求。面向对象方法体现了用类和对象表示现实世界，用消息和方法来模拟现实世界的核心思想。

2. 类的 UML 表示法

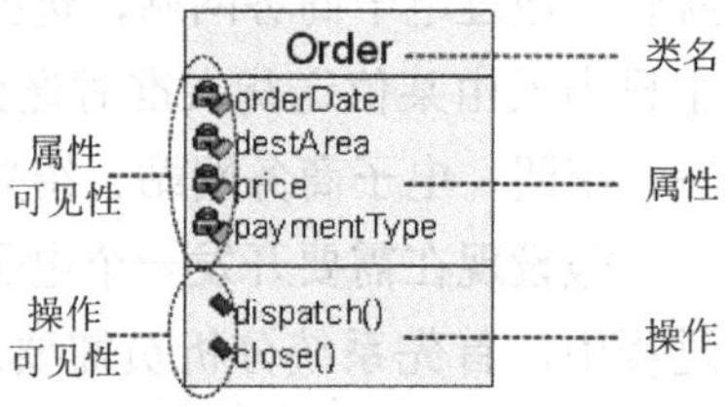

在 UML 规范中，使用划分成三部分的矩形图标来表示类或对象。图 4-5 给出了 Order 类的图形表示示例。矩形的最上面部分为类名（Order），中间部分为属性，分别为 orderDate（订单日期）、destArea（订单地址）、price（价格）、paymentType（付款方式）等，最下面部分为操作（或称方法），分别为 dispatch（发送订单）、close（关闭订单）等。另外，属性与操作还有可见性，该部分内容在 4.3 节讲述。

图 4-5 Order 类的图形表示示例

在定义类时，每个类都有一个唯一的名称，类的命名应尽量使用问题域中的术语，应明确且无歧义，以利于系统开发人员与用户之间的相互理解和交流。一般而言，类的名字是名词。在 UML 中，如果用英文表示类的名字，通常采用 Pascal 格式表示，即首字母大写。如果类的名字是多个单词合并组成的，那么每个单词的首字母应当大写。

对象是类的一个实例。对象的命名规则如同类的命名规则。一般情况下，对象名下附加下画线，对象名后接冒号和类名，说明该对象所从属的类。即

对象名：类名

在以面向对象方法开发系统时，先要对现实世界中的对象进行分析与归纳，找出组成系统的对象。类一方面是对现实世界中对象的抽象，但不是照搬；另一方面是为了构建系统而引入的。

4.2.2 识别对象与类

识别对象与类是面向对象建模中最重要和困难的一步。重要性表现在：系统分析、设计和编码都将以对象与类为基础，此时犯的错误不但会影响后续开发，而且会对系统的维护性和可扩展性产生影响。困难在于需要系统开发人员具有丰富的经验和熟练应用面向对象技术以及将其应用到所开发系统当中的能力。识别对象与类的常用方法如下。

1．考虑问题域

这种方法侧重于从客观存在的事物出发，建立客观存在的事物与系统中对象的映射。可以启发开发人员发现对象的因素包括：人员、组织机构、物品、设备、事件（如交易、预定、支付等）、表格、日志、报告和结构等。其中分类的角度是多种多样的，例如，在汽车类别上，汽车向上有车辆，向下细分为客车和轿车等，向左、右又可分为摩托车和拖拉机等。在汽车结构上，有发动机、车轮、车厢等。

2．名词短语识别法

名词短语识别法对于类的发现是建立在对用户需求陈述的构词分析上，分析人员可根据需求陈述与用例描述中出现的名词和名词短语来提取实体对象。对于每个识别出来的候选类可以从以下 3 个方面进行分类。

1）相关类

相关类是那些明显属于问题域的类，一般表示这些类的名字的名词经常出现在需求陈述中。另外从对问题域的一般常识中，从对相似的系统、教科书、文件的研究中，确认这些类的显著性和目的。

2）模糊类

模糊类是那些不能肯定地和无歧义性地分类为相关类的类。需要对它们进一步进行分析后才能确定其是相关类、还是属性或者无关类。

3）无关类

无关类是那些问题域之外的类，无法陈述它们的目的。有经验的开发人员在他们候

选类的初始表中就不包括无关类，这样，识别和消除无关类的步骤就可以省略了

【例 4.2】超市购买商品系统的部分需求陈述："顾客带着所要购买的商品到达营业厅的一个销售点终端（终端设在门口附近），销售点终端负责接收数据、显示数据和打印购物单；出纳员与销售点终端交互，通过销售点终端录入每项商品的通用产品代码，如果出现多个同类商品，出纳员还要录入该商品的数量；系统确定商品的价格，并将商品代码、数量信息加入正在运行的系统；系统显示当前商品的描述信息和价格。"

如分析上述描述，用下画线识别出名词，但并没有把所有名词都确定为类，而是有所取舍。"系统"显然是指待开发的软件本身，所以不能作为实体类来认识。另外"通用产品代码""数量""价格"明显属于商品的属性，也不适合作为对象来认识。"描述信息"显然是指"通用产品代码""数量"等，也不适合作为对象来认识。因此上述描述的候选对象是顾客、商品、销售点终端、购物单、出纳员。

需要注意的是，不一定每个名词都对应一个对象或类，有时描述可能过细，那么该名词可能就是对象的一个属性。另外鉴于需求陈述与用例描述不可能十分规范，系统开发人员还必须从这些名词、名词短语中排除同义词或近义词的干扰。

名词短语识别法假设需求陈述是完整的和正确的。事实上，这一点很难达到。甚至于即使真是这样，在大量的文本中进行搜索也不一定产生完整的和精确的结果。

3．系统实体识别方法

系统实体识别方法是从通用的对象分类理论中导出候选类。根据预先定义的概念类型列表，逐项判断系统中是否有对应的实体对象。大多数客观事物可分为以下 5 类。

（1）可感知的物理实体，如汽车、书、信用卡。

（2）人或组织的参与者，如学生、教师、经理、管理员、供应科。

（3）应该记忆的事件，如取款、飞行、订购。

（4）两个或多个对象的相互作用，如购买、结婚。

（5）需要说明的概念，如保险政策、业务规则。

通过试探系统中是否存在这些类型的概念，或将这些概念与前几种方法得到的对象进行比较，就可以尽可能完整地提取出系统中的类和对象。

【例 4.3】（续）对上述超市购买商品系统逐项判断系统中是否有对应的实体对象，识别结果如下。

（1）可感知的物理实体：销售点终端、商品。

（2）人或组织的参与者：顾客、出纳员。

（3）应该记忆的事件：购物单（记录购买的商品信息）。

（4）两个或多个对象的相互作用：此处不适用。

（5）需要说明的概念：此处不适用。

系统实体识别方法可以是分析人员确定类的初始集或者用于验证某些类是否应该存在，但它并不提供系统化的过程，人们依照它就可以发现可靠的和完整的类的集合。

4．类-责任-协作方法

类-责任-协作（Class-Responsibility-Collaborator，CRC）方法是一组表示类的标准索引卡片，包括三个部分：类名、类的责任、类的协作者，如表 4.2 所示。

表 4.2　CRC 卡片

类名：	
类的责任：	类的协作者：

类代表一系列对象的集合，这些对象是对系统设计的抽象建模，可以是一个人、一件物品等，类名写在整个 CRC 卡片的最上方。

类的责任用来描述类的属性和操作，即类知道要做的事情，例如，一个人，他知道他的电话号码、地址、性别等属性，并且他知道他可以说话、行走的行为能力。这个部分在 CRC 卡片的左边。

类的协作者是指另一个类，通常协作蕴涵着对信息的请求，或对某种动作的请求。这个部分在 CRC 卡片的右边。

使用 CRC 卡片的一个很好的途径就是角色扮演。当扮演角色的时候将空白的卡片分配给设计团队的成员，每人一张卡片。然后每个人就扮演项目的一个用例。当团队成员扮演各自的角色时，他们可能会发现需要建立新的类，这种情况下，持有空白卡片的团员之一就将新的类名写在他/她的卡片上，从这个时候开始，这个人就扮演该类的一个对象。每次需要有新的行为时，团队都会决定哪个类需要负责担当这个责任，然后让持有这个类的卡片的团员将这个责任写在自己的卡片上。成员还需要记下需要与自己的类进行交互的其他类，以便完成这个工作。用例图中的主要用例需要进行这样的角色扮演。

由此看来，CRC 方法提供了一种发现和标识类的方法，建议步骤如下。

1）标识潜在的对象类

通常需求陈述和用例描述中的名词或名词短语是可能的潜在对象，它们以不同的形式展示出来，例如，①外部实体（如人员、设备、其他系统等），它们生产或消费该系统所使用的信息；②物件（如报告、显示、信函、信号等），它们是问题域的一部分；③发生的事情或事件（如取款、订购等），它们出现在系统运行的环境中；④角色（如管理者、工程师、销售员等），他们由与系统交互的人扮演；⑤组织单位（如部门、小组、小队等），它们与一个应用有关； ⑥场所（如制造场所、装载码头等），它们建立问题域和系统所有功能的环境。⑦构造物（如四轮交通工具、计算机等），它们定义一类对象，或者定义对象的相关类。

另外，可以通过回答以下问题来识别潜在对象：①是否有要储存、转换、分析或处理的信息？②是否有外部系统？③是否有模式（Pattern）、类库和构件等？④是否有系统必须处理的设备？⑤是否有组织部门？⑥业务中的参与者扮演什么角色？这些角色可以视为类，如客户、操作员等。

2）筛选对象类，确定最终对象类

我们可以用以下选择特征来确定最终的对象。①保留的信息：仅当必须记住有关潜在对象的信息，系统才能运作时，则该潜在对象在分析阶段是有用的；②需要的服务：潜在对象必须拥有一组可标识的操作，它们可以按某种方式修改对象属性的值；③多个属性：在分析阶段，关注点应该是“较大的”信息（仅具有单个属性的对象在设计时可能有用，但在分析阶段，最好把它表示为另一个对象的属性）；④公共属性：可以为潜在的对象定义一组属性，这些属性适用于该类的所有实例；⑤公共操作：可以为潜在的对象定义一组操作，这些操作适用于该类的所有实例；⑥必要的需求：出现在问题域的外部实体以及对系统的任何解决方案的实施都是必要的生产或消费信息，它们几乎总是定义为需求模型中的类。

对象和类还可以按以下特征进行分类。①确切性（Tangibility）：类表示了确切的事物（如键盘或传感器），还是表示了抽象的信息（如预期的输出）？②包含性（Inclusiveness）：类是原子的（即不包含任何其他类），还是聚合的（至少包含一个嵌套的对象）？③顺序性（Sequentiality）：类是并发的（即拥有自己的控制线程），还是顺序的（被外部的资源控制）？④持久性（Persistence）：类是短暂的（即它在程序运行期间被创建和删除）、临时的（它在程序运行期间被创建，在程序终止时被删除），还是永久的（它存放在数据库中）？⑤永久对象（Persistent Object）：其生存周期可以超越程序的执行时间而长期存在的对象。⑥完整性（Integrity）类是易被侵害的（即它不保护其资源受外界的影响），还是受保护的（该类强制控制对其资源的访问）？

3）标识责任

责任是与类相关的属性和操作，简单地说，责任是类所知道的或要做的任何事情。

（1）标识属性

属性表示类的稳定特征，即为了客户规定的目标所必须保存的类的信息，一般可以从需求陈述或用例描述中提取出或者通过对类的理解而辨识出属性。系统分析人员可以再次研究需求陈述或者用例描述，选择那些应属于该对象的内容，同时对每个对象回答下列问题：“在当前的问题域内，什么数据项（复合的和（或）基本的）完整地定义了该对象”。

（2）定义操作

操作定义了对象的行为并以某种方式修改对象的属性值。操作可以通过对系统的用例描述的分析提取出来，通常用例描述中动词可以作为候选的操作。类所选择的每个操作展示了类的某种行为。

操作大体可分为三类：①以某种方式操纵数据的操作（如增加、删除、修改、选择）；②完成某种计算的操作；③为控制事件的发生而监控对象的操作。

4）标识协作者

一个类可以用它自己的操作去操纵它自己的属性，从而完成某一特定的责任，一个类也可和其他类协作来完成某个责任。如果一个对象为了完成某个责任需要向其他对象发送消息，则我们说该对象和另一对象协作。协作实际上标识了类之间的关系。

为了帮助标识协作者，可以检索类之间的类属关系。如果两个类具有整体与部分关系（一个对象是另一个对象的一部分），或者一个类必须从另一个类获取信息，或一个类依赖于（depends-upon）另一个类，则它们之间往往有协作关系。

5）复审 CRC 卡片

在填好所有 CRC 卡片后，应对它进行复审。复审应由用户和系统开发人员共同参与。复审方法如下。

（1）参加复审的人，每个人拿 CRC 卡片的一个子集。

注意：有协作关系的卡片要分开，即没有一个人持有两张有协作关系的卡片。

（2）将所有用例或场景分类。

（3）复审负责人仔细阅读用例，当读到一个命名的对象时，将令牌传送给持有对应类卡片的人员。

（4）收到令牌的类卡片持有者要描述卡片上记录的责任，复审小组将确定该类的一个或多个责任是否满足用例的需求。当某个责任需要协作时，将令牌传给协作者，并重复（4）。

（5）如果卡片上的责任和协作不能适应用例，则需要对卡片进行修改，这可能导致定义新类，或在现有的卡片上刻画新的或修正的责任及协作者。

（6）这种做法持续至所有的用例都完成为止。

CRC 方法在对象之间为了完成一个处理任务而在发生的消息传递中识别类，其重点在于系统责任的统一分布，而且一些类是通过技术上的需要而导出的，而不是作为“业务对象”而发现的。从这个意义上说，CRC 方法可能更适合对用其他方法发现的类进行验证。CRC 方法在类特性（被类职责和协作者所隐含）的确定上也很有帮助。

表 4.3 给出了订单类的 CRC 卡片。

表 4.3 订单类的 CRC 卡片

类名：订单	
类的责任： 检查库存项 定价 核查有效付款 发往交付地址	类的协作者： 订单 客户

4.2.3 审查与筛选

对候选类进行审查与筛选，主要包括以下几个方面。

1. 舍弃无用的类

（1）从类的属性看：其属性是否对用户或其他系统有用？或者说，对应的现实事物是否有信息需要在系统中进行保存和管理。

（2）从类的功能看：是否提供了对用户或其他系统有用的操作，或者说，对应的现实事物是否有某些行为需要在系统中模拟，并发挥一定作用。

主要是判断该类是否提供了有用的属性或有用的操作或二者均有。一样也没有提供，就应该丢弃。要注意的是，类通常应具有属性和操作，但也可以只有属性或只有操作。

2．精简类

（1）只有一个属性的类，考虑合并到引用它的类中。例如教学管理系统中，有“班主任”类，它只有一个属性“姓名”，被“班级”类引用。可以将其合并到“班级”中，增加一个属性“班主任姓名”。

（2）只有一个操作的类且只有一个（少数）类请求该操作，考虑把该类操作合并到请求者类中。例如，“格式转换器”类只有“文件格式转换”操作，系统中只有“输出设备”类使用该操作，则将该操作合并到“输出设备”中。

3．推迟到系统设计阶段考虑的类

某些功能可能与实现环境（如图形用户界面系统、数据库管理系统）有关。应该把这些功能推迟到设计阶段考虑，因为面向对象的系统分析模型应独立于具体的实现环境。

4.2.4　抽象出类并进行调整

1．对象分类

利用问题域知识先从对象中抽象出类，然后概括对象所具有的共同属性和操作。

2．对类进行调整

（1）类的属性或操作不适合该类的全部对象，需重新分类。例如，“汽车”类有“乘客限量”属性，则它更适合轿车而不适合货车，也就是说，如果一个类的某些属性和操作只适合该类的一部分对象，而不适合另一些对象，则说明类的设置有问题，需重新分类，并考虑建立继承关系。

（2）属性及操作相同的类。现实世界中完全不同的事物经过抽象保留下的属性和操作可能相同，如“计算机软件”类和“吸尘器”类，作为商店的销售商品时，可考虑合为一个类：“商品”类，注意合并后的类名。

（3）属性及操作相似的类。识别具有相同特征的类，可用这些共同特征形成一般类，并利用继承关系或组合关系来简化类的定义。

（4）对同一事物的重复描述。问题域中的某些事物实际上是另一种事物的附属品，例如：工作证与职员、车辆执照与车辆、图书索引卡片与图书。可以考虑选择其一作为类即可；如需要也可用一个类的属性描述另一个类的原始信息。例如取消“工作证”类，而在“职员”类中增加属性“工作证号码”。

经上述描述可知，系统中所有对象应有类的归属，而每个类应该适合于由它所定义的全部对象。

4.2.5 类的命名

类的命名应遵循以下原则。

（1）类的名字应恰好符合这个类和它的特殊类所包含的每一个对象。例如，一个类和它的特殊类所包含的对象如果既有汽车又有摩托车，则可用“机动车”作为类名；如果还包括自行车，则可用“车辆”作为类名。

（2）类的名字应该反映每个对象个体，而不是整个群体。例如，用“书”而不用“书籍”；用“学生”而不用“学生们”。这是因为，类在软件系统中的作用是定义每个对象实例。

可以通过以下语法测试类的命名：[对象]是一种[类]。例如，“张三是学生”而不能说“张三是学生们”。

（3）采用名词或带定语的名词，并使用规范的词汇，不使用市井俚语对类命名。还要使用问题域专家及用户习惯使用的词汇对类命名，特别要避免使用毫无实际意义的字符和数字作为类名。

（4）使用适当的语言文字对类命名。为国内用户开发的软件，如果使用中文无疑会有利于表达和交流，但类的属性和操作的命名应该使用英文，这样更有利于与程序的对应，当然可以在分析设计阶段建立中英文对照表。

（5）在 UML 中，类的命名分为“简单名”和“路径名”两种形式。其中简单名形式的类名就是简单的类的名字，而路径名形式的类名还包括包名，包的内容将在第 6 章详细讲述。

4.3 属性与操作

4.3.1 定义类的属性

1. 属性概述

属性是类的构成要素，用来描述该类的对象所具有的静态特征。属性的值可以描述对象的状态或者区分不同的对象。

类的属性分为两种：一种属性代表的状态可以被其他对象存取；另一种属性代表的是对象的内部状态，它们只能被类的操作所存取。

属性必须命名，以区别于类的其他属性。当一个类的属性被完整地定义后，它的任何一个对象状态都被这些属性的特定取值所决定。在需求分析阶段，只抽取那些系统中需要使用的特征作为类的属性。

2. 属性的定义格式

属性在类图标的属性分隔框中用文字串说明，UML 的规范说明中规定属性的语法格式为：

[可见性] 属性名 [：类型] [=初始值] [{约束特性}]

其中，方括号表示该项是可选项。

1）属性名

属性名是描述所属的类的特性的短语或名词短语，作为属性的名字，以区别于类的其他属性。按照 UML 的规范约定，属性名英文命名采用小写表示，如果采用组成词，则从第二个组成词开始第一个字母大写，如 name、personNumber 等。

2）可见性

属性的可见性描述了该属性是否对于其他类可见，从而确定是否可以被其他类引用。属性有不同的可见性，利用可见性可以控制外部事物对类中属性的操作方式。属性的可见性含义有以下几种方式：

（1）公有属性（public）：能被系统中其他任何操作查看和使用，在 UML 中用“＋”表示；

（2）私有属性（private）：仅在类内部可见，只有类内部的操作才能存取该属性，在 UML 中用“-”表示；

（3）受保护属性（protected）：可供类及子类的操作存取，在 UML 中用“#”表示。

对于父类和子类来说，如果系统中父类的所有信息对子类公开，也就是子类可以使用父类的所有信息，而没有继承关系的则不能使用父类中的信息，应设为 protected；如果不希望其他类（包括子类）使用父类中的信息，则设为 private；对其他类没有任何约束，可以用 public。

3）类型

类型表示该属性的数据类型。它可以是基本数据类型，如整数、字符型、布尔型等，也可以是用户自定义的类型。

4）初始值

当类的一个对象被创建，它的各个属性就开始有特定的状态（即特定的值）。对象的状态在对象参与交互的过程中会发生变化。有时对象的初始状态对此对象参与的交互是有意义的，这时，有必要在对象的类中定义其对象的属性的初始值。

5）约束特性

约束特性用于描述属性的可变性。可变性描述了对属性取值的修改的限制。在 UML 中共有 3 种预定义的属性可变性。

（1）可变的（changeable）：表示此属性的取值没有限制，可以被随意修改。

（2）只可加（addOnly）：它只对重复度大于取值的属性有效。对于重复度大于 1 的属性而言，此属性的每个实例在被初始化或赋值之前，其取值是无效的；随着交互的进行，属性的这些实例被逐步地初始化或赋值，这些被初始化的实例的取值才是有效的。一旦一个有效值被加入此属性的有效值集合中，就不能被更改或删除。

（3）冻结的（frozen）：它表明属性所在的类的对象一旦被初始化，它的取值就不能再改变。这相当于 C++里的常量。例如，id：Interger{frozen}就表示此属性的取值在对象被创建之后是不可更改的。

3．识别属性

1）分析属性

在需求描述中通常用名词、名词词组表示属性，如“商品的价格”“产品的代码”等。形容词往往表示可枚举的具体属性，如“打开的”“关闭的”。但是不可能在需求陈述中找到所有的属性，此外还必须借助于领域知识和常识才能分析得出需要的属性。

属性的确定与问题域有关，也和系统的责任有关。应该仅考虑与具体应用直接相关的属性，不要考虑那些超出所要解决的问题范围的属性。例如，在学籍管理系统中，学生的属性应该包括姓名、学号、专业和学习成绩等，而不考虑学生的业余爱好、习惯等特征。

在类与对象中，必须给每个属性唯一的名字。由于每个属性要从一个值集中取值，应该指明允许一个属性取值的合法范围，故常常要指明属性的类型。在分析阶段先找出最重要的属性，以后再逐渐把其余的属性添加进去。在分析阶段也不应该考虑那些纯粹用于实现的属性。

对象的有些属性必须在对问题域进行认真研究之后才能得到，如商品的条形码，平常人们不注意它们。

对象属性与系统责任密切相关，有时要根据系统责任决定需要哪些属性。例如，持卡人去新城市使用了信用卡，不久收到银行来信，信中问，“我们注意你的信用卡在以前没有使用过的地方使用了，此事是否正常？你的卡没有丢失吧？”，按照这个系统责任的说明，对象中需要设置一个属性来记录信用卡的使用地点。但这样一来，持卡人某天到花店买花也会被系统记录在案，侵犯隐私权。如果取消此项功能，则使用地点属性应该也被取消。

2）识别属性

识别属性的一些启发性策略如下。

（1）按一般常识，对象应该有哪些属性？

（2）在当前问题域中，对象应该有哪些属性？

（3）根据系统责任要求，对象需要有哪些属性？

（4）建立的这个对象是为了保存和管理哪些信息？

（5）为了在对象操作中实现特定功能，需要增设哪些属性？

例如，实时监控系统传感器对象，为实现定时采集信号功能设立属性“时间间隔”；为实现报警功能，设立“临界值”属性。

（6）是否需要设立属性来区别对象的各种不同状态？例如，设备在“关闭”“待命”“工作”的不同状态下，功能不同，则设立“状态”属性。

（7）用什么属性来表示聚合和关联？

（8）寻找在用户给出的需求说明中做定语的词汇。例如，红色的汽车、40 岁的人、晴天、健康的身体等。

4．审查与筛选

（1）误把对象作为属性。如果某个实体的独立存在比它的值更重要，则应把它作为一个对象，而不是对象的属性。同一个实体在不同的应用领域中应该作为对象还是属性，需要具体分析才能确定。例如，在邮政目录系统中，“城市”是一个属性，而在投资项目系统中应该把“城市”作为对象。

（2）误把关联类的属性作为对象的属性。如果某个性质依赖于某个关联链的存在，则该性质是关联类的属性。在分析阶段不应作为对象的属性。特别是在多对多关联中，关联类属性很明显，即使在以后的开发阶段中，也不能把它归结为相互关联的两个对象中的任意一个的属性。例如，结婚日期这个候选属性实质上是依赖于某个人是否已婚，也即这个对象是否与另外一个对象具有一个 is married 关联实例。这时，应该创建一个关联类 is married，把结婚日期作为这个类的属性，而不是作为 “人”类的属性。

（3）误把内部状态作为属性。如果某个性质是对象的非公开的内部状态，则应该从对象模型中删掉这个属性。

（4）过于细化。在分析阶段应该忽略那些对大多数操作都没有影响的属性。

（5）存在不一致的属性。类应该是简单而且一致的。如果得出一些看起来与其他属性毫不相关的属性，则应该考虑把该类分解为两个不同的类。

（6）属性不能包含一个内部结构。如果将“地址”识别为人的属性，就不要试图区分省、市、街道等。

（7）属性在任何时候只能有一个在其允许范围内的确切的值。例如，人这个类的“眼睛颜色”属性，通常意义下两只眼睛的颜色是一样的。如果系统中存在着一个对象，这个类的两只眼睛的颜色不一样，这时该对象的眼睛颜色属性就无法确定。解决办法就是创建一个“眼睛”类。

（8）派生属性。派生属性是冗余的，因为其他属性完全可以确定派生属性。例如，“年龄”可以通过“出生日期”派生出来。在 UML 中，派生属性的表示法是在属性前面加一条斜线。在分析阶段一般应去掉派生属性，而在设计阶段，为了提高效率，可以适当增加派生属性。

5．属性的定位

属性应放置到由它直接描述的那个对象的类中。此外，在泛化结构中通用的属性应该放到一般类中，专用的属性应该放在特殊类中。一个类的属性必须适合这个类和它的全部特殊类的所有对象，并在此前提下充分地运用继承。例如，在学籍管理系统中，“课程”类设“主讲教师”这个属性是应该的，但如果把教师的住址、电话号码作为“课程”类的属性就不合适了。在现实世界中，一门课程是不会有住址和电话的。正确的做法是把“住址”和“电话号码”作为类“教师”的属性。这样才能与问题域形成良好的对应，避免概念上的混乱，并避免因一个主讲教师主讲多门课程而出现信息冗余。

总的原则是：一个类的属性必须适合这个类及其子类所有对象，并在此前提下充分运用继承。

6. 描述属性

描述属性包括对属性命名和对属性的详细描述。属性的命名在词汇使用方面和类的命名原则基本相同，即使用名词或带定语的名词，应该使用规范的、问题域通用的词汇，避免使用无意义的字符和数字。语言文字的选择应与类的命名相一致。属性的详细描述包括属性的解释、数据类型和具体限制等。

4.3.2 定义类的操作

1. 操作概念

操作用来描述事物的动态行为，是一个类所能提供的服务的实现，该服务能被请求，以改变提供服务的类的对象的状态或为服务的请求者返回一个值。

根据定义，类的操作所提供的服务分为两种：一种是操作的结果引起了对象状态的改变，状态的改变也包括相应的动态行为的发生；另一种是为服务的请求者提供返回结果，例如，执行特定的计算，并把结果返回给请求者。

操作用于修改、检索类的属性或执行某些动作，操作通常也称为功能，但是它们被约束在类的内部，只能作用到该类的对象上。

2. 操作的定义格式

操作在类图标的操作分割框中用文字串说明，UML 的规范说明中规定操作的格式为：

[可见性] 操作名 [（参数列表）] [: 返回类型] [{约束特性}]

其中，方括号表示该项是可选项。

1）操作名

操作名是用来描述所属类的行为的动词或动词词组。操作名是用来描述所属类的行为的动词或动词词组。按照 UML 的规范约定，操作名的英文命名采用小写字母表示，如果采用组成词，则第二个组成词开始第一个字母大写，如 move、setValue 等。

2）可见性

操作的可见性也分为 3 种，其含义和表示方法等同于属性的可见性。

3）参数列表

参数列表就是由“标识符、类型”对组成的序列，实际上是操作被调用时接收传递过来的参数值的变量。参数的定义方式采用“名称:类型”的形式。如果存在多个参数，则将各个参数用逗号分隔。如果没有参数，则参数列表是空的。参数可以具有默认值。如果操作的调用者没有提供某个具有默认值的参数的值，那么该参数将使用指定的默认值。

4）返回类型

返回类型指定了由操作返回的数据类型。它可以是任意有效的数据类型。返回类型至多一个。如果操作没有返回值，在具体的编程语言中一般要加上一个关键字 void，也就是其返回类型必须是 void。

5）约束特性

{约束特性}是一个字符串，说明该操作的一些有关信息，例如，{query}这样的特性说明表示该操作不会修改系统的状态。

3．识别操作

在发现操作时，应该注意以下几条启发策略。

（1）考虑系统责任：对象的操作是最直接体现系统责任并实现用户需求的成分，因此，定义操作的活动比其他面向对象的系统分析活动更强调对系统责任的考查。

（2）考虑问题域：对象在问题域中具有哪些行为？其中，哪些行为是与系统责任有关的？应该设立何种操作来模拟这些行为？例如，账户可以更改密码、提钱、取钱、查看余额等。

（3）分析对象的状态：查看在每一种状态下，对象可以发生什么行为，由什么操作来描述；对象从一种状态到另一种状态由什么行为引起，是否已经设立了相应操作。例如，账号状态存在正、负、零三种状态，在各个状态下有什么操作，以及状态的转换是由什么操作引起的。

（4）追踪操作的执行路线：模拟每个操作的执行并追踪其执行路线，可以帮助分析人员发现遗漏的操作。

（5）使用诸如支付、请求、阅读、请求之类的动词和动词短语。

（6）查看每一个属性，查看需要用什么操作对其操作，例如属性密码，需要操作验证密码、改变密码。

另外要注意的是，一方面识别操作时可以尽量利用已开发的具有相同或相似问题域的分析模型；另一方面，有些操作的识别可以推迟到交互图（顺序图、协作图）、状态图建模阶段考虑。

4．审查与调整

对于每个类中已经发现的操作逐个进行审查，重点审查以下两点。

1）审查每个操作是否真正有用

任何一个有用的操作，或者直接提供某种系统责任要求的功能，或者响应其他对象操作的请求而间接地完成一种功能的某些局部操作。如果系统的其他部分和系统边界以外的参与者都不可能请求这种操作，则这个操作是无用的，应该丢弃它。

2）检查每个操作是不是高内聚的

高内聚是指一个操作只完成一项明确定义的、完整而单一的功能。如果在一个操作中包括了多项可独立定义的功能，则它是低内聚的，应该将它分解为多个操作。另一种低内聚的情况是，把一个独立的功能分割到多个对象的操作中去完成。对这种情况应加以合并，使每个操作对它的请求者体现一个完整的行为。

识别类的操作时要特别注意以下几种类。

（1）只有一个或很少操作的类。也许这个类是合法的，但也许可以和其他类合并为一个类。

（2）没有操作的类。没有操作的类也许没有存在的必要，其属性可归于其他类。

（3）太多操作的类。一个类的责任应当限制在一定的数量内，如果操作太多将导致维护的复杂性，因此应尽量将此类重新分解。

3. 操作的定位

操作放置在哪个对象中应与问题域中拥有这种行为的事物相一致。例如，在超市管理系统中，操作“售货”应该放在对象“销售终端”中，而不应放在对象“商品”中，因为按照问题域的实际情况和人们的常识，售货是销售终端的行为，不是商品的行为。如果考虑到售货这种行为会引起从商品的属性“现有数量”减去被销售的数量，希望在对象“商品”中设置操作完成对属性的操作，则应该将操作命名为“售出”，而不是“售货”。在继承中，与属性的定位原则一样，通用的操作放在一般类，专用的操作放在特殊类，一个类中的操作应适合这个类及其所有特殊类的每一个对象实例。

4. 描述操作

描述操作包括对操作命名和对操作的详细描述。操作的命名应采用动词或动词加名词所构成的动宾结构。操作名应尽可能准确地反映该操作的职能。

每个对象的操作都应该填写到相应的类符号中。对消息的详细描述包括对操作的解释、操作的特征标记、对消息发送的描述、约束条件和实现操作的方法等。描述消息发送时，要指出在这个操作执行时需要请求哪些对象的操作，即接收消息的对象所属的类名及执行这个消息的操作名。如果该操作有前置条件、后置条件及执行时间的要求等其他需要说明的事项，则在约束部分加以说明。若需要在此处描述实现操作的方法，可使用文字、活动图或流程图等进行描述。

4.4 类之间的关系

类图由类（属性、操作）及关系组成，定义了类及属性和操作后，接下来要建立类之间的关系，以便建立结构模型的关系层。只有确定了类之间的关系，各个类才能构成一个整体的、有机的静态模型。

单个对象可以说是无意义的。对象之间的关系可分为静态关系和动态关系。动态关系是指对象之间在行为上的联系。静态关系是指最终可通过对象属性来表示的对象之间在语义上的联系。

静态关系常常与系统责任有关。例如，教师为学生指导毕业论文，顾客订购某种商品等。如果这些关系是系统责任要求表达的，或为了实现系统责任的目标提供了某些必要的信息，则应该把它们作为静态关系表示出来。

另外，在定义关系时，可以进一步完善类图，发现一些原先未曾认识的类、重新考虑某些对象的分类，对某些类进行调整，以及对某些类的属性和操作进行增删或调整其位置。

4.4.1 继承（泛化）关系

泛化和继承用于描述一个类是另一个类的类型。应用程序中通常会包含大量紧密相关的类，如果一个类 A 的所有属性和操作能被另一个类 B 所继承，则类 B 不仅可以包含大量自己独有的属性和操作，而且可以包含类 A 中的属性和操作，这种机制就是泛化。在解决复杂问题时，通常需要将具有共同特性的元素抽象成类别，并通过增加其内容而进一步分类。泛化（Generalization）描述了一般事物与该事物的特殊种类之间的关系。

本书第 1 章对继承的基本含义及表示方法进行了阐述，本部分内容重点从类图建模的角度论述识别继承的策略。

1．识别继承的策略

1）学习当前领域的分类学知识

问题域现行的分类方法往往比较正确地反映了事物的特征、类别以及各种概念的一般性和特殊性。利用问题域已有的分类方法，可以找出一些与之对应的继承关系。

2）按常识考虑事物的分类

如果问题域没有可供参考的现行分类方法，可以按照一般常识，从各种不同的角度考虑事物的分类，从而发现继承关系。

3）使用继承的定义

对象集合的包含关系：如果一个类的对象集合是另一个类的子集，则这两个类应该具有继承关系。例如，职员是人员的子集，轿车是汽车的子集。

对象间的特征关系：如果一个类具备另一个类的全部属性和操作，则考虑建立继承关系，分两种情况：一种情况是，在建立这些类时，已经计划让某个类继承另一个类的全部属性与操作，现在建立继承关系来进行落实。另一种情况是，起初是孤立地建立每个类，现在发现了在一个类中定义的属性与操作全部出现在另一个类中，此时应考虑建立继承关系，简化定义。

4）考察类的属性与操作

对系统中的每个类，可以从以下两个方面来考查它们的属性和操作。

一是查看属性与操作是否适合这个类的全部对象。如果某些属性或操作只适合该类的部分对象，则说明应该从这个类中划分出一些特殊类，建立继承关系。这是一种自上而下地从一般类中发现特殊类并形成继承关系的策略。例如，“公司人员”类有“股份”与“工资”两个属性，通过分析发现，“股份”属性只适合于公司的股东，而“工资”属性则适合于公司的职员。因此，考虑建立“股东”和“职员”两个特殊类，“股份”与“工资”属性分别放至其中，如图 4-6 所示。

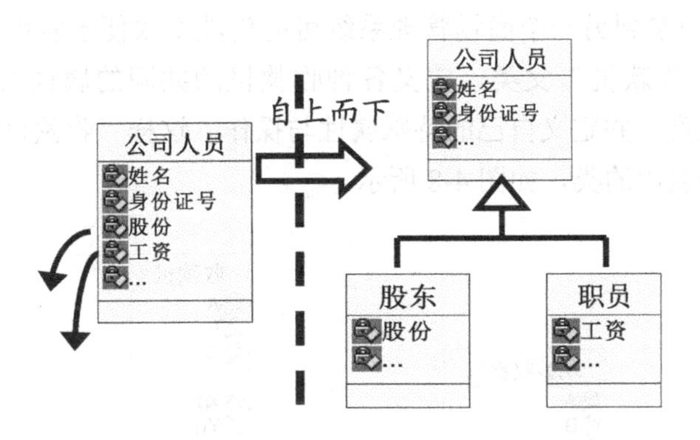

图 4-6　从一个类中划分出一些特殊类

二是检查是否有两个或更多类含有一些共同的属性和操作。如果有，则考虑把这些共同的属性和操作提取出来，能否构成一个在概念上包含原先那些类的一般类，并形成一个继承关系。例如，系统原先定义“股东”与“职员”两个类，他们的“姓名”“身份证号”等属性是相同的，提取公共部分形成类“公司人员”，与“股东”及“职员”组成继承关系，如图 4-7 所示。

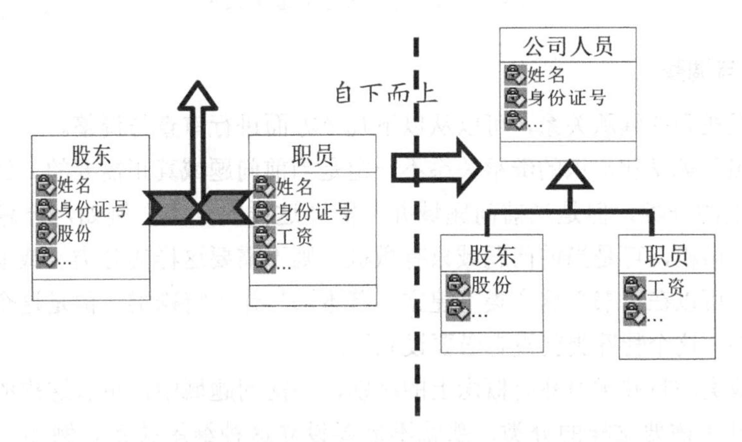

图 4-7　从具有共同属性与操作的类中建立继承关系

5）考虑类之间的语义关系

如果类 A 与类 B 具有“是一种”的关系，那么类 B 为一般类，类 A 为特殊类。例如，职员和股东是一种“公司人员”。

6）考虑领域范围内的复用

为考虑对本领域其他系统的可复用性，应考虑在更高的层次上运用继承关系，使本系统能贡献一些可复用性更强的类。例如，现在要开发一个商场的商品结算系统，定义一个类来描述该系统的现钞收款机。如果从本系统看，这个类的定义在系统分析模型中可能已经很合理了，但是，如果考虑到它在同一个领域的复用性，则存在不足，即另一个商场可能使用信用卡收款机或信用卡/现钞两用收款机。即使在本系统定义了一个较为完善的"现钞收款机"类（包括各种收款机的共同属性操作，也包括现钞收款机的特有属性和操作），但拿到另一个商场管理系统可能仍然不太便于复用。于是，可抽象出一个更高层次的"收款机"父类，定义各种收款机的共同的属性与服务。"现钞收款机"类继承收款机类，并定义自己的特殊属性与操作。这样"收款机"类就成了一个可供本领域其他系统复用的类，如图 4-8 所示。

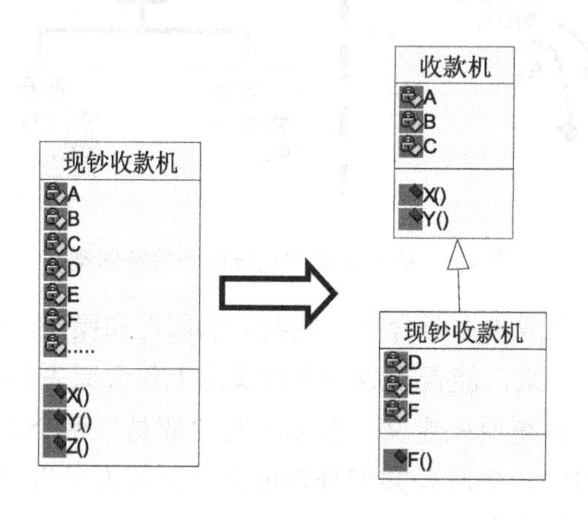

图 4-8　为支持复用建立继承关系

2. 审查与调整

对于已经找到的继承关系，可以从以下几个方面进行审查与调整。

（1）按照分类学和常识的继承关系不一定是当前问题域真正需要的。例如，有些分类只是理论上的分类，但是当前问题域并不需要这样的分类。例如，计算机分为大型机、小型机、微机，可是当前问题域只有微机，则不需要这样的分类。或者，按图书分类法的知识，可以在"书"这个类下建立'善本书'作为特殊类，但是这个图书馆根本就没有善本书，这个特殊类就没有必要设立了。

（2）一般类与特殊类虽然有概念上的区别，当前问题域中，也有这样的分类，但是系统责任上并不需要这样的分类，那就不需要设立这种继承关系。例如，一般类"职员"和特殊类"生产人员"及"营销人员"在概念上是有所不同的，但是在系统中，对生产人员和营销人员没有什么要求，则不需要建立继承关系，只需要设立"职员"类就可以，这样就没有必要建立继承关系。

（3）是否符合分类学的常识？例如，先定义"汽车"类，有"发动机""载重量""运行速度"等属性和"运输"等操作，在定义"飞机"类时也发现它具有"汽车"类的特征，只是增加了"飞行高度""自动导航"等操作。于是建立"飞机"到"汽车"

类的继承关系，这就违背了常理。造成这种问题的原因在于，建立关系时只注意到属性与操作的继承，而没有注意与问题域的实际事物之间的分类关系的对应。因为特殊类与一般类之间的继承关系应该具有“是一种”的语义，即如果说 A 是 B 的特殊类，则“A 是一种 B”这个子句必须能讲得通才行，检查这种错误的方法是用“是一种”语义来衡量每一对一般类与特殊类。

（4）是否构成了继承关系？按常识看某些类应该具有继承关系，但在系统中经过抽象并不存在继承。例如，在内河航运系统的问题域中，“航标船”是一种特殊船，但在系统中“船”类的大量属性和服务，它都不需要，只需要一个“电池充电时间”属性，这样不能将其作为普通船的特殊类，也不能找出它和普通船的共性并形成一个一般类。这种情况下，正确做法是：保持独立，不要为之建立继承关系。

3. 简化

通过继承关系可以简化特殊类的定义，这是有益的一面，但是如果不加节制地建立继承，也会带来一些不利的影响，即需要付出一定的代价。具体表现为：一是从一般类划分出太多的特殊类，使系统中类设置太多，增加了复杂性；二是如果建立过深的特殊类，增加了系统的理解难度和处理开销。因此，对继承的运用要适度。以下是要重点检查的情况。

（1）特殊类没有自己特殊的属性与操作。在现实世界中，如果一个类是另一个类的特殊类，则它一定具有一般类不具备的特征，否则它就不能成为一个与一般类有所差异的概念。例如，“大学生”类与“学生”类之间的继承关系，如果系统中不强调“大学生”具有的一些特别属性，则取消继承。同理，在软件系统中，每个类都是对现实事物的一种抽象描述，抽象意味着忽略某些特征。如果体现特殊类与一般类差别的那些特征被忽略了，系统中的继承关系就出现了这种异常情况。

（2）某些特殊类之间的差别可以由一般类的某个或某些属性值来体现，而且除此之外没有更多的不同。例如，某一系统需要区别人员的性别与国籍，但这些人员对象除性别和国籍不同之外，在其他方面没有什么不同。此时如果按分类学的知识建立一个继承关系，显然是没有必要的。因此，可以通过在一般类中增加“性别”和“国籍”两个属性，来简化原先的继承关系，如图 4-9 所示。

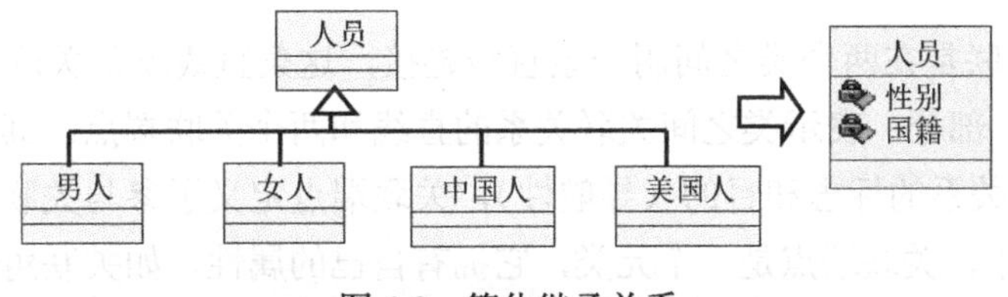

图 4-9　简化继承关系

（3）如果一个一般类只有唯一的特殊类，且该一般类不用于创建对象，唯一用途在于向仅有的特殊类提供一些被继承的属性和操作，这种情况下可取消该一般类，并把它的属性与操作放到特殊类中。通常，系统中的一般类应符合下述条件之一才有存在的价值。

① 它有两个或两个以上的特殊类。

② 需要用它创建对象实例。

③ 它的存在有利于软件重用。

如果不符合上述任何条件，则应考虑简化，除非还能有别的理由。例如，为了更自然地映射问题域，或避免把过多属性和服务集中到一个类中，等等。

4.4.2 关联关系

1．什么是关联

关联关系是表示类与类之间的联接，它使一个类知道另一个类的属性和方法。关联是一种结构化的关系，用来表示一个类的对象和另一个类的对象之间有联系。通常在类 A 中将类 B 的对象作为成员变量，它使一个类知道另一个类的属性和方法。如图 4-10 所示，在班级类 Class 中包含一个 Student 类的班长 monitor，它们之间可以表示为关联关系。

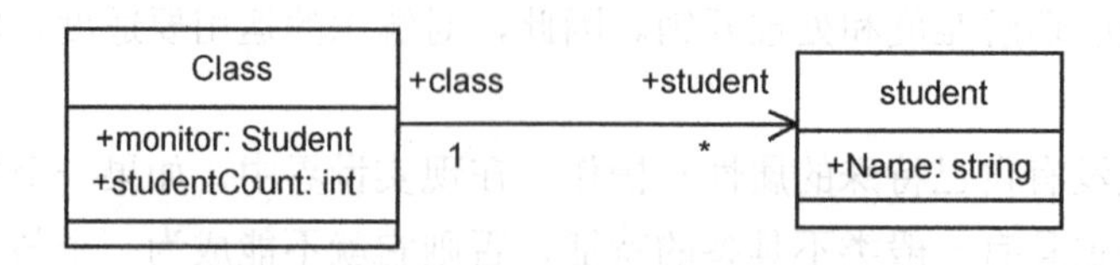

图 4-10 关联关系示例

关联体现的是两个类或者类与接口之间语义级别的一种强依赖关系，如我和我的朋友，这种关系比依赖更强，不存在依赖关系的偶然性，关系也不是临时性的，一般是长期性的，而且双方的关系一般是平等的，表现在代码层面为被关联类 B 以类属性的形式出现在关联类 A 中，也可能是关联类 A 引用了一个类型为被关联类 B 的全局变量；在 Java 中关联关系是使用实例变量实现的。

关联关系是整个系统中使用的“胶粘剂”，如果没有它，那么只剩下不能一起工作的孤立的类。

2．关联的 UML 表示法

最常见的关联是在两个类之间用一条直线连接，这条直线就是关联。一个完整的关联定义包含了 3 部分：表示类之间关联关系的直线和两个关联端点。其中，直线以及关联名称定义了该关系的标志和目的（导航性），关联端点定义了参与关联的对象应遵循的规则。在 UML 中，关联端点是一个元类，它拥有自己的属性，如关联角色、多重性等。

1）关联名称

可以给关联加上关联名称，来描述关联的作用，以便与其他关联关系相区别。如图 4-11 所示，其中 Company 类和 Person 类之间的关联如果不使用关联名称，则可以有多种解释，如 Person 类可以表示公司的客户、雇员或所有者等。但如果在关联上加上 Employs 这个关联名称，则表示 Company 类和 Person 类之间是雇佣（Employs）关系，显然这样语义上更加明确。一般说来，关联名称通常是动词或动词短语。

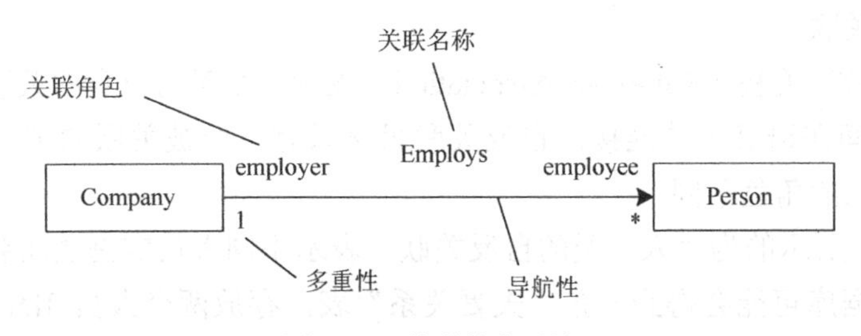

图 4-11　关联的表示法

在一个类图中，并不需要给每个关联都加上关联名称，给关联命名的原因应该是该命名有助于理解该模型。事实上，一个关联如果表示的意思已经很明确了，再给它加上关联名称，反而会使类图变乱，只会起到画蛇添足的作用。

2）关联角色

当需要强调一个类在一个关联中的确切含义时，可以使用关联角色。在 UML 中，关联关系两端的类的对象在对方的类里的标识称为角色。关联两端的类可以以某种角色参与关联。例如在图 4-11 中，Company 类以 employer 的角色、Person 类以 employee 的角色参与关联。employer 和 employee 称为角色名。如果在关联上没有标出角色名，则隐含地用类的名称作为角色名。

当两个类之间有多个关联时，为关联指定角色有助于理解关联。当关联关系里的类被映射到程序设计语言时，角色名字就成为类的一个成员变量的名字。此成员变量的类型将是另一个类的对象或指向另一个类的指针。

要注意的是角色命名应该合理，有时候也可以省略。

3）多重性

关联有两个端点，在每个端点可以有一个多重性，表示这个关联的类可以有几个实例。在图 4-11 中，雇主（公司）可以雇佣多个雇员，表示为 0..*n*；雇员只能被一家雇主雇佣，表示为 1。常见的多重性及含义如下：

（1）0..1 表示 0 或 1 个实例；

（2）1 表示只能有一个实例；

（3）0..*或者*表示对实例的数目没有限制；

（4）1..*表示至少有一个实例。

4）导航性

关联可以使用单箭头表示单向关联，不使用箭头表示双向关联，导航性表明源类的对象“了解”目标类的对象。导航性意味着“消息仅能在箭头的方向上传递”，如图 4-11 所示，Company 能够向 Person 发送消息，但 Person 类不能向 Company 类发送消息。

5）关联的种类

按照关联所连接的类的数量，类之间的关联可分为自反关联、二元关联和 *N* 元关联 3 种关联。

（1）自反关联

自反（反身）关联（Reflexive Association）表示一个类与自身的关联，即同一个类的两个对象之间在语义上的连接。自反关联虽然只有一个被关联的类，但有两个关联端，每个关联端的角色不同。

如图 4-12 所示的为“人”类的自反关联，表示不同人员实例之间会有夫妻关系。映射到关系数据库可能会得到一张“夫妻关系”表，存放两个人员 ID，也可能是人员表里加一个夫（妻）ID。

在图 4-13 中，表示一个课程是很多课程的预修课程，而且一个课程可以有很多的预修课程。

图 4-12 “人”类的自反关联　　图 4-13 “Course”类的自反关联

（2）关联类

如果类之间的关联可能也有属性和操作，这时需要引入一个关联类（Association Class）来表示。关联类通过一条虚线与关联连接，关联类可以有属性、操作和其他关联。

联想到 E-R 图中的多对多联系，联系是经常有属性的，如仓库和产品之间的存储联系，带有属性“存储数量”。

在建立关联时，如果发现属性放在关联的哪一方都不适合的情况，考虑建立关联类。图 4-14 中的 Contract 类是一个关联类，Contract 类中有属性 salary，这个属性描述的是 Company 类和 Person 类之间的关联的属性，而不是描述 Company 类或 Person 类的属性。

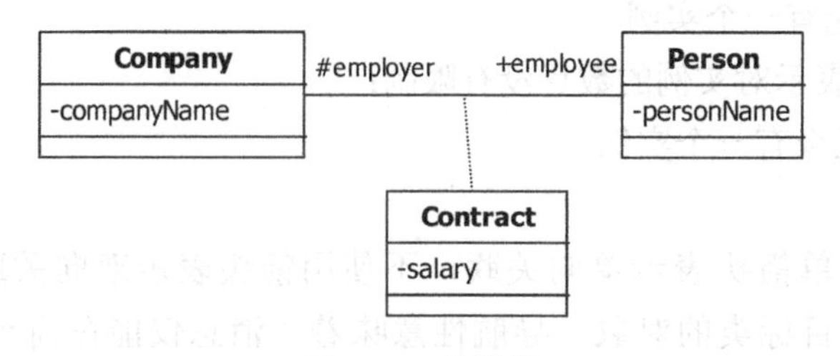

图 4-14 关联类

为了有助于理解关联类，图 4-14 中的关联关系可以用以下 Java 代码表示。

Company 类的代码：

```
public class Company
{
      private string companyName;
      public Person employee[ ];
}
```

Person 类的代码：

```
public class Person
{
      private string personName;
      Protected Company emplyer;
}
```

Contract 类的代码：

```
Public class Contract
{
      Private Float salary;
}
```

由于指定了关联角色的名字，所以生成的代码中就直接用关联角色名作为所声明的变量的名字，如 employee，employer 等。另外 employer 的可见性是 protected，也在生成的代码中体现出来。

因为指定关联的 employee 端的多重性为 *n*，所以在生成的代码中，employee 是类型为 Person 的数组。

不要混淆关联类和被提升为类的关联，图 4-15 突出了其中的差异。对于每一对“人”和“公司”来说，“持股”关联类只可能出现一次。相反，对于每个“人”和“公司”，“购买股票”可以出现任意多次，每次购买都是不同的，都有其数量、日期和金额。

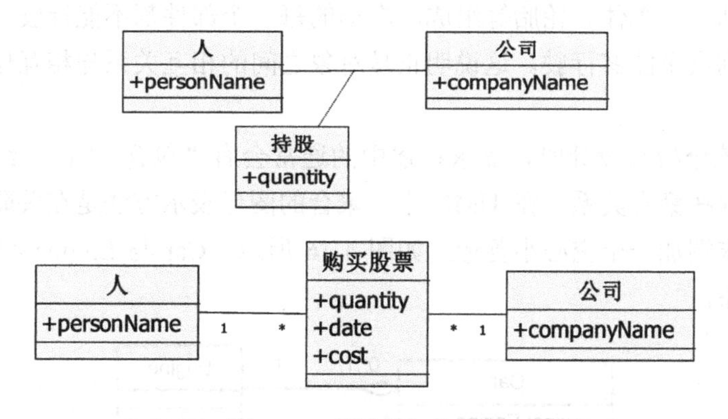

图 4-15　普通类与关联类

一个关联类只能为一个关联关系指定属性，如果要把一个关联类的结构重用于多个关联关系，则可以通过泛化关系实现。用泛化关系为预备重用的类定义不同的导出类，使得不同的关联关系具有不同的关联类即可。

4．识别关联关系

识别关联关系的策略如下。

1）认识各类对象之间的静态联系

先从问题域考虑，各类对象之间是否存在某种静态联系，并且需要在系统中加以表示。例如，在教学管理系统中，学生与课程之间存在学习关系，要求在教学管理系统中表现出来，就需要在学生、课程之间建立关联关系。另外，教师与教室之间不直接存在任何静态联系，就不需要在二者之间建立关联关系。

2）识别关联的属性与操作，考虑是否需要建立关联类

对于考虑中的每个关联进一步分析它是否应该具有某些属性和操作，即是否存在着简单关联不能表达的信息。例如，教师与学生之间存在着“指导毕业论文”的关系，是否需要将毕业论文的题目、答辩日期、成绩等属性信息用一个关联类来表示。

3）分析关联的多重性

对每个关联，从连接线的每一端看本端的一个对象可能与另一端的几个对象发生连接，把结果标注到连线的另一端。

在以上建立关联关系的过程中，可能需要增加一些新的类，如关联类，需要把这些类补充到类图中，并描述它。另外，对每个关联，要在描述模板中给出其有关性质的详细说明，至少要说明它所代表的实际意义。

4.4.3 聚合关系与组合关系

1．聚合关系

聚合（Aggregation）是一种特殊形式的关联，表示类之间的“整体－部分”关系，是一种较强的关联关系。例如，计算机系统由主机、显示器、键盘、鼠标等组成。又例如，汽车由发动机、车体、轮胎等组成，汽车的每一个部件都不能行驶，但是通过对象的相互关系，则汽车能够行驶。这说明正是对象之间的相互关系与相互作用构成了一个有机的整体。

在进行系统分析与设计时，需求描述中的通常会有“包含”“由...组成”等关系，这常常意味着存在聚合关系。在 UML 中，聚合的图形表示方法是在关联关系指向“整体”类的直线末端加一个空心小菱形，如图 4-16 所示，Car 与 Engine 和 Tire 之间的关系就是聚合关系。

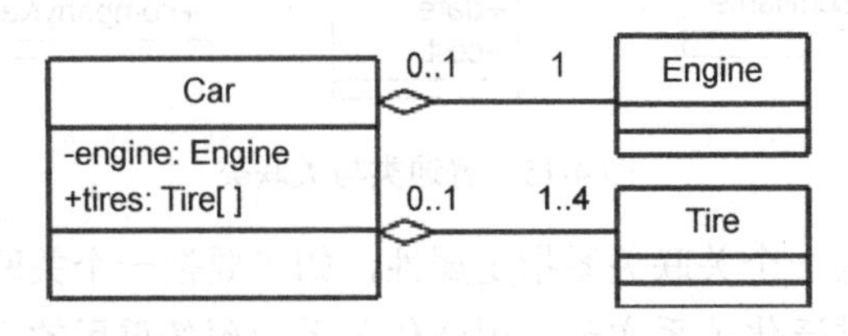

图 4-16　聚合关系

2. 组合关系

组合（Composition）是一种特殊形式的聚合，是一种更强的关联关系，整体类和部分类之间的生存期都是一样的，也就是说，组合关系要求代表整体的类要负责代表部分的类的生命周期，即类的创建和销毁。

在组合关系中，部分“居住”在整体内部，它们将与整体一起创建和销毁。删除了整体对象，也就删除了整体和部分所有对象。

整体方的多重性必须是 0 或 1（0..1），一个部分对象仅属于一个整体对象，但是部分方的多重性可以是任意值。

在如图 4-17 所示的示例中，Tree 类和 Leaf 类之间是组合关系，Tree 类由 Leaf 类组成（当然还有树干，本例暂不考虑），Leaf 类是 Tree 类的一部分，关键问题是 Leaf 类离开 Tree 类就无法存活了，Tree 类的生命周期与 Leaf 类是一致的。

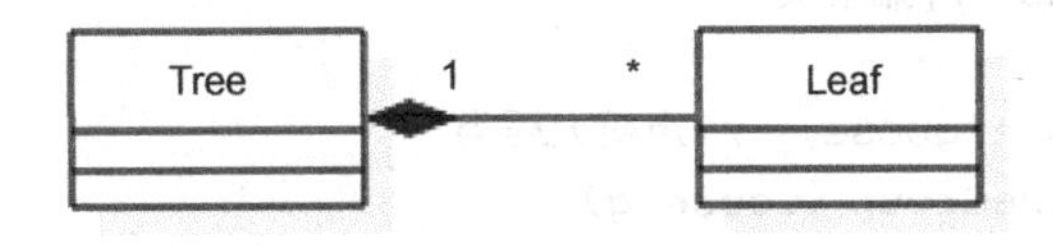

图 4-17　组合关系

3. 聚合与组合的不同

聚合和组合是类图中很重要的两个概念，但也是比较容易混淆的概念，在实际运用时往往很难确定是用聚合关系还是用组合关系。事实上，在设计类图时，设计人员是根据需求分析描述的上下文来确定是使用聚合关系还是组合关系。对于同一个设计，可能采用聚合关系或采用组合关系都是可以的，不同的只是采用哪种关系更贴切些。

下面列出聚合关系和组合关系之间的一些区别。

（1）在组合关系中，部分脱离整体不能独立存在，而聚合可以。

（2）组合关系中每一部分只能属于一个整体，而聚合中一个部分可以由多个整体共享。

如图 4-18 所示，美猴王（MonkeyKing）与四肢（Limb）之间是组合关系，与金箍棒（GoldRingedStaff）之间是聚合关系。四肢与美猴王之间具有相同的生命周期，四肢不能离开美猴王存在，而金箍棒离开美猴王可以存在，可以到东海龙王那里做回定海神针。

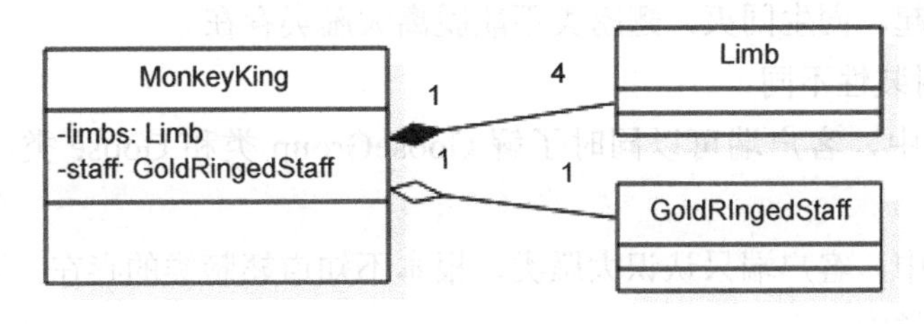

图 4-18　聚合与组合关系

4. 聚合与组合示例

以雁群与大雁为例，进一步区分聚合与组合关系。

大雁喜欢热闹害怕孤独，所以它们一直过着群居的生活，这样就有了雁群，每一只大雁都有自己的雁群，每个雁群都有好多大雁，大雁与雁群的这种关系就可以称为聚合。另外每只大雁都有两只翅膀，大雁与翅膀的关系就称为组合。

由此可见，聚合关系明显没有组合关系紧密，大雁不会因为它们的群主将雁群解散而无法生存；而翅膀就无法脱离大雁而单独生存——组合关系的类具有相同的生命周期。它们之间的关系如图 4-19 所示。

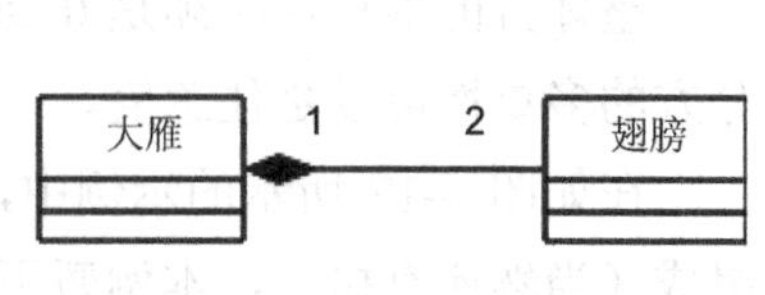

图 4-19　聚合与组合的例子

用 Java 代码表示聚合与组合关系如下：

```
class GooseGroup  //雁群类
{
     public Goose goose;  //声明大雁类
     public GooseGroup (Goose g)
     {
          goose=g;
     }
}
class Goose  //大雁类
{
     public Wing wing;
     public Goose ( )
     {
          wing=new Wing ( ) ;
     }
}
```

从以上代码中可以进一步看出聚合与组合关系在编程实现中的不同之处。

1）构造函数不同

聚合类的构造函数中包含另一个类的实例作为参数：因为构造函数中传递另一个类的实例，因此大雁类可以脱离雁群类独立存在。

组合类的构造函数包含另一个类的实例化：因为在构造函数中进行实例化，因此两者紧密耦合在一起，同生同灭，翅膀类不能脱离大雁类存在。

2）信息的封装性不同

在聚合关系中，客户端可以同时了解 GooseGroup 类和 Goose 类，因为它们是独立的。

在组合关系中，客户端只认识大雁类，根本不知道翅膀类的存在，因为翅膀类被严密地封装在大雁类中。

4.4.4 依赖关系

1. 什么是依赖关系

依赖关系描述的是两个模型元素（类、用例等）之间的语义关系，表示一个类依赖于另一个类的定义，对一个元素的修改会影响另一个元素。对于用例来说，用例之间的包含和扩展关系都是一种依赖。对于类而言，依赖关系可能由各种原因引起，如一个类向另一个类发送消息，或者一个类是另一个类的数据成员类型，或者一个类是另一个类的操作的参数类型等。

在 UML 规范中，依赖关系用带箭头的虚线表示，箭头指向被依赖的类（独立的模型元素）。如图 4-20 所示是类之间依赖关系的例子，其中课程计划类中的增加操作和删除操作都有类型为“课程”的参数，因此课程计划类依赖于课程类。课程类是独立的，一旦课程类发生变化，课程计划类一定也会跟着发生变化。

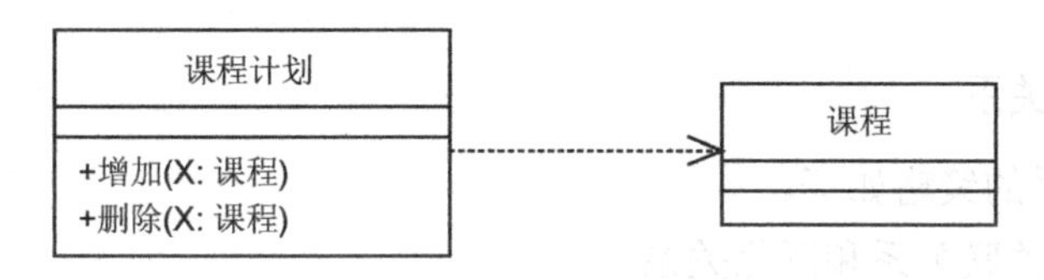

图 4-20　依赖关系

对于两个相对独立的对象，当一个对象负责构造另一个对象的实例，或者依赖另一个对象的服务时，这两个对象之间主要体现为依赖关系。

2. 关联和依赖的区别

（1）存在关联关系的两个类，其中的一个类成为另一个类的属性，而属性是一种更为紧密的耦合，是更为长久的持有关系。

（2）存在依赖关系的两个类都不会增加属性。与关联关系不同的是，依赖关系中的一个类作为另一个类的方法的参数或者返回值，或者是某个方法的变量。

（3）依赖是单向的，要避免双向依赖。一般来说，不应该存在双向依赖。

（4）依赖是一种弱关联，只要一个类用到另一个类，但是和另一个类的关系不是太明显的时候（可以说是“uses”了那个类），就可以把这种关系视为依赖。

3. 依赖关系的程序实现

在如图 4-21 所示的类图中，Driver 类与 Car 类之间是依赖关系，在 Java 程序中表示如下：

```
pulic class Driver
{
     public void Drive (Car car)
     {
          car.move ( ) ;
```

```
        }
        ......
    }
    public class Car
    {
        public void Move ( )
        {
            ......
        }
        ......
    }
```

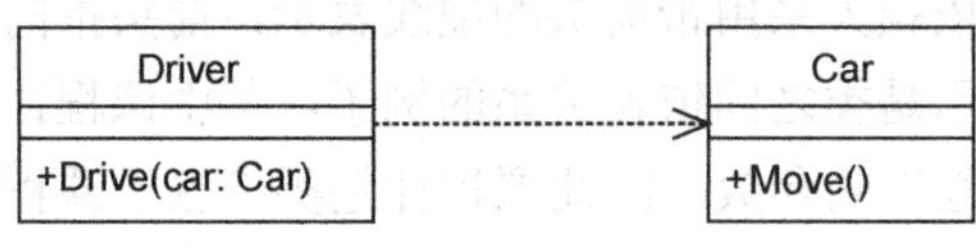

图 4-21　依赖关系示例

4. 识别依赖关系

识别依赖关系的策略如下。

1）优先考虑关联关系和泛化关系

通常，在描述语义上相互有联系的类之间的关系时，首先考虑是否存在着泛化方面的关系或结构（关联）方面的关系，并分别用对应的泛化关系或关联关系及其修饰形态进行描述。当类之间不宜于用这两种关系描述时，再考虑用依赖关系。

2）考察类的改变

如果两个类之间存在语义上的连接，其中一个类是独立的，另一个类不是独立的；并且，独立类改变了，将影响另一个不独立的类，则建立它们之间的依赖关系。具体而言，一个类向另一个类发送消息；一个类是另一个类的数据成员；一个类是另一个类的某个操作参数等。

（3）考察多重性

虽然说，如果类 A 和类 B 之间有关联关系，那么类 A 和类 B 之间也就有依赖关系。但是，在关联关系中通常都会出现多重性，即使是一对一的多重性，但在依赖关系中一定不会出现多重性。

4.5　抽象类与接口

4.5.1　抽象类

1. 抽象类的概念

抽象类（Abstract Class）是指含有抽象方法的类，抽象方法是指只有定义而没有实现的方法。因此，抽象类是不完整的，它不能用来实例化对象，而只能用来继承，获得它的属性和操作。在抽象类中定义抽象操作，在子类中提供实现，可以实现多态，子类也可以实例化。要注意的是，子类必须实现父类所有的抽象操作。

2. 抽象类的 UML 表示

在 UML 中，抽象类和抽象方法使用斜体来表示，如图 4-22 所示。在编程语言中，用 abstract 标识抽象类和抽象方法。

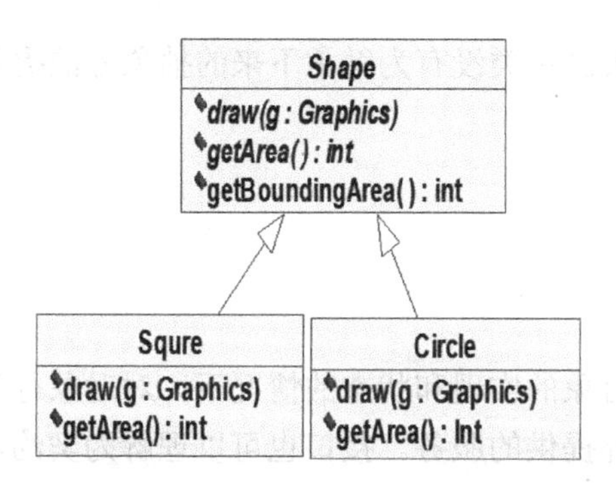

图 4-22　抽象类与抽象方法

在图 4-22 中，Shape 类为抽象类，draw( )和 getArea( )为抽象方法，getBoundingArea( )为具体方法，Squre 类和 Circle 类为具体类，具体类必须实现所有抽象方法。

只要类中有一个方法或多个方法是抽象方法，该类就是抽象类；当然，抽象类中的方法不一定都是抽象方法，抽象类也可以像普通类一样，有其他具体的方法。

3. 抽象类举例

以下代码定义了一个抽象类 Course：

```
    public abstract class Course  //在 Course 类前加上 abstract 关键字
    {
        public abstract void EstablishCourseSchedule ( string stadate ,
string enddate) ;
        //只要类中有一个方法或多个方法是抽象方法，该类就是抽象类;
        //当然，抽象类中的方法不一定都是抽象方法；抽象类也可以像普通类一样，有其他具体的方法。
        ......
    }
```

Course 类定义了一个抽象方法 EstablishCourseSchedule，意味着任何 Course 子类都应有该方法，但具体怎么实现由子类来决定，用具体实现来覆盖抽象方法。把 Course 类声明为抽象类之后，则我们无法实例化一个普通的 Course 对象；虽然不能实例化一个 Course 对象，但可以声明得到一个抽象类的引用变量，即 Course c；这是没有问题的。

在派生类 LectureCourse 覆盖抽象类的抽象方法如下：

```
Public class LectureCourse extends Course
{
        …..
        public override void EstablishCourseSchedule ( string stadate ,
string enddate)
         {
               //为 LectureCourse 类制定的具体规则！
         }
}
```

需要注意的是，如果派生类没有为继承下来的抽象方法提供具体实现，则派生类也是抽象类。

4.5.2 接口

1. 接口的概念

接口是在没有给出对象的实现和状态的情况下，对对象行为的描述。接口只有操作说明没有实现，描述对外提供的服务。接口也可以理解为契约，规定一种由“大家”遵守的行为规范。

接口是面向对象中的重要元素，“玩转接口”是打开面向对象的抽象之门，实现集优雅和灵活于一身的代码艺术。

2. 接口的特征

（1）接口也是一种特殊的抽象类，但定义中没有 class。

（2）派生于接口的类必须实现接口所定义的所有行为。

（3）接口不能被实例化，没有构造函数。

（4）接口成员被隐式声明为 public，不用设置可见性。

3. 接口的 UML 表示

在 UML 规范中，接口的命名以“I”开头。在 UML 建模中，接口是类的 <<interface>>版型。如图 4-23 所示是接口的 2 种表示方式。在用接口的图标（Icon）形式表示时，接口的操作不被列出。

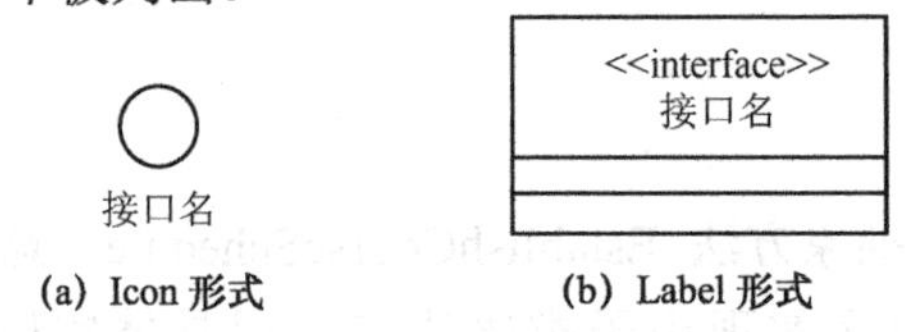

图 4-23　接口的表示方式

4. 接口示例

1）定义接口

例如，我们要定义一个“教书”接口（ITeach），对任何一个对象只要满足以下行为即可以达到“教书”的目的：

（1）同意讲授特定课程；

（2）为课程选定教科书；

（3）批准特定学生选修课程的申请。

根据以上需求，定义如下方法头：

```
public bool AgreeToTeach (Course c);
public void DesignateTextBook (TextBook b,Course c);
public bool ApproveEnrollment (Student s,Course C);
```

这一系列的方法头共同定义了程序中的一种角色的意义——教书。将这些方法放在一起，即可形成一个接口（ITeach），该接口定义了要“教书”必须满足的行为规范。

```
public interface ITeach
{
      bool AgreeToTeach ( Course c );
      void DesignateTextBook ( TextBook b , Course c );
      bool ApproveEnrollment ( Student s , Course C );
}
```

需要注意的是，接口中的方法隐含的是 public 和 abstract。

2）实现接口

定义了类似 ITeach 这样的接口之后，我们就能指定不同的类作为教师，如 Professor、Student、Person，只需要类实现接口。例如：

```
public class Professor implements ITeach
{
       ….具体实现….
}
```

5．抽象类与接口的区别

（1）抽象类经常会指定具体的数据结构（属性）以及一些抽象方法和具体方法的混合体，而对于接口，我们只指定抽象行为。所以，从抽象程度上看，接口比抽象类更抽象。

（2）当从抽象类派生一个具体类时，派生类通过覆盖实现，方法头要用 Override 关键字；当类实现一个接口时，该类必须提供接口声明的所有方法的具体实现，类也不是覆盖方法，方法头上并不需要 override 关键字。

（3）从抽象类派生的类不一定要覆盖所有抽象方法，如一个或多个抽象方法没有被实现，则派生类也是抽象类；实现接口的类则必须实现所有接口定义的方法。

下面以一个 Java 程序为例区别以下抽象类与接口。

```
//把 Teacher 声明为抽象类:
public abstract class Teacher
{
       //抽象类可能会声明数据结构。
      string name;
```

```
        string employeeId;
        //使用关键字 abstract 声明抽象方法。
        public abstract void AgreeToTeach (Course c) ;
        public abstract void DesignateTextbook (TextBook b,Course c) ;
         //抽象类可能会声明具体方法。
        public void Print () {
            Console.WriteLine (name) :
        }
}
//把 ITeach 声明为接口:
public interface ITeach
{
        //接口不声明数据结构。
        //不能加上 public 或 abstract 关键字。
    void AgreeToTeach ( Course c) ;
    void DesignateTextbook ( TextBook b,Course c) ;
        //接口不声明具体方法。
}
//从 Teacher 类派生 Professor 类:
public class Professor extends Teacher
{
      // Professor 类从父类继承所有属性，而且可以有选择地增加属性。
      //细节从略。
      //覆盖从 Teacher 类继承的抽象方法。
      public override void AgreeToTeach ( Course c) {
       //方法体逻辑在这里体现，细节从略。
      }
      //可能增加的其他方法。
      //细节从略。
}
//Professor 类实现 ITeach 接口:
public class Professor implements ITeach
{
      //类必须提供自己的数据结构，而接口无法提供。
      string name;
      string employeeId;
        //实现 ITeacher 接口的方法，无须使用 override 关键字。
      public void AgreeToTeach ( Course c) ;
    {
       //方法体逻辑在这里体现，细节从略。
    }
      //其他抽象方法的实现。
      //可能增加的其他方法。
      //细节从略。
}
```

6. 实现多个接口

在 Java、C#等主流面向对象编程语言中，不能实现多继承，但是可以实现多个接口。我们在前面“教书”接口（ITeach）的基础上，再定义一个“承担行政工作”接口（IAdmin），具有“同意开设新课”和“聘任教授”等行为，接口定义如下：

```
public interface IAdmin  //接口
{
    bool approveNewCourse (Course c) ;
    bool hireProfessor (Professor p) ;
}
```

那么，在问题域中，除大多数教授仅承担教学工作（ITeach）外，还有部分教授同时承担行政工作（IAdmin），如系主任。在 Java 程序中，该部分教授就需要同时实现两个接口：

```
Public class Professor implements ITeach,IAdmin
{
    …//省略
}
```

7. 类与接口的区别

（1）类既有属性又有操作；接口只是声明了一组操作，没有属性。

（2）在一个类中定义了一个操作，就要在这个类中真正地实现它的功能；接口中的操作只是一个声明，不需要在接口中加以实现。

（3）类可以创建对象实例；接口则没有任何实例。

4.5.3 类版型

在进行面向对象分析和设计时，UML 中有 3 种主要的类版型，即边界类（Boundary Class）、控制类（Control Class）和实体类（Entity Class）。如何确定系统中的类是一个比较困难的工作，引入边界类、控制类和实体类的概念有助于分析人员和设计人员确定系统中的类。

1. 实体类

实体类是问题域中的核心类，一般从客观世界中的实体对象归纳和抽象出来。实体类用于保存需要放进持久存储体的信息。持久存储体就是数据库、文件等可以永久存储数据的介质。实体类在信息系统运行时在内存中保存信息。

通常每个实体类在数据库中有相应的表，实体类中的属性对应数据库中的表中的字段。这并不是意味着，实体类和数据库中的表是一一对应的，有可能是一个实体类对应多个表，也可能是多个实体类对应一个表。至于如何对应，是数据库模式设计方面要讨论的问题。

实体类的对象是永久性的，它的生存时间长于会话生命周期。实体类的识别一般在需求分析（领域建模）阶段进行。实体类通常用领域术语命名。

2．边界类

边界类位于系统与外界的交界处，它是系统内的对象和系统外的参与者的联系媒介。外界的消息只有通过边界类的对象实例才能发送给系统。

窗体（form）、对话框（dialogbox）、报表（report）、直接与外部设备（如打印机和扫描仪）交互的类、直接与外部系统交互的类等都是边界类的例子。

边界类的识别一般在系统设计阶段进行。

边界类是系统内部与系统外部的参与者之间进行交互建模的类。边界类依赖于系统外部的环境，如参与者的操作习惯、外部的条件的限制等。它或者是系统为参与者操作提供的一个 GUI，或者是系统与其他的系统之间进行一个交互的接口，所以当外部的GUI 变化时，或者是通信协议有变化时，只需要修改边界类就可以了，不用再去修改控制类和实体类。参与者通过它来与控制对象交互，实现用例的任务。

边界类调用用例内的控制类对象，进行相关的操作。

一个系统可能会有多种边界类：用户界面类——帮助与系统用户进行通信的类；系统接口类——帮助与其他系统进行通信的类；设备接口类——用来监测外部事件的设备（如传感器）提供接口的类。

3．控制类

控制类用于对一个或几个用例所特有的控制行为进行建模，它描述用例的业务逻辑的实现方法，控制类的设计与用例实现有着很大的关系。通常针对一个用例，就会对应生成一个控制类。在有些情况下，一个用例可能对应多个控制类对象，或在一个控制类对象中对应着多个用例。它们之间没有固定的对应关系，而是根据具体情况进行分析判断，控制类有效地将业务逻辑独立于实体数据和边界控制，专注于处理业务逻辑，控制类会将特有的操作和实体类分离，有利于实体类的统一化和提高复用性。

当系统通过边界类来执行用例的时候，会产生一个控制类对象，在用例被执行完后，控制类对象会被销毁。

控制类的特点：①独立于环境；②与用例的实现关联；③使用关联实体类，操作实体类对象；④专注于业务逻辑的实现。

当然如果用例的逻辑较为简单，可以直接利用边界类来操作实体类，而不必再使用控制类，例如对数据的增、删、查、改。或者用例的逻辑较为固定，业务逻辑固定不会改变，也可以直接在边界类实现该逻辑。

4．类版型的表示方式

在 UML 中，实体类、边界类和控制类的表示方法如图 4-24 所示。

图 4-24　类版型的表示方式

4.6 静态结构建模实例

家庭医生签约系统为医生与居民提供签约服务。家庭医生在线下对签约服务进行宣讲，居民自愿选择签约。居民可以在小程序端填写个人档案，选择医生签约。医生收到签约申请后，为其选择服务项目，签订协议后视为签约成功。

4.6.1 识别对象和类

通过对问题域的分析，运用名词短语识别法，获得“家庭医生签约系统”的候选类有医生类、居民类、个人档案类、服务项目类、签约协议类、平台管理员类、健康知识类。

4.6.2 识别属性与操作

分析上述对象的特征，可以列举出各个对象的主要属性和主要操作。

医生类包括医生的姓名、账号、密码、身份证号、所属机构等主要属性，包括查看签约情况、管理居民档案等主要操作。

对于医生类来说，还可以具体分为“医生组长”和“一般医生”。二者都具有“医生”的一般属性，如姓名、账号、密码、身份证号、所属机构等。但同时他们各自还具有一些不同的属性。如“一般医生”具有医生状态属性，具有管理签约信息、加入医生组、退出医生组等操作。“医生组长”具有审核签约信息、管理医生等操作。

居民类包括居民的姓名、身份证号、联系电话、性别、家庭住址等主要属性，包括填写个人档案、申请签约、申请解约、查看签约信息等主要操作。

服务项目类包括项目编号、项目名称、项目类型、适用人群、建包机构等主要属性，包括添加、修改、删除、查看详情等主要操作。

个人档案类包括档案号、姓名、身份证号、录入日期、建档机构、录入人等主要属性，包括添加、修改、查询等主要操作。

签约协议类包括医生信息、居民信息、双方职责、服务明细等主要属性，包括签约居民、解约居民等主要操作。

平台管理员类包括管理员的账号、密码、联系方式等主要属性，包括管理健康知识、管理服务项目、管理医生团队等主要操作。

健康知识类包括标题、内容、发布日期等主要属性，包括添加、删除、修改、查询等主要操作。

4.6.3 识别关系

（1）居民选择医生签约，一个医生可以签约零个或多个居民，居民仅能选择一个医生进行签约。因此医生类和居民类之间是一对多的关联关系。

（2）医生在签约时选择服务项目，一个医生可以选择零个或多个服务项目。因此医生类和服务项目类之间是一对多的关联关系。

（3）每个居民具有一份个人档案，一份个人档案仅属于一个居民。因此居民类与个人档案类之间是一对一的聚合关系。

（4）如果医生与居民签约成功，则产生一份签约协议。因此签约协议类是医生类和居民类的关联类。

（5）平台管理员发布健康知识，一名平台管理员可以不发布或者发布多条健康知识，本系统仅有一名平台管理员。因此平台管理员类与健康知识类之间是一对多的关联关系。

根据属性与操作绘制“家庭医生签约系统”的类图，如图4-25所示。

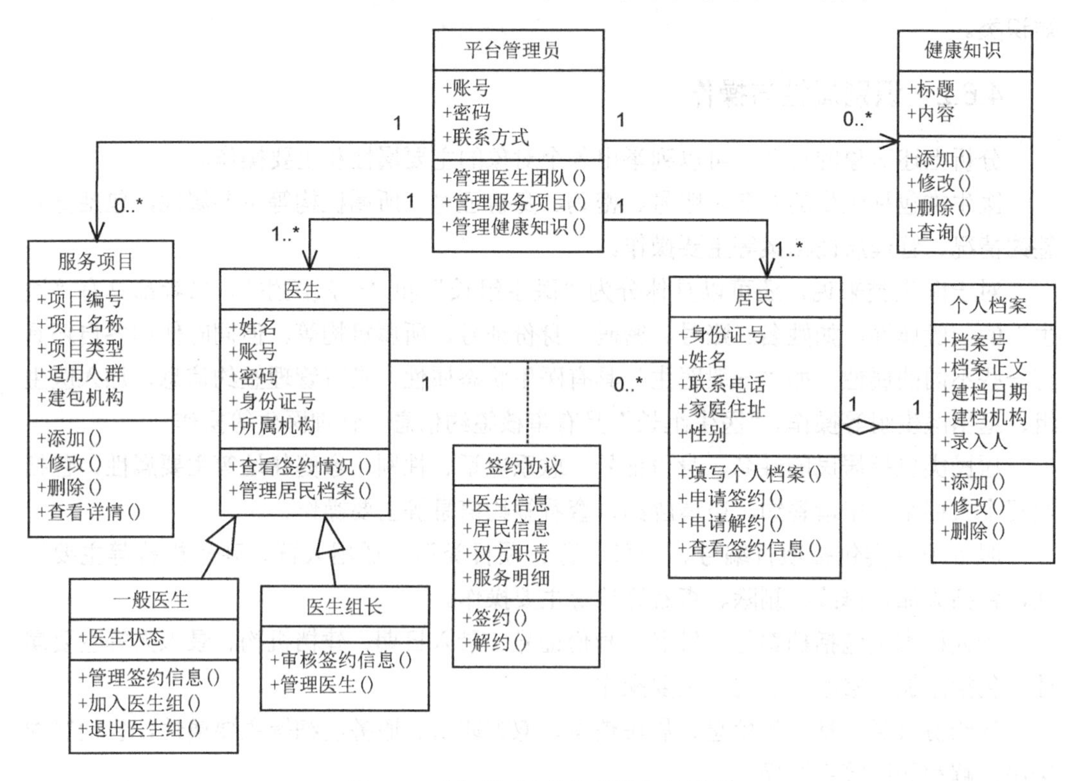

图4-25 “家庭医生签约系统”的类图

本章小结

静态结构建模是面向对象系统分析的主要内容，即运用面向对象方法，对问题域和系统责任进行分析与理解，找出描述问题域和系统责任所需要的对象与类，定义对象（类）的属性、操作以及对象（类）之间的关系，目标是建立一个符合问题域、满足用户需求的对象静态模型——类图。

面向对象的分析强调用对象的概念对问题域中的事物进行完整的描述，刻画事物的数据特征和行为特征；同时，也要如实地反映问题域中事物之间的各种关系，类之间可以有关联、聚合、组成、泛化、依赖等关系。

抽象类和接口为面向对象方法提供了抽象机制。版型是 UML 中非常重要的一种扩展机制，UML 之所以有强大而且灵活的表示能力，与版型这种扩展机制有很大的关系。边界类、控制类和实体类是对类的一种划分，它们都是类的版型。

本章习题

一、单选题

1．面向对象分析需要找出软件需求中客观存在的所有实体对象、概念，然后归纳、抽象出实体类。（　　）是寻找实体对象的有效方法之一。

A．会议调查　　B．问卷调查　　C．电话调查　　D．名词分析

2．以下关于类和对象的叙述中，错误的是（　　）。

A．类是具有相同属性和服务的一组对象的集合

B．类是一个对象模板，用它仅可以产生一个对象

C．在客观世界中实际存在的是类的实例，即对象

D．类为属于该类的全部对象提供了统一的抽象描述

3．在确定类时，候选的类是所有的（　　）。

A．名词　　B．形容词　　C．动词　　D．代词

4．通常对象有很多属性，但对于外部对象来说，某些属性应该不能被直接访问，（　　）不是 UML 中的类成员访问限定性。

A．public　　B．protected　　C．private　　D．friendly

5．下列关于一个类的静态成员的描述中，不正确的是（　　）。

A．类的静态方法只能访问该类的静态数据成员

B．静态数据成员可被该类的所有方法访问

C．该类的对象共享其静态数据成员的值

D．该类的静态数据成员的值不可修改

6．对象可由标识此对象的名、属性和（　　）组成。

A．说明　　B．过程　　C．方法　　D．类型

7．当采用标准 UML 构建系统类图时，若类 B 除具有类 A 的全部特性外，类 B 还可定义新的特性以及置换类 A 的部分特性，那么类 B 与类 A 具有（　　）关系

A．聚合　　B．泛化　　C．传递　　D．迭代

8．根据下面的代码，判断下面哪个叙述是正确的？（　　）

```
public class HouseKeeper{
    private TimeCard timecard;
    public void clockIn()
```

```
    {
      timecard.punch();   }
  }
```

A．类 HouseKeeper 和类 TimeCard 之间存在关联（Association）关系

B．类 HouseKeeper 和类 TimeCard 之间存在泛化（Generalization）关系

C．类 HouseKeeper 和类 TimeCard 之间存在实现（Realization）关系

D．类 HouseKeeper 和类 TimeCard 之间存在包含（Inclusion）关系

9．在采用 UML 进行软件建模的过程中，类图是系统的一种静态视图，（　　）可以明确表示两类事物之间存在的整体/部分形式的关联关系。

A．依赖关系　　B．聚合关系　　C．泛化关系　　D．实现关系

10．在一个网络游戏系统中，定义了类 Cowboy 和类 Castle，并在类 Cowboy 中定义了方法 open（c：Castle）和方法 Close（c：Castle），则类 Cowboy 和类 Castle 之间的关系是（　　）。

A．依赖关系　　B．组合关系　　C．泛化关系　　D．包含关系

11．有一种特殊的类称为抽象类，其主要特征是（　　）。

A．没有实例　　B．抽象地包括了大量的实例

C．没有子类　　D．对数据类型的抽象

12．在面向对象分析与设计中，（　　）是系统内对象和系统外参与者的联系媒介。

A．控制类　　B．边界类　　C．实体类　　D．软件类

二、判断题

1．对象由一组属性和作用于属性上的操作组成。（　　）

2．对象就是类，类就是对象，两者概念相似，可以相互转换。（　　）

3．仅用于操作类属性的操作，称为类范围的操作。（　　）

4．继承关系有时也称为泛化关系。（　　）

5．继承可以理解为，如果类 A 继承类 B，则类 B 也继承类 A。（　　）

6．Java 中包括单继承和多继承。（　　）

7．0...1 表示类 A 最多与类 B 的一个对象关联。（　　）

8．0..*表示类 A 与类 B 的零个或者多个对象关联。（　　）

9．组合是聚合的一种，且整体管理部分的生存期。（　　）

10．从强度上来说，聚合关系的紧密程度高于组合关系。（　　）

三、类图建模综合题

1．根据下面的描述，建立一个 UML 类图。

（1）期刊必有一个“title”属性。

（2）每期期刊必有一篇或多篇文章。

（3）每篇文章必有一个或多个作者。

（4）作者必有一个“name”属性。

（5）一个作者可能发表一篇到多篇论文。

（6）文章必有一个“title”属性。

（7）文章必有一个“summary”属性。

（8）文章必有一个“keyword”属性。

（9）一篇文章要参考0篇到多篇参考文献。

2. 图书管理系统功能性需求说明如下。

图书管理系统能够为一定数量的借阅者提供服务。每个借阅者能够拥有唯一标识其存在的编号。图书馆向每一个借阅者发放图书证，其中包含每一个借阅者的编号和个人信息。提供的服务包括：提供查询图书信息、查询个人信息服务和预订图书服务等。

当借阅者需要借阅图书、归还书籍时需要通过图书管理员进行，即借阅者不直接与系统交互，而是通过图书管理员充当借阅者的代理与系统进行交互。

系统管理员主要负责系统的管理维护工作，包括对图书、数目、借阅者的添加、删除和修改。并且能够查询借阅者、图书和图书管理员的信息。

可以通过图书的名称或图书的ISBN/ISSN号对图书进行查找。

问题：确定该系统中的类，找出类之间的关系并画出类图。

第 5 章　系统分析与动态行为建模

引导案例：赤壁之战与系统建模

众所周知，三国演义中有一场经典战役——火烧赤壁，孙刘联军在此战中大败曹操，奠定了三国分立的基础。可以用如图 5-1 所示的用例图来表示该场景。

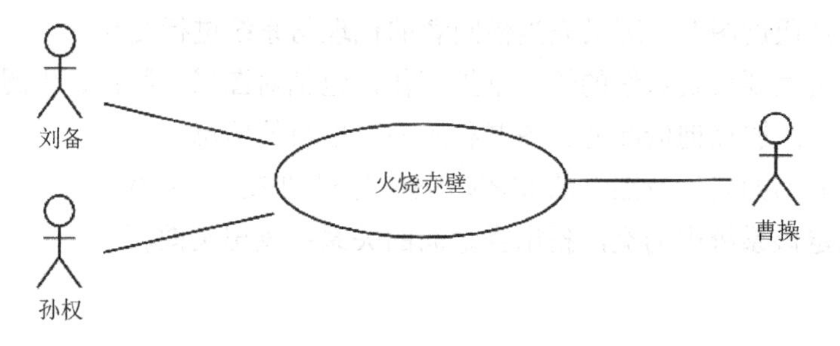

图 5-1 “赤壁之战”的用例图

赤壁之战的开端（用例的前置条件），是曹操追杀刘备，刘备大败后逃至夏口（有著名的长坂坡之战）。然后曹操觉得百万雄师都跑这么远了，只是灭个小小刘备那不划算啊，把东吴孙权也一锅端了吧，于是，发出了挑战书。刘备没得选择，不战即死，当然得应战，可是东吴那边呢，还有个投降的选项，于是犹豫不决。刘备与军师诸葛孔明一商量，一边派关张兄弟去荆州防守，另一边军师亲自过江，舌战群儒，终于说服了孙权，派出了周瑜前往赤壁。这之后还有孔明草船借箭、借东风等家喻户晓的故事。这些一个接一个的事件，构成著名的赤壁之战。

如果用顺序图来模拟一下这个场景的话，我们会发现，呀，一目了然嘛！如图 5-2 所示。

进一步分析，可以发现，曹操、刘备、孙权这三个对象，是分属于不同阵营的领袖，即他们都属于“领袖”类，同理，孔明属于“军师”类，关张二将属于“武将”类，肯定还会有“文官”等，不过图 5-2 这个场景中并没有出现。

经过进一步的分析，图 5-2 中的赤壁之战的场景就可以细化为如图 5-3 所示的场景，而相关的类如图 5-4 所示。

如图 5-2 和图 5-3 所示，顺序图由一组对象构成，每个对象分别带有一条竖线，称为对象的生命线，它代表时间轴，时间沿竖线向下延伸。

顺序图描述了这些对象随着时间的推移相互之间交换消息的过程。消息用从一条垂直的对象生命线指向另一个对象的生命线的水平箭头表示。图中还可以根据需要增加有关时间的说明和其他注释，“赤壁之战”的相关类如图 5-4 所示。

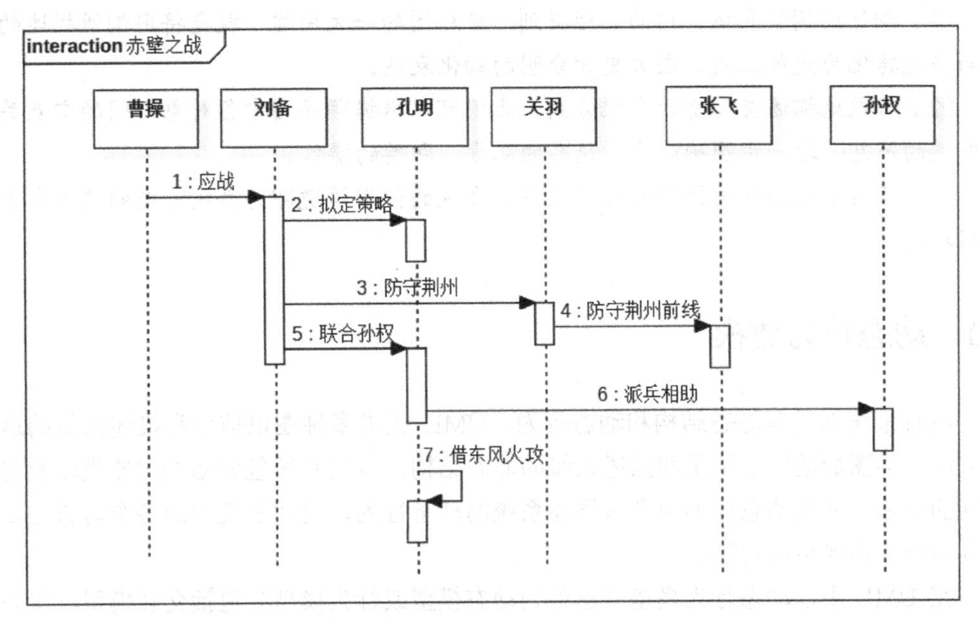

图 5-2 “赤壁之战”的顺序图（草图）

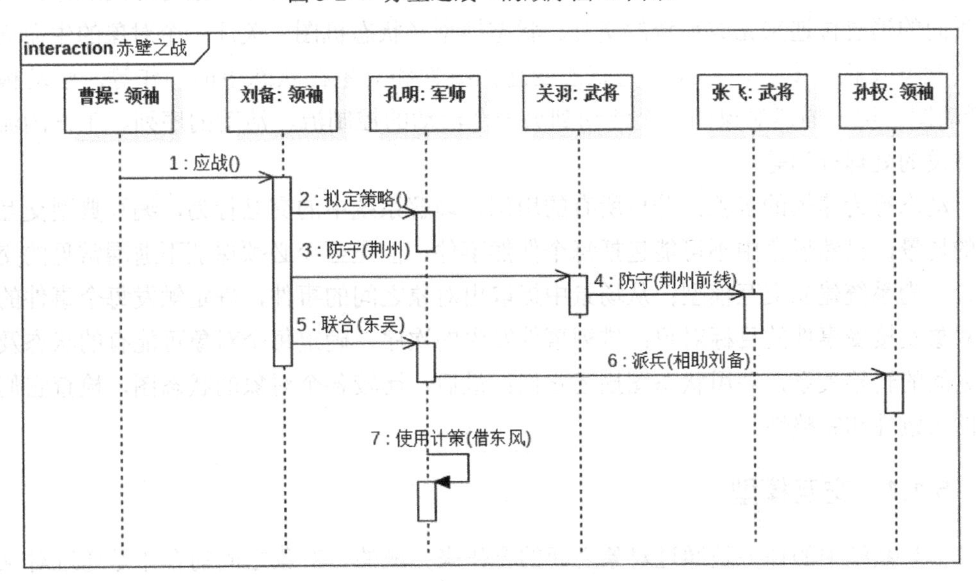

图 5-3 “赤壁之战”的顺序图

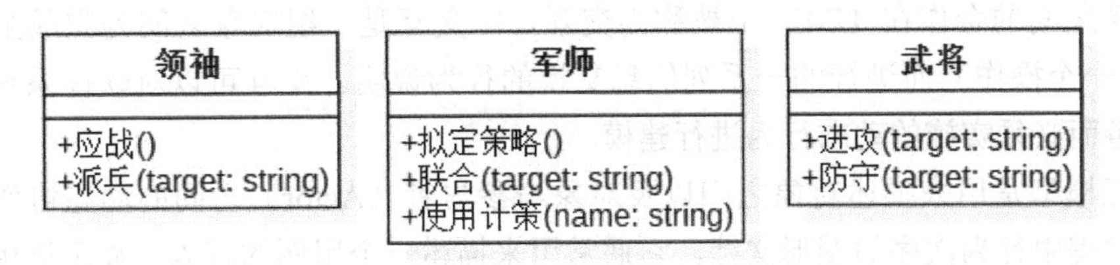

图 5-4 “赤壁之战”的相关类

顺序图是按时间顺序描述一个交互及消息传递的一种方式，主要有以下3种作用。

（1）细化用例的表达。前面已经提到，顺序图的一大用途，就是将用例所描述的需求与功能转化为更加正式、层次更加分明的细化表达。

（2）有效地描述类职责的分配方式。我们可以根据顺序图中各对象之间的交互关系和发送的消息来进一步明确对象所属类的职责，即类的操作。

（3）丰富系统的使用语境的逻辑表达。系统的使用语境即为系统可能的使用方式和使用环境。

5.1 动态行为建模

所有系统都具有静态结构和动态行为。UML 提供多种图以捕获和描述系统的这两个方面。类图最适用于记录和描述系统的静态结构，说明系统包含哪些对象类以及它们之间的关系；使用动态行为模型来描述系统的动态行为，说明系统中的各个对象是如何交互协作来实现系统功能的。

在 UML 中，动态行为模型（也称为动态模型或行为模型）包括交互模型、状态模型和活动模型。交互模型（顺序图和通信图）强调对象间的合作关系与时间顺序，通过对象间的消息传递来完成系统的交互。状态模型（状态机图）关注一个对象的生命周期内的状态及状态变迁，以及引起状态变迁的事件和对象在状态中的动作等。活动模型（活动图）用于描述对象的一个活动到另一个活动的控制流、活动的序列、工作的流程和并发的处理行为等。

动态行为建模的步骤：分析所有的用例，理解系统中的交互行为，编写典型交互序列的场景，虽然场景中不可能包括每个偶然事件，但是至少必须保证不遗漏常见的交互行为，为系统建立交互模型；从场景中提取出对象之间的事件，确定触发每个事件的动作对象及接受事件的目标对象；排列事件发生的次序，确定每个对象可能有的状态及状态之间的转移关系，并用状态图描述它们；最后，比较各个对象的状态图，检查它们之间的一致性和完整性。

5.1.1 交互模型

信息系统中的任务是通过对象之间的合作来完成的。对象之间的合作是通过对象之间的消息的传递实现的。

对象之间的合作在 UML 中被称为交互，即交互是一组对象之间为完成某一任务（如完成一个操作）而进行的一系列信息交换的行为说明。交互可以对软件系统为实现某一任务而必须实施的动态行为进行建模。

交互模型是用来描述对象之间以及对象与参与者（Actor）之间的动态协作关系以及协作过程中行为次序的图形文档。它通常用来描述一个用例的行为，显示该用例中所涉及的对象和这些对象之间的消息传递情况。因此，可以使用交互模型对用例图中的控制流（用例描述）建模，用它们来描述用例图的行为。

交互模型包括顺序图和通信图两种形式。顺序图着重描述对象按照时间顺序的消息交换，通信图着重描述系统成分如何协同工作（即侧重于空间的协作）。顺序图和通信图从不同的角度表达了系统中的交互及系统的行为，它们之间可以相互转化。一个用例通常需要一个或多个顺序图或通信图，除非用例特别简单。

交互模型可以帮助分析人员对照检查每个用例中所描述的用户需求，审查这些需求是否已经落实到能够完成这些功能的类中去实现，提醒分析人员去补充遗漏的类或方法，交互模型和类图可以相互补充，类图对系统中的所有类及对象的描述比较充分，但对对象之同的消息交互情况不进行描述；而交互模型不考虑系统中的所有类及对象，但可以表示系统中某几个对象之间的交互。

需要说明的是，交互模型描述的是对象之间的消息发送关系，而不是类之间的关系。在交互模型中一般不会包括系统中所有类的对象，但同一个类可以有多个对象出现在交互模型中。交互模型适合于描述一组对象的整体行为，其本质是对象间协作关系的模型。

5.1.2 状态模型

在面向对象建模中，对象的行为是通过其操作来描述的，而整个系统的行为主要体现于其中各个对象的行为以及通过消息所发生的行为联系。然而，对那些状态比较复杂，而且在不同状态下其行为会呈现许多变化的对象，如果不分析和辨别它的各种状态，只是笼统地来认识对象的行为，往往难以把各种情况都考虑得很周全。因此，对一些状态复杂的对象进行状态建模，将有助于准确、精细地定义对象的属性和操作。

在 UML 中，状态机图是描述一个实体基于事件反应的动态行为，显示了该实体如何根据当前所处的状态对不同的事件做出反应，状态机图就是对一个状态模型进行描述。

5.1.3 活动模型

活动模型描述的是从活动到活动的控制流，用于描述多个对象在交互时采取的活动，它关注对象如何相互活动以完成一个事务。

活动图的主要用途有两种：一是为业务流程建模；二是为对象的特定操作建模。

在第 3 章中对活动图的介绍主要是为了分析用例，或理解涉及多个用例的工作流程，除此之外，活动图还可以描述具体的操作过程，如处理多线程应用等。因此，活动图可以在系统需求分析阶段使用（描述用例），也可以在系统设计阶段使用。

对于活动图建模的内容本章不再赘述。

5.2 顺序图建模

所有系统都具有静态结构和动态行为。UML 提供多种图以捕获和描述系统的这两个方面。类图最适用于记录和描述系统的静态结构。而状态机图、顺序图、通信图和活动图最适用于表示系统的行为（动态特性）。

前面在第 3 章我们已经学习了用例图，用例的交互过程是需要表现出来的，这种交互过程通常采用交互图来表示。交互图包括顺序图与通信图，其中，顺序图用于描述执行系统功能的各个不同角色之间相互协作、传递消息的顺序关系。本节将介绍顺序图的相关概念以及绘制顺序图的方法。

5.2.1 顺序图概述

在介绍顺序图之前，我们先来回忆一下用例的概念，用例是一个系统提供给参与者的外部接口，代表着一系列交互步骤，最终目标是要实现参与者的目标。用例的表达应该简洁至上，即越朴素越好，越不涉及代码知识越好，而且用例很难与类、接口等元素一一对应。因此，为了方便开发人员统筹和协调各个类和对象，UML 对用例所概括的参与者与类之间的交互行为提供了一些表达方式，顺序图就是其中的一种。

1. 顺序图的基本概念

顺序图（Sequence Diagram，也被译为序列图或时序图）是按时间顺序表示对象之间以及对象与参与者之间交互的图。具体来说，它显示了参与交互的对象和对象之间所交换的信息的先后顺序，用来表示用例中的行为，并将这些行为建模成信息交换。

顺序图可以用来描述场景，也可以用来详细表示对象之间及对象与参与者之间的交互。在系统开发的早期阶段，顺序图应用在高层表达场景上；在系统开发的后续阶段，顺序图可以显示确切的对象之间的消息传递。顺序图是由一组协作的对象及它们之间可发送的消息组成的，强调消息之间的顺序。正是由于顺序图具备了时间顺序的概念，从而可以清晰地表示对象在其生命周期的某一时刻的动态行为。顺序图可以说明操作的执行、用例的执行或系统中的一次简单的交互情节。

在面向对象的动态行为模型中，消息是作为对象间的一种通信方式来表示的。具体来说，消息是连接发送者和接收者的一根箭头线，箭头的类型表示消息的类型。

两个对象之间的交互表现为一个对象发送一个消息给另一个对象。通常情况下，当一个对象调用另一个对象中的操作时，消息通过一个简单的操作调用来实现；当操作执行完成时，控制和执行结果返回给调用者。

2. 顺序图与用例图、类图的关系

通过前面的内容，我们可以进一步比较用例图、类图和顺序图，如表 5-1 所示。从某种意义上讲，用例图也表示动态行为，表示的是系统外部对象（参与者）与系统这两“大”对象之间的互动；而顺序图表示的是系统内部一群“小”对象之间的互动。

表 5-1　3 种 UML 图的比较

用　例　图	类　　图	顺　序　图
动态行为（系统外在行为）	静态结构（系统内在结构）	动态行为（系统内在行为）
参与者	类	对象

（续表）

用　例　图	类　　图	顺　序　图
包含、扩展	关联、泛化、聚合等	消息
用例描述	类的版型	BCE 模式

另外，顺序图关联了类图与用例图两方面，表示了系统在与参与者互动执行某一个用例期间，系统内部的一群小对象的交互情况。既然顺序图用来表示执行期间系统内部一群对象之间的互动情况，因此在实际操作中，我们经常使用顺序图来表示某一个用例的执行期间系统内部的运作情况。至于系统内部有哪些对象可用，理所当然地规范在类图中。因此，系统分析师先进行类图与用例图的分析，然后尽快通过顺序图来整合用例与类，如图 5-5 所示。

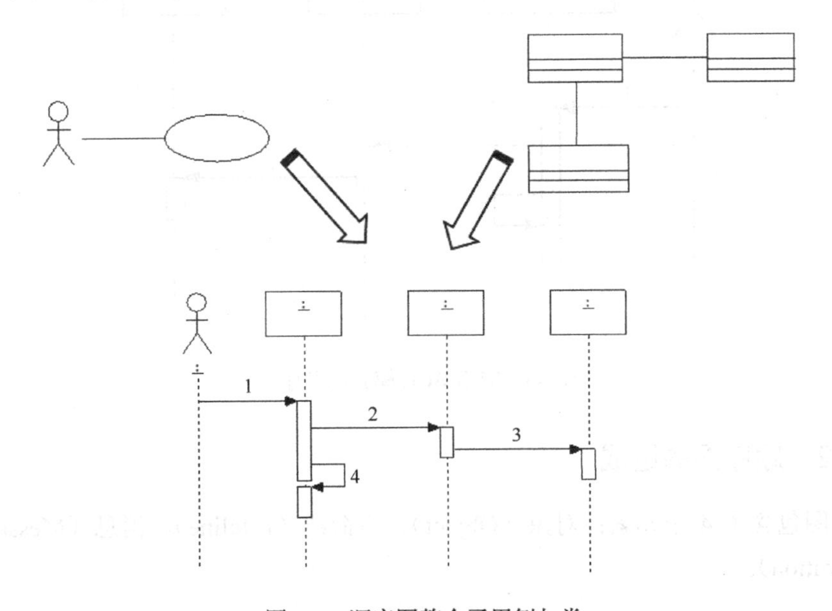

图 5-5　顺序图整合了用例与类

另外，由于在绘制顺序图之前一般已经做过了分析类的工作，所以在顺序图中，可以引入类和对象的概念来帮助建模。当执行一个用例行为时，顺序图中的每一条消息对应了一个类的操作或状态机中引起转换的触发事件。也就是说，顺序图在一个编程人员可以理解的模型基础上对用例进行了翻译，把抽象的各个步骤转化成大致的消息传递序列，供程序员们按图索骥。并且，图这一形式本身用来表达一些序列就是极为恰当的，这也就使得顺序图成为描述一个过程的强有力的工具。

3．BCE 模式

BCE（Boundary-Control-Entity patterns）模式是用例技术的创始人 Ivar Jacobson 提出来的。BCE 模式在概念上很浅显易懂，与著名的 MVC（Model-View-Control pattern）模式概念相似。简单来说，在 BCE 模式中，将对象分为三类：边界类（Boundary Class）、控制类（Control Class）和实体类（Entity Class）。关于类版型在本

书第 4 章做了详细讲述，此处不再赘述。

因此，应用 BCE 模式的顺序图如图 5-6 所示。另外，应用 BCE 模式建立顺序图时，要注意以下几点内容：

（1）针对一个用例，可以对应生成一个控制类；

（2）参与者对象只能与边界对象互动；

（3）实体对象不能发送消息给边界对象和控制对象；

（4）比较特别的是，如果只是单纯对数据表进行增加、删除、修改和查询的话，可以不设置控制对象，让边界对象直接发送消息给实体对象。

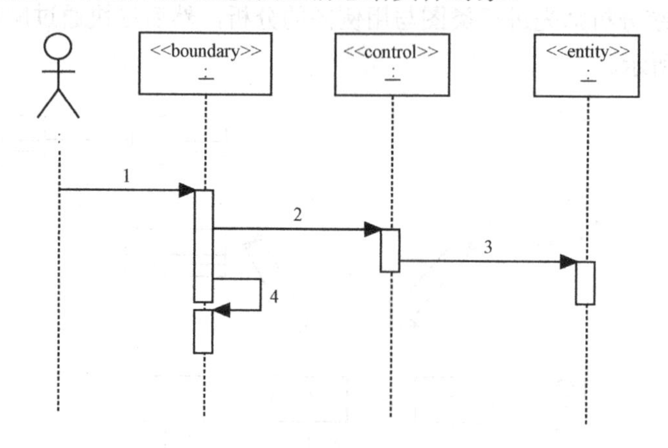

图 5-6　应用 BCE 模式的顺序图

5.2.2　顺序图的组成

顺序图包含了 4 个元素：对象（Object）、生命线（Lifeline）、消息（Message）、激活（Activation）。

1. 对象与生命线

顺序图中的对象与对象图中的概念一样，都是类的实例。顺序图中的对象可以是系统的参与者或者任何有效的系统对象。对象的创建由头符号来表示，即在对象创建点的生命线顶部使用显示对象名和类名的矩形框来标记，二者用冒号隔开，即为“对象名:类名”这种格式，如图 5-7 所示。与对象图相似，对象的名字可以被省略，表示是一个匿名对象。在保证不混淆的情况下，对象所属的类名（包括前面的冒号）也允许被省略。对象在顺序图中的生存周期用一条生命线来表示。生命线位于每个对象的底部中心位置，显示为一条垂直的虚线（如图 5-7 所示）。生命线代表了一次交互中的一个参与对象在一段时间内的存在。也就是说，在生命线所代表的时间内，对象一直是可以被访问的，可以随时发送消息给它。

顺序图中的大部分对象是存在于整个交互过程的，即对象创建于顺序图顶部，其生命线一直延伸至底部。如果一个对象出现在其他位置上（不在顶端），则说明这个对象是在交互执行到某些步骤的时候被创建出来的，如图 5-8 所示的订单类的“张三的订单”对象，以及订单管理页面类的匿名对象。被创建出来的对象可以在接下来的时间里被其他对象的消息所激活，也可以以同样的方式被销毁。对于在交互过程中被创建的对象，其生命线从接收到新建对象的消息时开始。对于在交互过程中被销毁的对象，其生命线在接收到销毁对象的消息时或在自身最后的返回消息之后结束，同时用一个“X“标记表明生命线的结束。

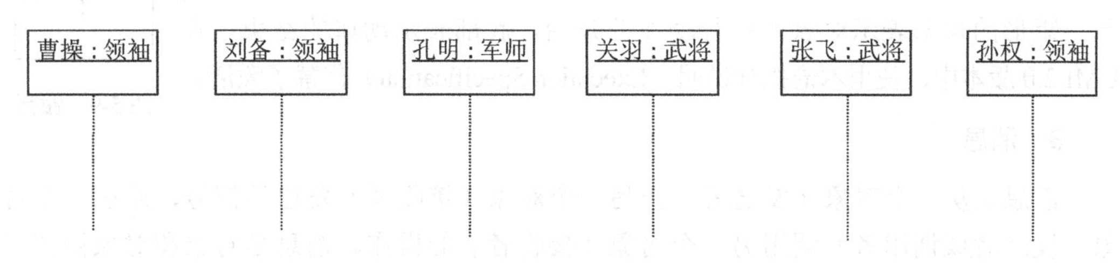

图 5-7　对象与生命线

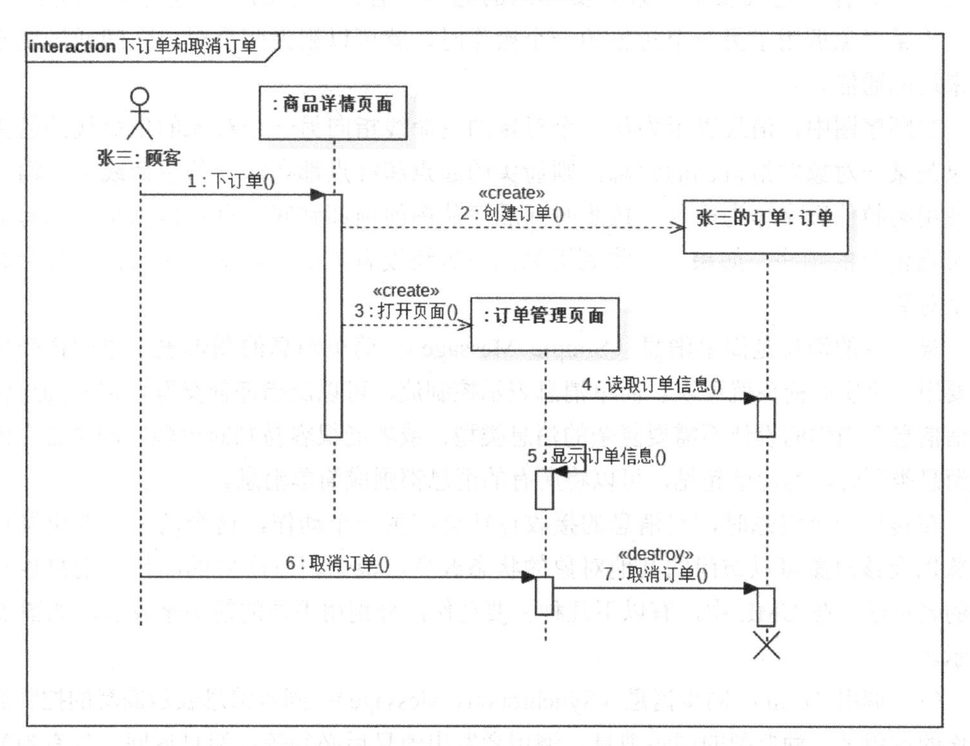

图 5-8　创建订单与取消订单的局部示意图

需要注意的是，上图中的取消订单使用 destroy 命令仅仅是示例。事实上一般网店的订单管理方式中，取消订单操作并不会删除订单，而是把订单的状态修改为“取消”。

2. 激活

激活也称为控制焦点，表示一个对象执行一个动作所经历的时间段。同时，激活也表示该对象在这段时间内不是空闲的，它正在完成某个任务，或者说正被占用。一般来说，一个激活的开始应该是收到了其他对象传来的消息，并在这段激活的时间里处理该消息，执行一些相关的操作，然后反馈或者进行下一步消息传递。通常来说，一个激活结束的时候应该伴有一个消息的发出。

激活在 UML 中用一个细长的矩形表示，显示在生命线上，如图 5-9 所示。矩形的顶部表示对象所执行动作的开始，底部表示动作的结束。在 UML2.0 版本中，使用术语执行说明（Execution Specification）代替了激活。

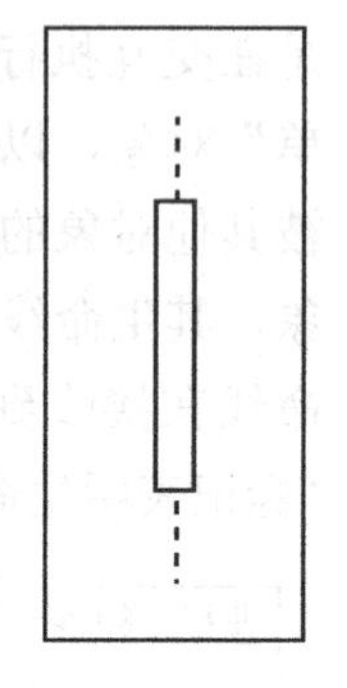

图 5-9　激活

3．消息

消息是从一个对象（发送者）向另一个对象（接收者）发送的信号，或由一个对象（发送者或调用者）调用另一个对象（接收者）的操作。消息是对象和对象协同工作的信息载体，它代表了一系列实体间的通信内容。消息的实现有不同的方式，例如，当某对象调用了另一个对象的一个操作时，就可以视为两个对象之间通过发送消息来达成通信。

在顺序图中，消息表示为从一个对象的生命线指向另一个对象的生命线的箭头。如果是某一对象发给自己的消息，则箭头的起点和终点都在同一条生命线上。消息箭头使用阿拉伯数字作为序号，按照时间顺序从图的顶部到底部垂直排列来表示通信图中发送消息的顺序。如果一个收到消息的对象还没有被激活，那么这条消息将会激活这个对象。

最常见的消息是简单消息（Simple Message）。简单消息的图形表示也同样简单，只要用一个实心箭头就可以。简单消息表示控制流，可以泛指任何交互，但不描述任何通信信息。当你的设计不需要复杂的消息类型，或者能很容易判断出顺序图中各个消息的消息类型时，为简单起见，可以将所有的消息都画成简单消息。

在传送一个消息时，对消息的接收往往会产生一个动作，这个动作可能引发目标对象以及该对象可以访问的其他对象的状态改变。根据消息产生的动作，消息也有不同的表示法。在 UML 中，有以下几种主要动作，分别用不同的箭头来表示，如图 5-10 所示。

（1）调用（Call）/同步消息（Synchronous Message）：同步消息表示嵌套的控制流。操作的调用是一种典型的同步消息。调用者发出消息后必须等待消息返回，只有当处理消息的操作执行完毕后，调用者才可以继续执行自己的操作。调用某个对象的一个操作，可以是对象之间的调用，也可以是对对象本身的调用，即自身调用或递归调用。例如，当对象 A 发送消息调用对象 B 时，对象 A 会等待对象 B 执行完所调用的方法后再继续执行。

（2）异步消息（Asynchronous Message）：表示异步控制流。调用者发出消息后不用等待消息的返回即可继续执行自己的操作，主要用于描述实时系统中的并发行为。

（3）返回（Return Message）：返回消息不是主动发出的，而是一个对象接收到其他对象的消息后返回的消息。很多情况下一个消息的接收都会要求一个返回，但如果把所有对源消息的返回全部绘制在顺序图中，图将变得过于复杂而难以阅读，所以仅需要绘制重要的返回消息即可。

（4）创建（create）：创建一个对象时发送的消息，在 UML 中使用具有<<create>>构造型的消息表示。

（5）销毁（destroy）：销毁一个对象（也允许对象销毁自身）。在 UML 中使用具有<<destroy>>构造型的消息表示。

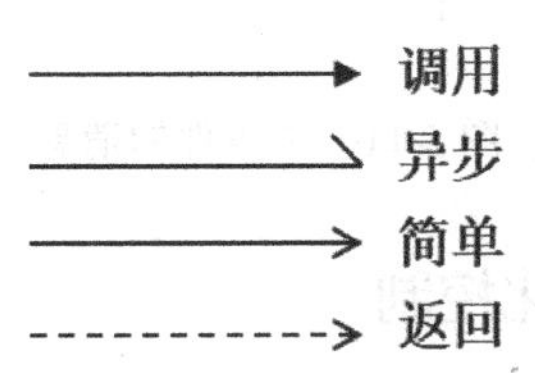

图 5-10　不同的消息

根据消息的并发性来区分，消息可以分为同步消息和异步消息两种，同步是指事务之间非并行执行的一种状态，一般需要一个事务停止工作等待另外一个事务工作的完成。这种“暂停-等待”的行为又称为阻塞。同步消息意味着发出该消息的对象将不再继续进行后续工作，专心等待消息接收方返回消息。同步消息可以通过在箭头上标注“X”来表示。大多数方法调用使用的都是同步消息（因此一般情况下并不需要使用同步消息的表示法）。只有在并行程序中才可能出现非同步的消息，即异步消息。消息发出者在发出异步消息之后，不必等待接收者的返回消息便可以继续自己的活动和操作。例如，编辑软件向打印机发送打印命令后，不必等待打印完成就可以继续编辑。如果异步消息返回，而对象需要接收这个返回消息并调用新的方法，那么这个过程称为“回调”。一般来说，异步消息需要有消息中间件的支持，消息中间件将异步消息存储起来并逐个发送，消息返回时再经由它准确地送给原发送者。

另外，消息上可以加一个条件。条件是一个布尔表达式，它表示消息执行与否取决于该表达式的值。对条件建模时，在消息前面加一个条件子句，如[x>0]。加条件的消息如图 5-11 所示。一个分支点上的多个可选择的路径理论上可以采用相同的序号，但多数软件会给消息自动排号。

> 建议：在使用顺序图的过程中，尤其是对于 UML 的初学者，很可能会因为复杂的消息符号而导致难以绘制和理解顺序图。在这里推荐一种做法，即所有的消息全部使用简单消息和返回消息的表示法来表示，可以使用不同颜色和字体的文字，在箭头上方做这个消息的类型注释（是否传参、有何目的等），下方做这个消息的同步、异步情况的注释。

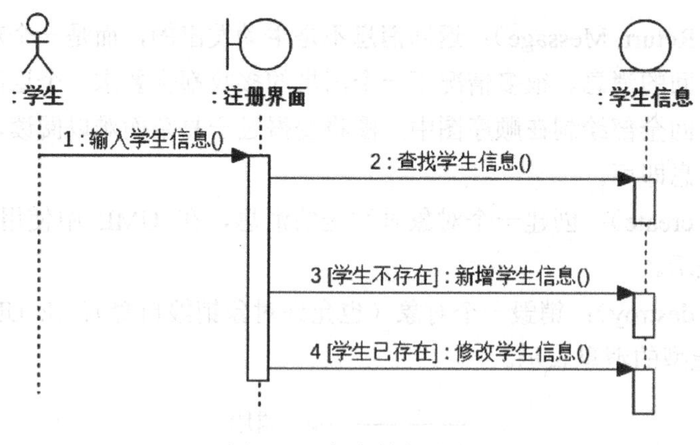

图 5-11　加条件的消息

5.2.3　顺序图中的结构化控制

在顺序图中，除按顺序排列消息之外，还有可能对消息进行选择、循环和并行处理等。如图 5-11 中的加条件的消息，就是一种选择后的分支消息。UML1.*x* 版本中表达这些结构化消息的方式比较有限，加条件是方法之一。UML2.0 以上版本中，提供了"片段"（Fragment）机制，每个片段有一个关键字来表明控制类型，每个片段可以包含一个消息序列甚至更多的子片段，这使得我们可以在顺序图中表达更复杂的动作序列。下面我们来详细说明一下控制操作符。

在 UML2.*x* 版本中将控制操作符表示为顺序图上的一个矩形区域，其左上角有一个小五边形的标签，用来表明控制操作符的类型。这些矩形的交互区域放在对象的生命线上，操作符对穿过它的生命线发挥作用。下面简要介绍几种常见的控制类型。

（1）可选片段：关键字为 opt，表示一种单条件分支。如果执行到该操作符标识的交互区域时中括号中的监护条件成立，那么操作符的主体（即该矩形区域）就会得到执行。

（2）条件片段：关键字为 alt，表示一种多条件分支。如果需要根据控制条件是否满足而做出不同的决策，那么可以在条件执行的片段内部使用水平虚线把交互区域分割成几个分区。当生命线运行到这一区域时，根据片段中注明的条件，选择其中一个分区执行。如果有多于一个监护条件为真，那么选择哪个分区是不确定的，而且每次执行的选择可能不同。如果所有的监护条件都不为真，那么控制将跨过这个控制操作符而继续执行，其中的一个分区可以用特殊的监护条件[else]，如果其他所有区域的监护条件都为假，那么执行该分区。

（3）并行片段：关键字为 par，用水平虚线把交互区域分割成几个分区，表示区域内有两个或更多的并行子片段。当顺序图执行到这一片段时，各子片段并行执行，各子片段中的消息顺序是不确定的，当所有的子片段均执行完毕，并行片段重新收拢到一起，回到同一个顺序流。如果不同的计算之间有交互存在，就不能用这种操作符。然而，现实世界中大量存在这种可分解为独立、并行活动的情况，因此这是一个很有用的操作符。

（4）循环片段：关键字为 loop，表示一个循环。使用循环片段以及循环片段中的条件符号，可以得到一个循环结构，只要被包括在条件符号中的条件仍然满足，那么就继续进行循环块中的工作，直到循环条件为假，跳出循环块，进入下一段生命线。

（5）交互片段：关键字为 ref，表示对一段交互的引用。在一个交互图中使用交互片段来引用其他交互图。其表示方法是在操作符为 ref 的片段矩形中写明引用的交互图名称。当有一段交互需要经常被执行时，可以使用交互片段将其预先“打包”成一个顺序片段，后面在需要再进入这一段流程时仅“调用”这一功能即可。

图 5-12 显示了一个登录用例的简单顺序图的表示法，其中使用了循环片段与可选片段。循环片段用来表示当密码输入错误时用户需要继续停留在登录页面填写密码；可选片段用来表示当密码输入成功时才显示登录成功的提示信息。

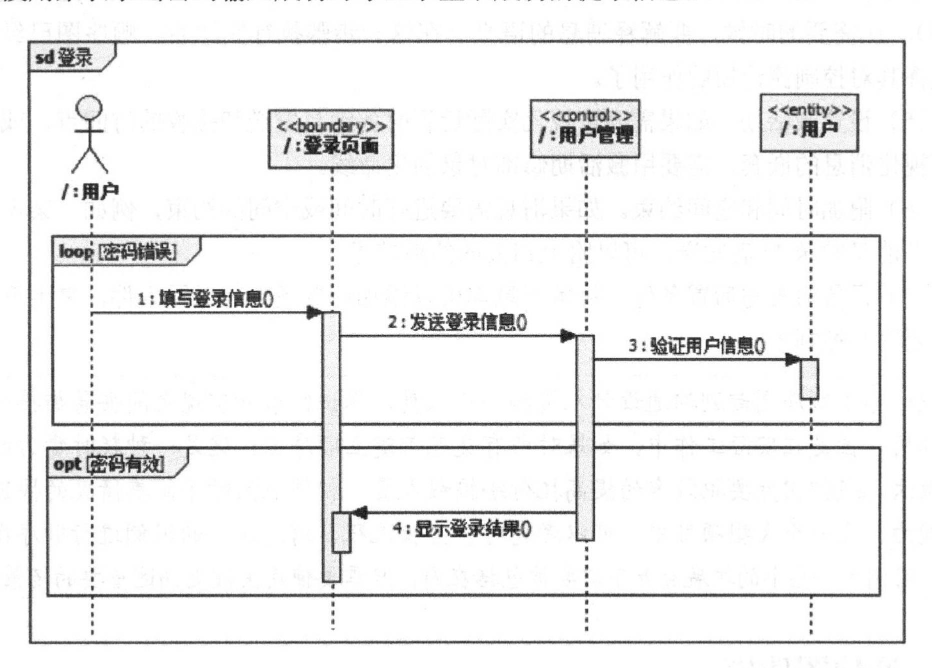

图 5-12　带有结构化控制的顺序图

如果某个生命线并不在某个控制符的覆盖范围内，那么这个生命线就可以在矩形区域的顶部中断，然后在其底部重新开始。图 5-12 的“用户”对象的生命线就是这种情况，在“密码有效”的可选片段中，不需要用到“用户”对象，所以该对象的生命线在这个矩形区域的上方中断，下方继续。

5.2.4　构造顺序图模型

使用顺序图的目的通常是对系统的行为控制流进行建模，包括用例或类的行为，或一个单独的操作。顺序图侧重于按时间顺序对控制流建模，强调按时间展开消息的传送。对于一个复杂的控制流，可以建立多个顺序图，其中包含一个主干顺序图和多个分支顺序图，再通过包机制进行统一管理。

按时间顺序对控制流建模，要遵循以下策略。

（1）设置交互的语境。交互的语境即交互所在的环境，包括交互属于哪个系统、子系统，包含哪些类和对象，对应于哪个用例或协作的脚本等。

（2）设置交互的场景，即识别对象在交互中扮演的角色，根据对象的重要性排列对象的顺序。一般比较重要的对象放在顺序图左边，其他对象放在右边。

（3）为对象设置生命线，通常对象的生命线贯穿于整个交互过程中。对于那些在交互过程中被创建或销毁的对象，要识别其创建或销毁的时机，在适当的时候设置其生命线，并用带有正确构造型的消息显式地指出它们的创建和销毁时机。

（4）按时间顺序排列消息。从引发这个交互的第一条消息开始，在对象的生命线之间按顺序依次画出交互过程中产生的消息，并标记出消息的特性（如参数、返回值及类型等）。在需要的时候，要解释消息的语义。在这一步骤执行完毕后，顺序图已经能大致发挥其对控制流建模的作用了。

（5）设置激活期。如果需要可视化实际运行时各消息发送和接收的时间点，或者需要可视化消息的嵌套，需要用激活期修饰对象的生命线。

（6）附加时间和空间约束。如果消息需要进行时间或空间的约束，例如，某消息要在上条消息发送 3s 后发送，可以附上相关的约束信息。

（7）设置前置与后置条件。每条消息都可以添加前置条件与后置条件，来更形式化地说明这个控制流。

建议：尽管顺序图起到沟通设计人员和编程人员、保证需求和实现之间妥善衔接的重要作用，但是在实际工作中，如果对所有交互都建立顺序图，这是一种耗时费力的低效做法。我们仍然要把效率的提高托付给编程人员，相信他们对于简单情况的快速实现能力。在一个大型项目中，可以考虑对一些长流程、消息复杂的用例进行顺序图建模，用例中一些小的扩展交互不需要被包括在内，只需要使用关键类描述重要的场景。

5.3 通信图建模

5.3.1 通信图的基本概念

与顺序图相似，通信图也是用来表示一个交互过程的图，通信图（Collaboration Diagram，UML1.*x* 规范中称为协作图）是表现对象协作关系的图，它展现了多个对象在协同工作达成共同目标的过程中互相通信的情况，通过对象和对象之间的链、发送的消息来显示参与交互的对象。

通信图强调参加交互的对象的组织，不同于顺序图，一方面，通信图明确显示了元素之间的关系；另一方面，通信图没有将时间作为一个独立的维度，因此消息的顺序和并发的线程必须通过序号来确定。

通信图中的元素主要有对象、消息和链三种。对象和链分别作为通信图中的类元角色和关联角色出现，链上可以有消息在对象间传递。图 5-13 展示了与图 5-1 相对应的“赤壁之战”的通信图。

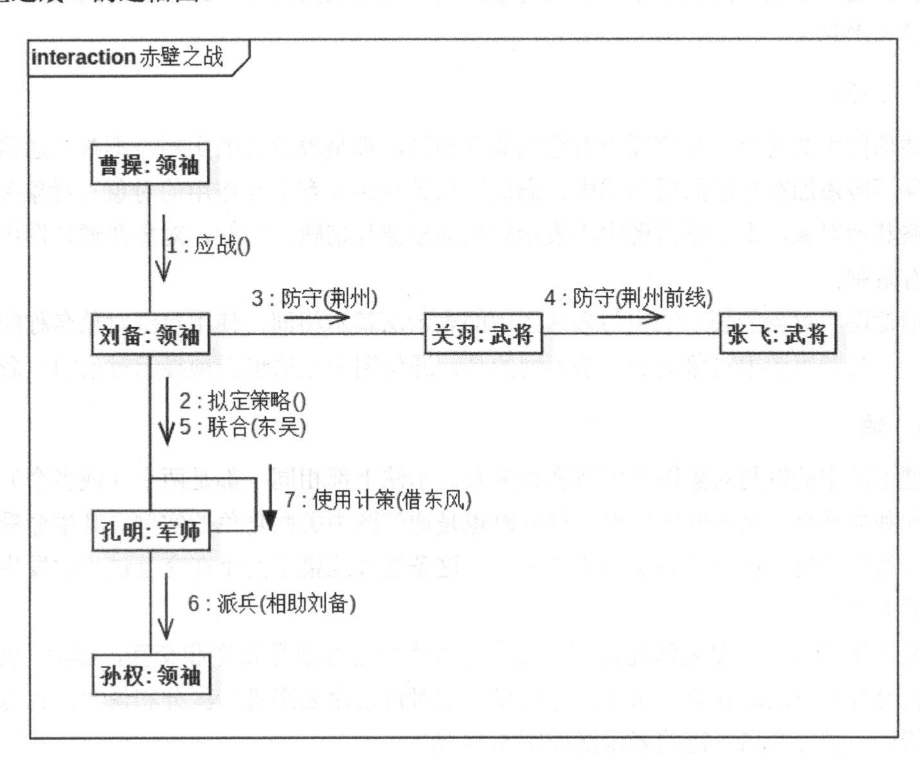

图 5-13 “赤壁之战”的通信图

结合通信图的概念和图形表示，我们可以从结构和行为两个方面来分析通信图。从结构方面来看，通信图包含了一个对象的集合，并且定义了它们之间在行为方面的关系，表达了一些系统的静态内容。然而通信图与类图等静态图的区别在于：静态图描述的是类元的内在固有属性，而通信图描述的则是对象在特定语境下才表现出来的特性。从行为方面来看，通信图与顺序图相似，包含了在各个对象之间进行传递交换的一系列的消息集合，以完成通信的目的，可以说，通信图中表示出了数据结构、数据流和控制流三者的统一。

通信图是一种描述协作在某一语境下的空间组织结构的图形化方式，在使用其进行建模时，主要具有以下 3 个作用。

（1）通过描绘对象之间消息的传递情况来反映具体使用语境的逻辑表达，这与顺序图的作用相似。

（2）显示对象及其交互关系的空间组织结构。

（3）表达一个操作的实现过程。

5.3.2 通信图的组成

通信图强调的是发送和接收消息的对象之间的组织结构，一个通信图显示了一系列对象和在这些对象之间的联系，以及对象间发送和接收的消息。通信图的组成元素有对象、链和消息。

1. 对象

通信图中的对象与顺序图中对象的概念相同，都是表示类的实例。不参与通信过程的对象不应添加在对应的通信图中，通信图只关注相互有交互作用的对象和对象关系，而忽略其他对象，由于通信图中不表示对象的创建与销毁，因此，对象在通信图中的位置没有限制。

通信图中对象的表示法也与顺序图中的表示法基本相同，使用包围对象名称的矩形来表示，与顺序图中对象的表示法不同的是，通信图中无法也无须显示对象的生命线。

2. 链

通信图中的链与对象图中的链在语义及表示法上都相同，都是两个（或多个）对象之间的独立连接，是关联的实例。链同时也是通信图中关联角色的实例，其生命受限于通信图的生命链。链用一条实线段来表示，这条线段连接了两个在交互过程中发生了直接关联的对象。

链连接的两个对象之间允许在交互执行过程中进行消息传递和交互，UML 也允许对象自身与自身之间建立一条链。链可以通过对自己命名来进行区分和说明，也可以仅做连接而不进行命名。链的表示法如图 5-14 所示。

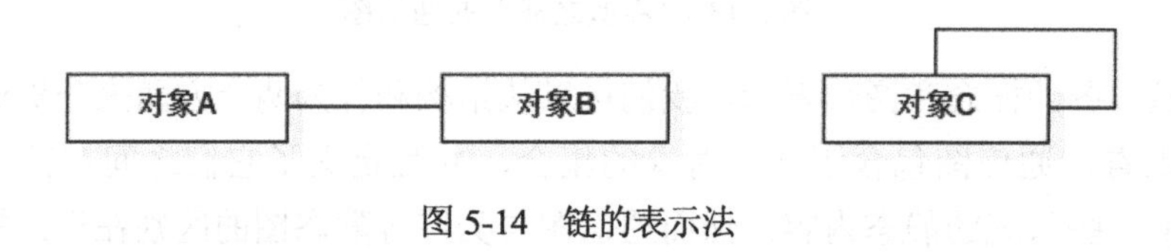

图 5-14 链的表示法

需要注意的是，在通信图中出现的链是动态关联的实例。与动态关联相对的是静态关联。一般情况下，类与类之间的关联关系是在系统运行之前就设计在系统结构当中的，这种形式的关联称为静态关联。但在通信图中，由于各个对象可能在生命周期中参与多个不同的通信，并且需要考虑模块化和低耦合性需求，所以各个对象之间的链是在运行时即时发生的，在必要的消息传递完毕之后，这种关系可能不复存在。

3. 消息

通信图与顺序图相似，同样使用消息来帮助描述系统的动态信息。两种图中消息的作用也基本相同，都是从一个对象（发送者）向另一个对象（接收者）发送信号，或由一个对象（发送者或调用者）调用另一个对象（接收者）的操作。通信图的消息需要附加在对象之间的链上，链用于传输或实现消息的传递。

通信图中的消息通过在链的上方或下方添加一个短箭头来表示，如图 5-15 所示。消息的短箭头指向消息的接收者，一条消息触发接收者的一项操作，消息的名称显示在消息箭头旁，通常需要使用阿拉伯数字作为序号来表示通信图中发送消息的顺序。

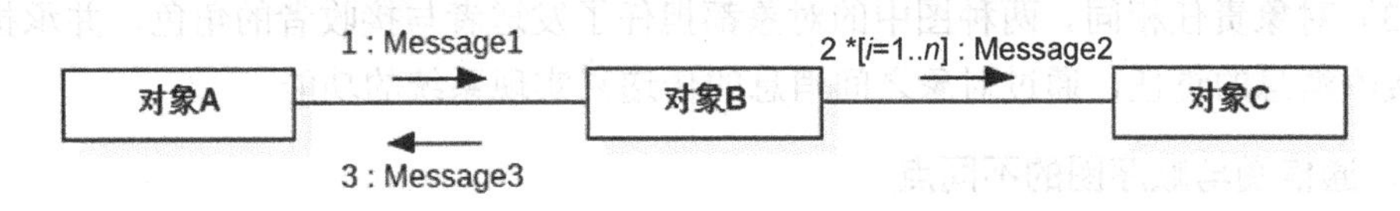

图 5-15　消息

UML2.0 规范中的通信图相比于 UML1.*x* 规范对消息的分层问题提供了一个新的解决方案——强制分级编号规则，即任何的编号都需要有层级，如最上层的（也就是级别最高的）消息使用阿拉伯数字进行编号；下一层级的消息被注明为 1.1、1.2……，以此类推。之所以强制消息序号的分级书写，是因为要保证在包含自连接以及其他复杂的消息路径时，仍然不会导致时序的歧义。并且在消息序号当中可以包含一些字母标识，例如，消息 1a1 和消息 1b1 在通信图中是合法的消息序号。消息 1a1 和消息 1b1 可以表示在消息 1 内存在并发的 a、b 两个线程，其中 1a1 代表消息 1-a 线程的第一个消息，1b1 表示的含义也同理。虽然使用字母的方式不一定能解决并发的图形表示问题，但是已经减少了 UML1.*x* 中通信图的名称歧义问题。

在大多数情况下，通信图是对单调的、顺序的控制流建模。然而，也可以对包括迭代和分支在内的更复杂的控制流建模。迭代表示消息的重复序列。为了对迭代建模，在消息的序号前加一个迭代表达式，如*[*i*:=1..*n*]（如果仅想表明迭代，并不想说明它的细节，则只加*号）。

迭代表示该消息（以及任何嵌套消息）将按给定的表达式重复。迭代消息的表示方法如图 5-15 的消息 2 所示。

类似地，条件表示消息执行与否取决于一个布尔表达式的值。对条件建模时，在消息序号前面加一个条件子句，如[*x*>0]。一个分支点上的多个可选择的路径采用相同的序号，但每个路径必须由不重叠的条件唯一区分。

对于迭代和分支，UML 并没有规定括号中表达式的格式，可以使用伪代码或一种特定的编程语言的语法。

通信图中的消息也可以有各种类型，这些类型对消息的主动性、并发性进行了描述。其具体语义在前一节中已经进行了详细介绍，此处不再重复。

5.3.3　通信图与顺序图

通信图与顺序图都用来对系统中的交互建模，并描述了对象间的动态关系。通信图与顺序图之间有着密切的联系。

1．通信图与顺序图的共同点

（1）主要元素相同。两种图中的主要元素都是对象与消息，且都支持所有的消息类型。

（2）表达语义相同。两种图都是对系统中的交互建模，描述了系统中某个用例或操作的执行过程，二者的语义是等价的。

（3）对象责任相同。两种图中的对象都担任了发送者与接收者的角色，并承担了发送与接收消息的责任，通过对象之间消息的传递来实现系统的功能。

2. 通信图与顺序图的不同点

（1）通信图偏重于将对象的交互映射到连接它们的链上，这有助于验证类图中对应的类之间关联关系的正确性或建立新的关联关系的必要性。然而顺序图却不表示对象之间的链，而是偏重描述交互中消息传递的逻辑顺序。因此通信图更适用于展示系统中的对象结构，而顺序图则擅长表现交互中消息的顺序。

（2）顺序图可以显式地表现出对象创建与撤销的过程，而在通信图中，只能通过消息的描述隐式地表现这一点。

（3）顺序图还可以表示对象的激活情况，而对于通信图来说，由于缺少表示时间的信息，因此除了对消息进行解释，无法清晰地表示对象的激活情况。

由于通信图与顺序图所表达的语义是等价的，因此它们之间可以在不丢失语义信息的情况下互相转化。

5.3.4 构造通信图模型

通信图描述了一个用例或协作的实现当中各个对象交互的控制流。当我们对贯穿一个用例或协作的对象和角色的控制流建模时，可以使用通信图，由于通信图强调对象在结构的语境中的消息的传递，因此这种建模方法被称为按组织对控制流建模。

与任何其他的 UML 图一样，绘制通信图也是出于一种让对象结构便于理解的目的。如果在描述一个简单过程时绘制了太多通信图，或是通信图中出现了冗余元素，都反而会起到干扰思维、影响设计人员和编程人员理解的反作用。为了精要、完整地进行通信图建模，可采用以下思路和步骤。

（1）识别交互的语境，即交互所处的环境。

（2）识别出图中应该存在的对象。仔细分析这个通信图对应的交互过程，识别出在交互中扮演了某一角色的对象。将这些对象作为通信图的顶点放在图中，一般比较重要的对象放置在图中间，关系邻近的对象依次向外放置。

（3）识别可能有消息传递的对象并设置链。找到了对象之后，分析在执行过程中哪些对象之间产生了直接关联或相互发送过消息，把这些相互之间存在直接关系的对象使用链连接在一起。

（4）设置对象间的消息，在得到基本的消息路径后，再开始着重处理消息。依次考查那些存在链的对象，找出它们之间进行了怎样的调用、发送了怎样的信号或参数，把这些调用、信号、参数（携带参数或本身作为参数的类）转化成消息，附加在各个关联关系的横线上。

（5）如果需要更多约束，如时间或空间的约束，可以使用其他的约束来修饰这些消息。

至此，一个通信图的建模过程基本完成。如果在通信图绘制完成之后发现在关联关系中有不合理的可见性约束，可以再对其构造型进行修改。另外，在建模中如果希望对控制流添加更多描述，可以给重要的消息注明前置或后置条件，还可以使用修饰或其他注释事物进行更为详细的解释。

5.4 状态机图建模

状态机图是描述一个实体（即对象）基于事件反应的动态行为，显示了该实体如何根据当前所处的状态对不同的事件做出反应，状态机图就是对一个状态机建模。本节主要介绍状态机图与状态机的相关概念。

5.4.1 状态机图的基本概念

1. 状态机

状态机（State Machine）是一种对行为的描述，它说明对象在其生命周期中响应事件所经历的状态变化序列以及对那些事件的响应。简单来说，状态机就是表示对象状态与状态转换的模型。在计算机科学中，状态机的使用十分普遍，在系统控制、编译技术、机器逻辑等领域都起着非常关键的作用。

UML 中的状态机模型由对象的各个状态和连接这些状态的转换组成。状态机常用于对模型元素的动态行为建模，即对系统行为中受事件驱动的方面建模，一般情况下，一个状态机依附于一个类，用来描述这个类的实例的状态及其转换，并对接收到的事件做出响应。此外，状态机也可以依附在用例操作、协作等元素上，描述它们的执行过程。使用状态机考虑问题时习惯将对象与外部世界分离，将外部影响都抽象为事件，所以适合对局部、细节进行建模。

从某种意义上说，状态机是一个对象的局部视图，用来精确地描述一个单独对象的行为，状态机从对象的初始状态开始，响应事件并执行某些动作，从而引起状态的转换；在新状态下又继续响应事件并执行动作，如此循环进行到对象的终结状态。

状态机主要由状态、转换、事件、动作和活动五部分组成。

（1）状态（State）：表示对象的生命周期中的一种条件或情况，对象的一种状态一般表示其满足某种条件，执行某种活动或等待某个事件。

（2）转换（Transition）：表示两种状态间的一种关系。它指明当特定事件发生或特定条件满足时，处于某状态的对象将执行某一动作或活动，并进入另一状态。

（3）事件（Event）：表示在某一时间与空间下所发生的有意义的事情。在状态机的语境下，事件往往会是触发一个状态转移的激励。

（5）动作（Action）：表示一个可执行的原子操作，是 UML 能够表达的最小计算单元。所谓原子操作，是指它们在运行过程中不能被中断，不能拆分成两个更小的操作。动作的执行最终将导致状态的变更或返回一个值。

（6）活动（Activity）：表示状态机中的非原子操作，一般由一系列动作组成。

2. 状态机图概述

在 UML1.*x* 规范中，状态机图（State Machine Diagram）称为状态图（Statechart Diagram），是一个展示状态机的图。状态机图基本上就是一个状态机中元素的投影，这也就意味着状态机图包括状态机的所有特征。状态机图显示了一个对象如何根据当前状态对不同事件做出反应的动态行为。

状态机图主要由状态和转换两种元素组成。图 5-16 显示了某网上购物系统中订单类的一个简单状态机图。状态机从初态开始，首先转换为“待付款”状态。此时如果用户及时支付，则转换到“待发货”状态，进而进入终态；而如果用户超过支付时限都没有支付则转换到“取消”状态，并进入终态。

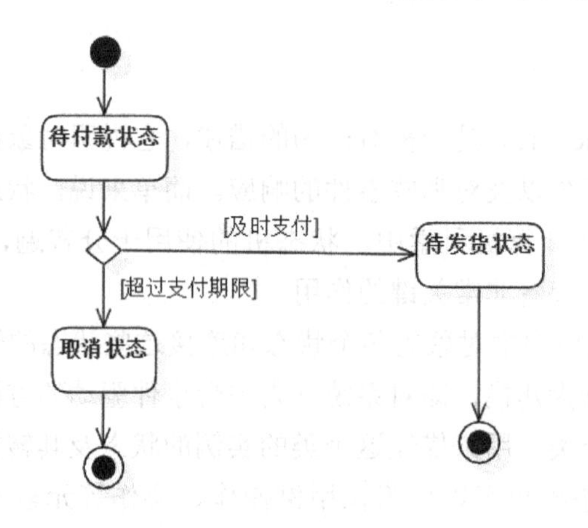

图 5-16 “订单”类的状态机图

状态机图用于对系统的动态方面进行建模，适合描述一个对象在其生命周期中的各种状态及状态的转换。与前面的交互图相比，交互图关注的是多个对象的互动行为，而状态机图关注一个对象的行为；交互图只表示一个交互过程中的对象行为，而状态机图则可以显示对象的所有行为。

状态机图的作用主要体现在以下几点。

（1）状态机图描述了状态转换时所需的触发事件和监护条件等因素，有利于开发人员捕捉程序中需要的事件。

（2）状态机图清楚地描述了状态之间的转换及其顺序，这样就可以方便地看出事件的执行顺序，节省了大量的描述文字。

（3）清晰的事件顺序有利于开发人员在开发程序时避免出现事件错序的情况。

（4）状态机图通过使用判定可以更好地描述工作流在不同的条件下出现的分支。

5.4.2 状态机图的组成

状态机图用于显示状态的集合，使对象达到这些状态的事件和条件，以及达到这些状态时所发生的操作。它代表一个状态机，由状态组成。各状态由转移连接在一起。下面将重点介绍状态（包括简单状态和组合状态）、转换以及伪状态这几种元素。

1. 状态

1）简单状态

状态是状态机图的重要组成部分，它描述了一个对象稳定处于某一个持续过程或状况，以及动态行为的执行所产生的结果。当对象满足某一状态的条件时，该状态被称为是激活的。

在 UML 中，状态分为简单状态与组合状态（也称为复合状态）。简单状态就是没有嵌套的状态，一般表示为具有一个或两个分栏的圆角矩形。初态（Initial State）和终态（Final State）是两个特殊的状态，分别表示状态机的入口状态和出口状态。对于一个不含嵌套结构的状态机，只能有一个初态，可以有一个或多个终态甚至没有终态。初态表示为一个小的实心圆，终态表示为初态的符号外部再围上一个圆。

图 5-17 显示了简单状态的各种表示法。

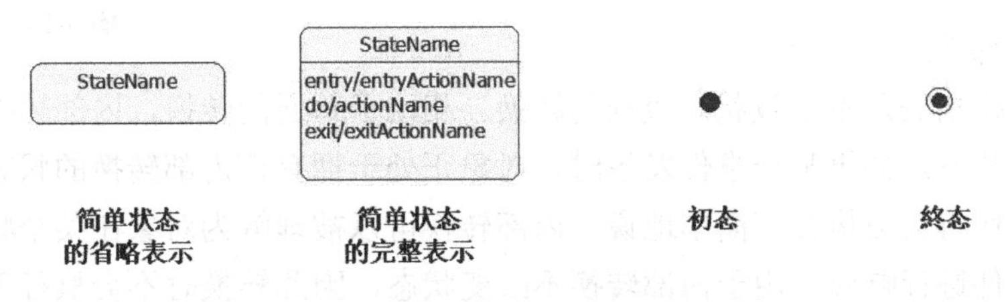

图 5-17　简单状态

> **注意：**实际上，初态在 UML 中被定义为一种伪状态，初态实际上不是一个真正的状态，它更像是状态机图的入口。

2）状态的构成

状态一般由状态名称、子状态、入口动作和出口动作、内部执行活动、内部转换和可推迟事件组成。对于简单状态，不会有子状态出现。

（1）状态名称

状态名称可以把一个状态与其他状态分别开来，即状态名称必须在当前层次内保持唯一。在实际使用中，状态名称一般为直观易懂的名词短语，要能清楚地表达当前状态的语义。当然，状态名称不是必需的，没有名称的状态称为匿名状态。不同匿名状态的数量不限。

在表示法上，状态名称显示在状态图形的上面的分栏中，其他内容均显示在图形下面的分栏中。

（2）入口动作与出口动作

入口动作与出口动作是 UML 提供的一个特殊概念，它们表示由其他状态转移到当前状态或从当前状态转移到其他状态时要附带完成的动作，这些活动的目的是封装这个状态，这样就可以不必知道状态的内部细节而在外部对它进行使用。例如，某系统“文件”类的状态机有“分析文件”这一状态，那么我们就可以设定其入口动作为“打开文件”，出口动作为“关闭文件”。

在表示法上，入口动作和出口动作分别表示为“entry/动作表达式”和“exit/动作表达式”格式，如图 5-18 所示。

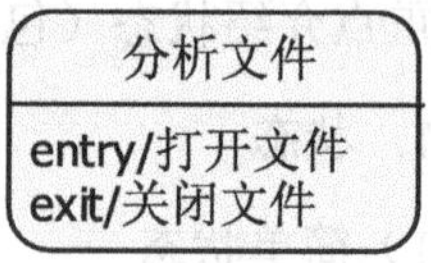

分析文件
entry/打开文件
exit/关闭文件

图 5-18 “分析文件”状态

（3）内部活动

状态可以包含内部执行的活动。当对象进入一个状态时，在执行完入口动作后就开始执行其内部动作，内部动作完成后，状态就将触发等待转换的活动以进入下一个状态。由于活动是非原子的，因此如果内部活动的执行过程中触发了转换，则内部活动将被中断结束。

在表示法上，内部活动使用“do/活动表达式”来表示。例如，上述例子中“分析文件”的内部活动可以被简要地表示为“do/提取文件中的每一个字符并分析……”，如图 5-19 所示。

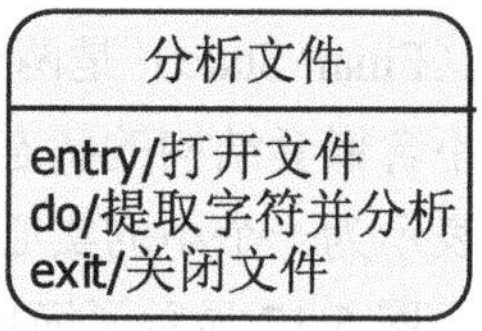

分析文件
entry/打开文件
do/提取字符并分析
exit/关闭文件

图 5-19 内部活动

（4）内部转换

内部转换指的是不导致状态改变的转换。相比于普通的转换，内部转换只有源状态而没有目标状态。如果某一事件发生时，对象正处于拥有该内部转换的状态中，则内部转换上的动作将会被执行。简单地说，内部转换可以被理解为对象在某个状态下不改变状态而对事件进行响应。由于内部转换不改变状态，因此转换时不会执行入口动作或出口动作。

例如，某个系统“表单”类的状态机中有“填写密码”的状态，用户每输入一个密码字符时系统都将触发执行判断密码强度的动作，然而这一转换的执行并没有改变当前“输入密码”的状态，因此这就可以作为当前状态的内部转换来执行，如图 5-20 所示。

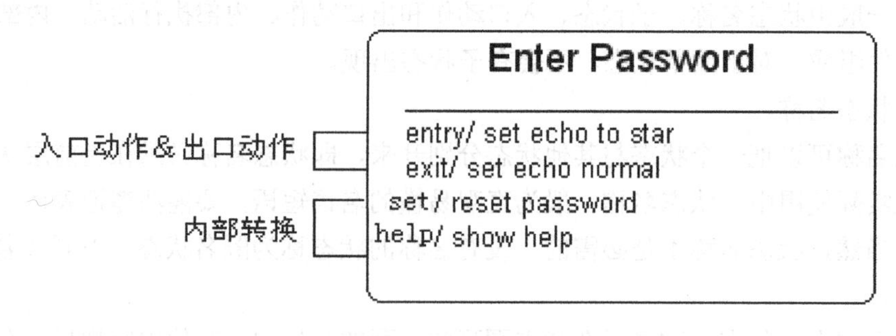

图 5-20 内部转换

在表示法上，内部转换不是采用箭头的方式来表示，而是同样使用文字标识附加在表示状态的圆角矩形里面，完整格式为“事件名称（事件参数）/活动表达式”。在事件没有参数时可以使用“事件名称/活动表达式”这一简单的格式。例如，上一段例子中的内部转换就可以使用“用户输入字符/判断当前密码强度”来表达。

（5）可推迟事件

可推迟事件是一种特殊的事件，它不会触发状态的转换，且当对象处于该状态时事件可推迟，但不会丢失。例如，对于某个单任务的下载工具，当第一个任务正在被下载时，第二个任务开始的事件就将被推迟至当前任务完成后进行。这种可推迟事件的实现一般会使用一个内部的事件队列。UML 提供这样一种似乎有些违反状态机的原来规定的事件，是因为在某些情况下，外部提供给系统对象的一些事件是重要且不可忽略的，但在当前状态下不便处理，所以只能暂时缓存，等待系统到达一个合适的状态后再逐个地处理它们。

可推迟事件使用保留的活动名称 defer 来表示，格式为“事件名称/ defer”，上一段例子中的可推迟事件可以表达为“下载新任务/ defer”。

2. 转移

转移，也可以称为转换，它是两种状态间的一种关系。它指明当特定事件发生或特定条件满足时，处于某状态（源状态）的对象将执行某一动作或活动并进入另一状态（目标状态）。转换可以理解为状态与状态之间的关联，即从一个状态转变到另外一个状态的过渡，这个状态的变化过程称为转移被激发。

转换表示为从源状态指向目标状态的实线箭头，并附有标签，标签格式为：

事件名称：[监护条件][/动作表达式]

一个完整的转换及其标签如图 5-21 所示。

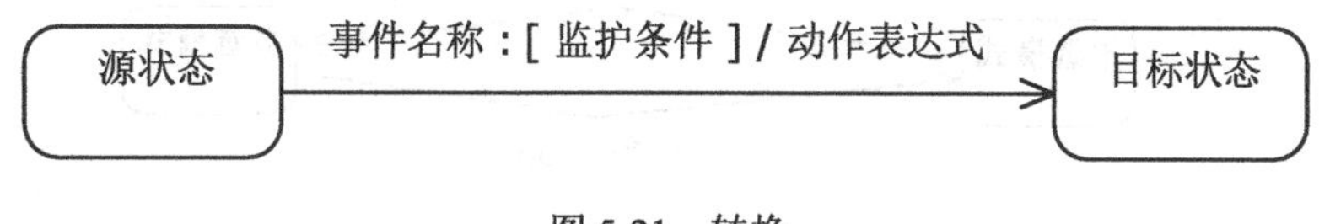

图 5-21　转换

从转换的表示法与标签格式上可以看出，对于一个转换，除了源状态、目标状态外，还要有事件、监护条件和动作表达式（或称为效果列表）等内容。这三个部分的内容对转换不是必需的，在使用时要根据转换所表达的具体语义来添加相应内容。

3. 事件

事件是在某一时间与空间下所发生的有意义的事情，是系统执行中发生的且值得建模的事物。事件可以理解为能被对象探知到的一种变化，它发生在某个时间点上。

事件不会显式地出现在模型中，它一般被状态或转换所发送和接收。在转换中被接收的事件也被称为该转换的触发器（Trigger）或触发事件，即只有当源状态下的对象接收到该事件后才可能发生状态转移。

事件包含一个参数列表（可能为空），用于从事件的产生者向其接收者传递信息。在转换触发器的语境下，这些参数可以被转换使用，也可以被监护条件及效果列表中的动作所使用。对应于触发器转换，没有明确的触发器的转换称为结束转换或无触发器转换，是在状态的内部活动执行完毕后隐式触发的。

能够在触发器中接收的事件有以下 4 种。

（1）调用事件（Call Event）：调用事件表示对象接收到一个调用操作的请求。其期待的结果是事件的接收者触发一个转换并执行相应的操作，事件的参数包括所调用的操作的参数。转换完成后，调用者对象将收回控制权。简单地说，调用事件就是转换状态并通知调用对象的某成员方法的事件。如图 5-22（a）所示，对于一个操作系统中的图标对象，开始时是未选中状态。当鼠标在该图标位置单击时，图标变为已选中状态。该单击事件需要执行系统中的 click 操作，因此属于调用事件。

（2）改变事件（Change Event）：改变事件的发生依赖于事件中某个表达式所表达的布尔条件。改变事件没有参数，要一直等到条件被满足才能发生。如图 5-22（b）所示，对于一个光控的灯光系统，灯光一般为熄灭状态，只有当光照强度小于 20 时灯才打开，这就是一个改变事件引起的状态转换。改变事件在表达时一般使用 when 来辅助表示。

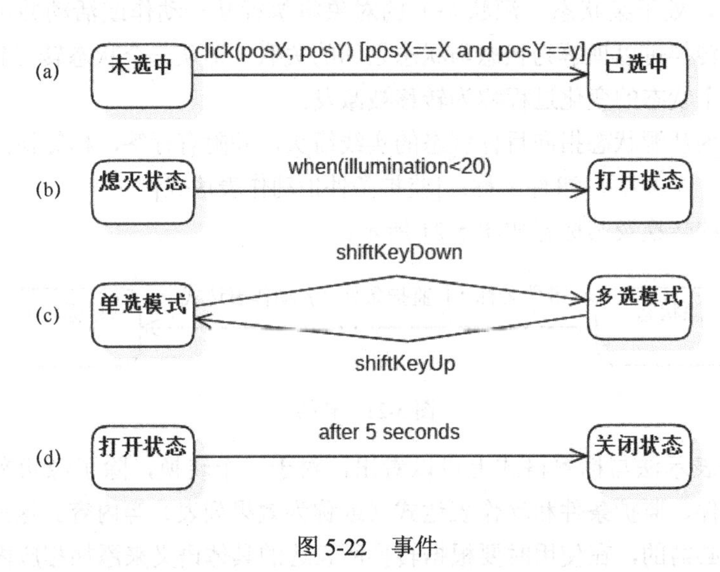

图 5-22　事件

（3）信号事件（Signal Event）：信号是对象之间通信的媒介，是一种异步机制。信号由一个对象准确地送给另一个或另一组对象。在实际中，为了提高效率，信号可能通过不同的方式实现。发送给一组对象的信号可能触发每个对象的不同转换。如图 5-22（c）所示，对于一个操作系统中的文件浏览器，当按下键盘上的 Shift 键时，系统为多选模式，即可以选择多个文件；当释放 Shift 键时为单选模式，即只能选中一个文件。Shift 键的按下与释放就可以通过信号事件来传递。

（4）时间事件（Time Event）：时间事件的发生依赖于事件中的一个时间表达式。例如，可以让对象进入某状态后经过一段给定的时间或到达某个绝对时间后发生该事件。如图 5-22（d）所示，对于一个自动门控制系统，系统控制门打开 5s 后自动关闭。这一状态转换的触发器就是一个时间事件。时间事件在表达时一般使用 after 来辅助表示。

4. 监护条件与动作表达式

监护条件（Guard Condition）是转换被激发之前必须满足的一个条件，监护条件是一个布尔表达式，可以根据触发器事件的参数、属性和状态机所描述的对象的链接等写成。当转换接收到触发事件后，只有监护条件为真，转换才能被激活。

需要注意的是，对监护条件的检验是触发器计算过程的一部分，对于每个事件，监护条件只检查一次。如果事件被处理时监护条件的结果为假，那么除非再次接收到一个触发事件，将不会再重新计算监护条件的值。

例如，在图 5-22（a）中，触发器 click 事件带有两个参数 posX 与 posY 来表示鼠标单击的位置。此时需要满足监护条件，即单击位置与图标位置一致的条件，图标才可以切换至选中状态；否则，说明鼠标单击的是其他位置，转换不会激活，需要等待下一次单击事件的接收。

动作表达式，也可以称为效果列表（Effects List），是一个过程表达式，在转换被激活时执行，表示转换附加的效果。动作表达式包括多个动作，可以根据操作、属性、拥有对象的连接、触发器事件的参数等写成。动作可以是一个赋值语句、算术运算、发送事件、调用对象的属性或操作、创建或销毁对象等。其表达语法与其实现的具体内容有关，例如，在图 5-22（d）所对应的例子中，可以让门在自动关上时发出提示音，这就是转换带来的效果，其表示法如图 5-23 所示。

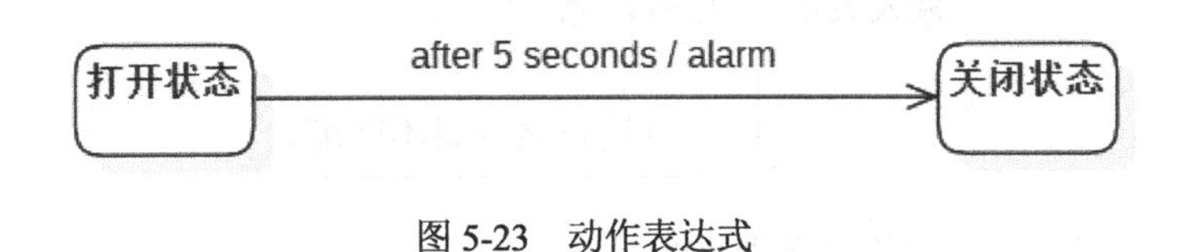

图 5-23　动作表达式

5. 伪状态

伪状态（Pseudostate）指的是在状态机中具有状态的形式，但却具有特殊行为的顶点。伪状态实际上是一个瞬间的状态，它实际上帮助描述或增强了转换的语义细节。当一个伪状态处于活动状态时，系统不会处理事件，而是瞬间自动转换到另一个状态，并且这种转换是没有事件进行显式触发的。

状态机图中有很多种不同的伪状态。最常见的伪状态包括初态、选择、分叉与结合、历史状态等。下面只介绍初态和选择，关于其他伪状态，会在必要时陆续进行说明。

1）初态

前面已经介绍过了初态的概念，当我们再次审视这一概念时，可以发现，它似乎更符合伪状态的定义。初态实际上不是一个真正的状态，它更像是状态机的入口。因为初态的具体语义概念是模糊的，即它不代表对象的任何具体状态。初态是瞬时的，同时初态进入下一个状态是自动转换的，不能存在触发器进行触发，否则对象将可能会长时间停留在一个语义不明的初态中。

2）选择

选择（Choice）是状态机中的一个伪状态节点，用于表达状态机中的分支结构，一个选择节点将一个转换分割为两个片段，第一个片段可以包含一个触发器，主要用于触发转换，并且可以执行相应操作。选择节点后的片段一般具有多个分支，每个分支都包含一个监护条件。当执行到选择节点时，第二个片段上的监护条件将被动态计算，其中监护条件为真的一个分支会被引发，状态机成功转移到这个分支的下一个状态。

为了保证模型是良构的，选择节点不同分支上的监护条件应该覆盖所有情况，否则状态机将不知道如何运行。为了避免这种错误的发生，可以将其中一个分支的监护条件使用[else]表示。当其他分支的监护条件都为假时，将执行这一条分支。

选择条件可以被视为一个受限的简单状态，其限制是输出转换之一必须被立即激活且转换只能包含监护条件。

在状态机图中，选择节点使用菱形表示，图 5-24 显示了某系统“登录表单”类使用选择节点的一张简易状态机图。

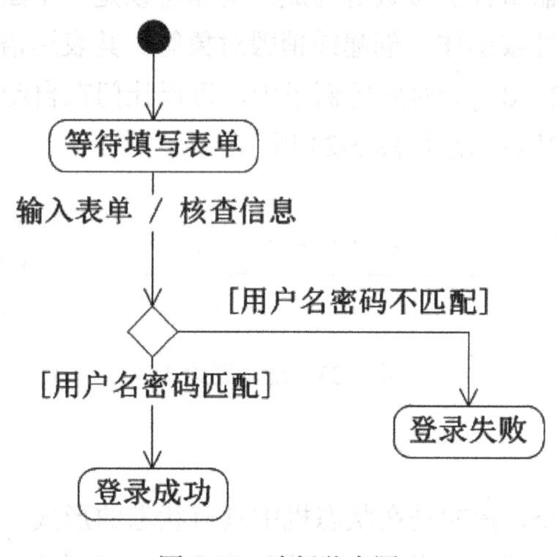

图 5-24　选择节点图

6．复合状态/组合状态

前面介绍的内容中，所涉及的状态都是不包含嵌套子结构的简单状态。然而，在建模过程中，需要表现的状态可能会很复杂，这时就需要用到复合状态来进行建模。

复合状态是指包含一个或多个嵌套状态机的状态。当想要描述的系统非常复杂，而有些状态又构成了紧密的、相互关联的关系时，我们可以先将一部分细小的状态组合成一个状态机，把这个新的状态机作为总状态图中的一个复合状态来呈现，复合状态中包含的状态称为子状态。复合状态可以分为非正交复合状态与正交复合状态。

1）非正交复合状态

非正交复合状态，在 UML1.*x* 规范中被称为顺序复合状态，是仅包含一个状态机的复合状态。当非正交复合状态被激活时，只有一个子状态会被激活。它只增加了一层子结构，没有增加额外的并发性。

例如，在一个游戏中需要有对于游戏角色的动画控制，这个角色的动画控制就可以使用状态图来描述。例如，这个游戏角色在地面上可以站立、蹲下、行走、跑动和起跳，但在空中的时候就没有什么可选动作，只能随重力的作用随时准备着地了。那么我们可以先设计一个 Ground 状态机，在 Ground 状态机中定义了 Stand（站立），Squat（蹲下）、Walk（行走）、Run（跑动）这几个状态和它们之间的状态转移，在这里排除了“起跳”，因为这实际上是地面状态到空中状态的一个转换，之后把 Ground 本身作为一个状态，和 Fly（空中）状态以起跳事件作为转移触发点进行关联，一个比较复杂的行为规范就已经通过复合状态的方式来巧妙解决了，其状态图如图 5-25 所示。

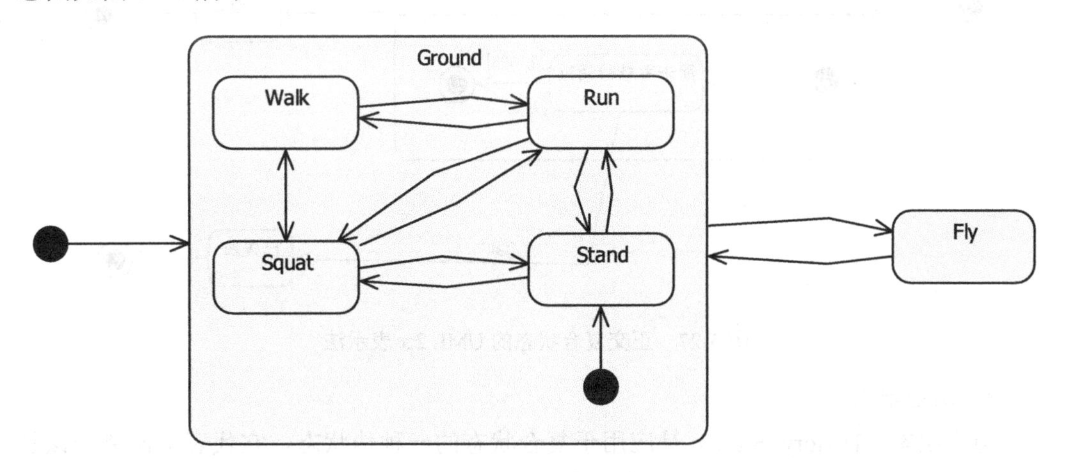

图 5-25　非正交复合状态

2）正交复合状态

当一个复合状态中包括两个或多个并发执行的子状态机时，这个复合状态称为并发复合状态，也称为正交复合状态。正交复合状态将复合状态分成若干正交区域，每个区域都有一个相对独立的子状态机。如果该正交复合状态是激活的，那么该状态中每个区域都将有一个状态是激活的。

例如，选修了某门课程的学生需要完成课程任务与期末考试才能通过课程。在课程任务与期末考试完成前应该属于课程的“未完成”状态，然而，这个“未完成”状态的两个部分是相互独立的，因此可以使用正交复合状态进行描述。

对于正交复合状态的表示法，UML 1.*x* 与 UML 2.*x* 规范略有不同，分别如图 5-26 和图 5-27 所示。读者在建模时可以根据使用的建模工具所支持的表示法进行绘制。

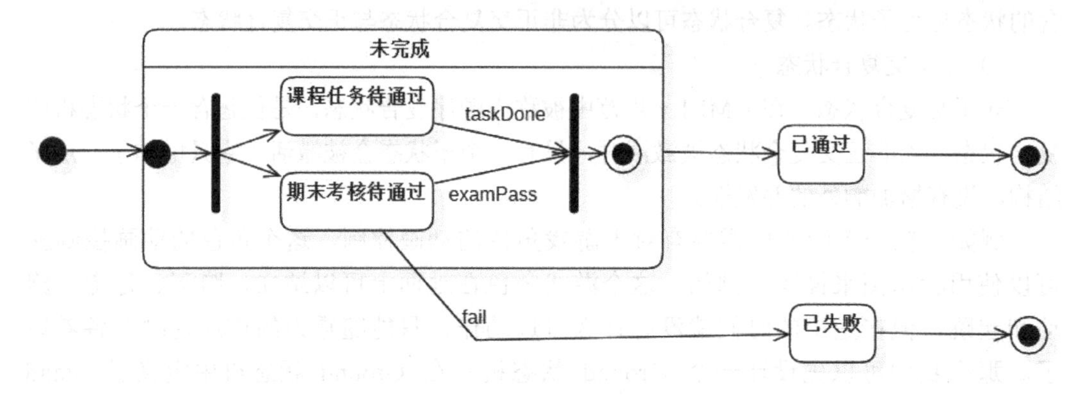

图 5-26 正交复合状态的 UML 1.*x* 表示法

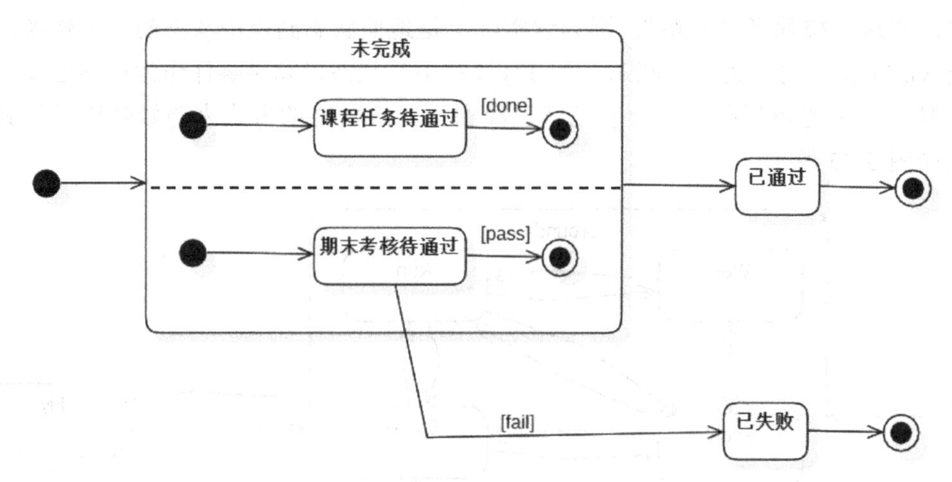

图 5-27 正交复合状态的 UML 2.*x* 表示法

3）历史状态

历史状态（History State）是应用于复合状态的一种伪状态，它代表上次离开该复合状态时的最后一个子状态。当一个来自复合状态外的历史状态转换为复合状态内的历史状态时，将使历史状态所记录的子状态被激活。

历史状态表示为复合状态中的一个被小圆圈包围的“H”符号，图 5-28 显示了一个文本编辑软件的状态图片段。该系统允许用户在页面视图和 Web 视图下编辑文本并支持两种视图的互相切换。当系统接收到“打印预览”的事件时，系统将转移到打印预览视图。而当用户退出打印预览视图时，系统应当切换为进入打印预览视图前的视图状态，即所谓的历史状态。

除了历史状态，UML 还定义了深历史状态的概念。深历史状态与历史状态所不同的是，历史状态保存的是当前嵌套层次下的子状态，而深历史状态保存的则是更深的嵌套层次中的子状态，深历史状态使用一个被小圆圈包围的“H*”符号表示。

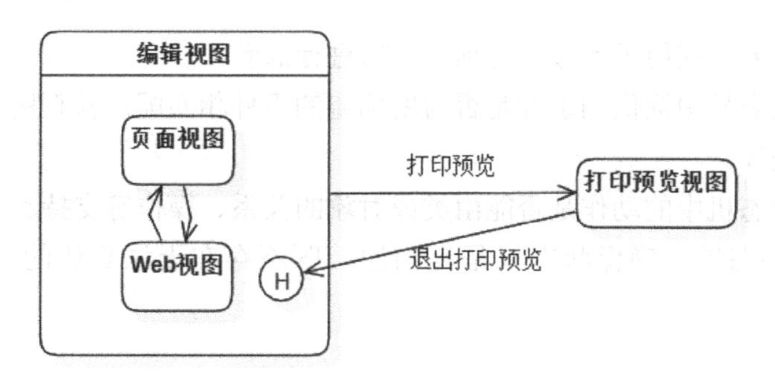

图 5-28　历史状态

5.4.3　构造状态机图模型

状态机图可以为一个在不同条件下对外反应不同的对象的生命周期建模，通常具有这种特点的 UML 元素都有三个方面的明显特征：①在确定的条件下对象处于可知的稳定状态；②在某个稳定状态下，存在某些确定的事件使得当前状态跳转到下一个稳定状态，并且这种跳转不可以中断；③在不同的状态下，对象对外开放的接口、行为等一般不同。

在这三个特征中，第一个特征保证了建立状态机图的基础，即对象不是时刻变化的，它总有一段时间会给出特定的行为；第二个特征确保了状态机是合理的，如果一个对象的状态转移规则是不确定的，例如，可能出现从状态 A→接受事件 e→转移到事件 B，而在完全相同的状态下，状态 A 下发生事件 e，却转移到另外一个事件 C 这样的情况，那么，这个对象是无法用状态机来描述的；第三个特征保证了状态机图建模的必要性，如果一个对象有若干状态，而它处于这些状态时对于我们关心的问题域而言给出的接口基本不变，那么对这个对象建立状态机图就没有意义。并且，根据先前提到的原则，状态是一个对象在某些条件下表现出的明显状态，如果几个状态从外部看上去并不能加以区分，那么它就是一个状态。

使用状态机图为对象的生命周期建模，可以参考以下步骤。

（1）确定状态机的语境。一般情况下状态机附属于一个类，也可能会附属于一个用例或整个系统。如果语境是一个类或一个用例，则需要关注与之在模型关系上相邻的类。这些类将成为状态机中涉及的动作或监护条件的待选目标。如果语境是一个系统，那么我们就需要让该状态机集中体现这个系统的第一个行为，因为为系统建立一个完整的状态机是非常棘手的。

（2）设置状态机的初态和终态。

（3）决定该对象的状态机中可能需要响应的事件。这些事件需要在对象的接口中和语境下与该对象交互的对象所发送的事件中寻找确定。

（4）从初态到终态，列出这个对象可能处于的所有顶层状态。用转移将这些状态连接起来，明确转移的触发器和监护条件，接着向转移中添加动作。

（5）识别状态是否需要有入口动作和出口动作。

（6）如果需要，使用子状态来对顶层状态进行嵌套。

（7）检查状态机中提供的事件是否与所期望的事件相匹配；检查所有事件是否都已经被状态机所处理。

（8）检查状态机中的动作是否能由类或对象的关系、操作等支持。

（9）跟踪状态机，确保状态机是良构的，既不存在无法到达的状态，也不会发生停机。

5.5 动态行为建模实例

5.5.1 顺序图建模实例

用例描述说明了参与者使用本系统的一项功能时，系统所执行的一系列动作序列。经过类图建模，得到了本系统的所有类，这些类所对应的对象通过彼此间发送消息，控制对方的动作执行。为了简化设计，我们选取部分主要用例实现进行顺序图建模，表达了对应用例描述的一个事件流。

1. 登录用例实现的顺序图

此顺序图描述用户登录签约系统账户的活动顺序，涉及用户和签约系统，如图 5-29 所示。

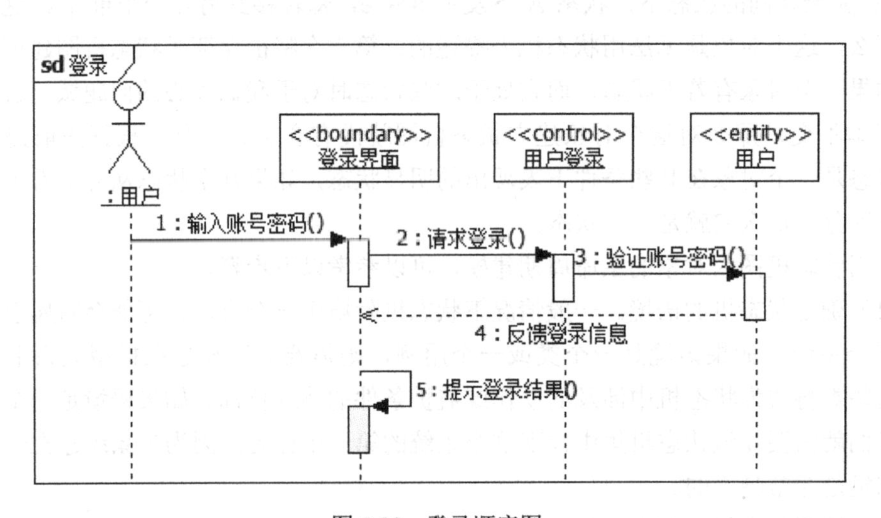

图 5-29　登录顺序图

1）输入账号密码

发送消息对象：用户。接收消息对象：登录界面。

2）请求登录

发送消息对象：登录界面。接收消息对象：用户登录控制类。

3）验证账号密码

发送消息对象：用户登录控制类。接收消息对象：用户数据表。

4）反馈登录情况

发送消息对象：用户数据表。接收消息对象：登录界面。

2. 建立居民档案用例实现的顺序图

此顺序图描述了居民建立档案的活动顺序，涉及居民、小程序界面、建档控制类、个人档案数据表，如图 5-30 所示。

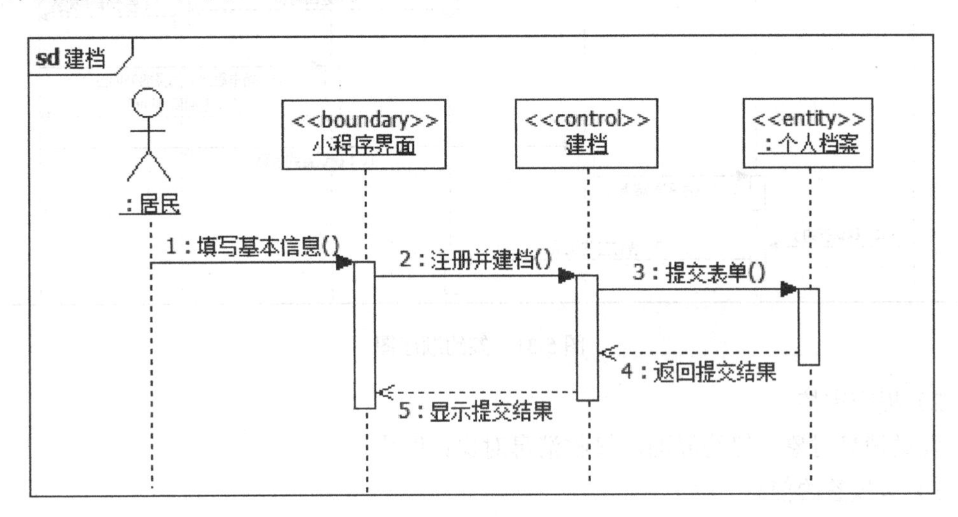

图 5-30　建档顺序图

1）填写基本信息

发送消息对象：居民。接收消息对象：小程序界面。

2）注册小程序并建档

发送消息对象：小程序界面。接收消息对象：建档控制类。

3）提交表单

发送消息对象：建档控制类。接收消息对象：个人档案数据表。

4）反馈提交情况

发送消息对象：个人档案数据表。接收消息对象：签约系统。

5）显示提交结果

发送消息对象：签约系统。接收消息对象：居民。

3. 签约医生用例实现的顺序图

此顺序图描述了医生与居民签约的活动顺序，涉及居民、医生、签约界面、审核界面、签约控制类、签约记录数据表、服务项目数据表，如图 5-31 所示。

1）申请签约

发送消息对象：居民。接收消息对象：签约界面。

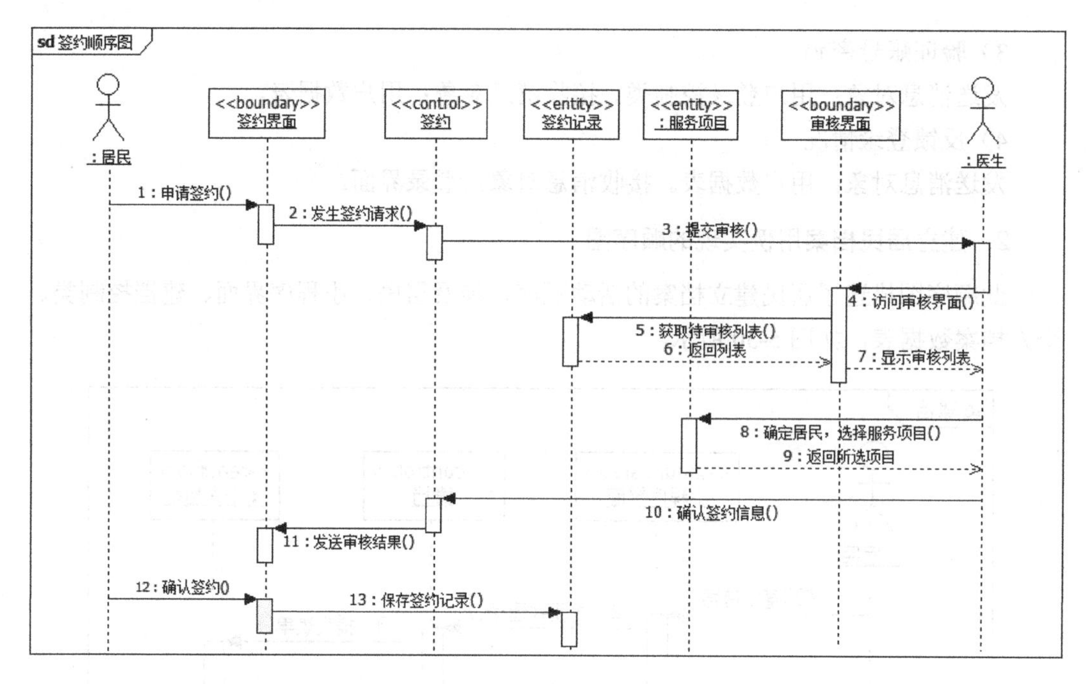

图 5-31　签约顺序图

2）提交审核

发送消息对象：签约界面。接收消息对象：医生。

3）审核签约信息

发送消息对象：医生。接收消息对象：审核界面。

4）获取待审核列表

发送消息对象：审核界面。接收消息对象：签约记录数据表。

5）选择服务项目

发送消息对象：医生。接收消息对象：服务项目数据表。

6）确定签约

发送消息对象：医生和居民。接收消息对象：签约记录数据表。

4. 解除签约用例实现的顺序图

此顺序图描述了医生与居民解约的活动顺序，涉及医生、居民、签约界面、审核界面、解约控制类、签约记录数据表，如图 5-32 所示。

1）申请解约

发送消息对象：居民。接收消息对象：签约系统。

2）传递解约信息

发送消息对象：签约系统。接收消息对象：医生。

3）审核解约信息

发送消息对象：医生。接收消息对象：审核界面。

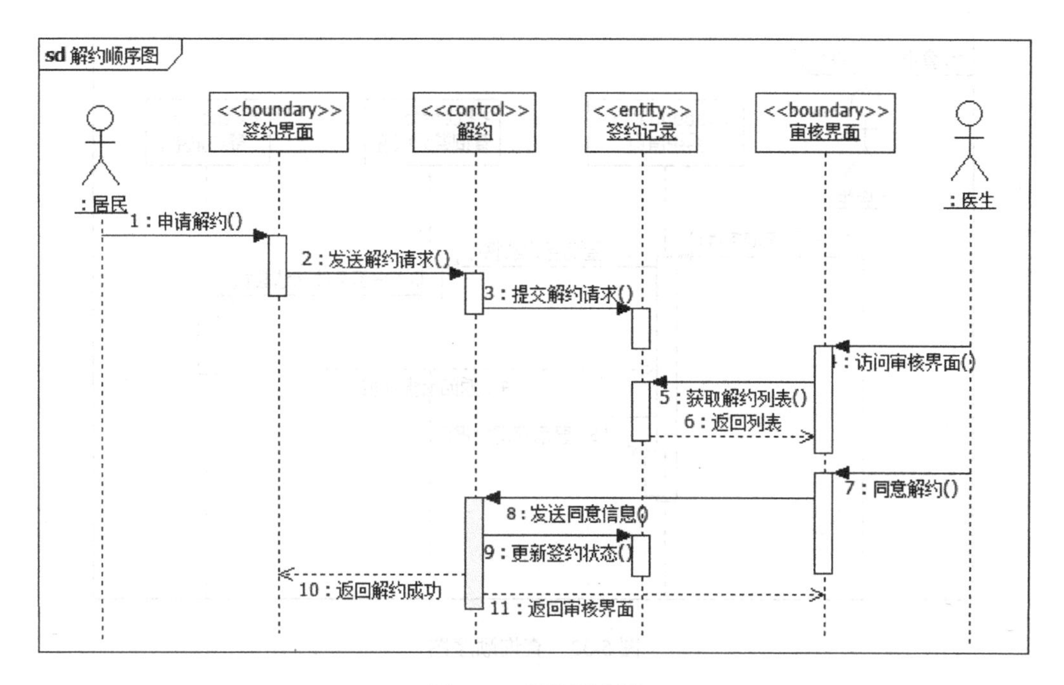

图 5-32　解约顺序图

4）同意解约

发送消息对象：医生。接收消息对象：签约系统。

5）更新签约状态

发送消息对象：签约系统。接收消息对象：签约记录数据表。

5. 查询签约情况用例实现的顺序图

此顺序图描述了医生查询签约情况的活动顺序，涉及医生、签约系统、数据库，如图 5-33 所示。

1）医生登录，访问系统首页

发送消息对象：医生。接收消息对象：系统首页。

2）输入查询条件，点击查询

发送消息对象：医生。接收消息对象：签约系统。

3）调出所查询签约信息

发送消息对象：签约系统。接收消息对象：签约记录数据表。

4）显示签约情况

发送消息对象：签约系统。接收消息对象：医生。

6. 管理医生组用例实现的顺序图

此顺序图描述了平台管理员管理医生申请加入医生组的活动顺序，涉及医生、签约系统、平台管理员、数据库，如图 5-34 所示。

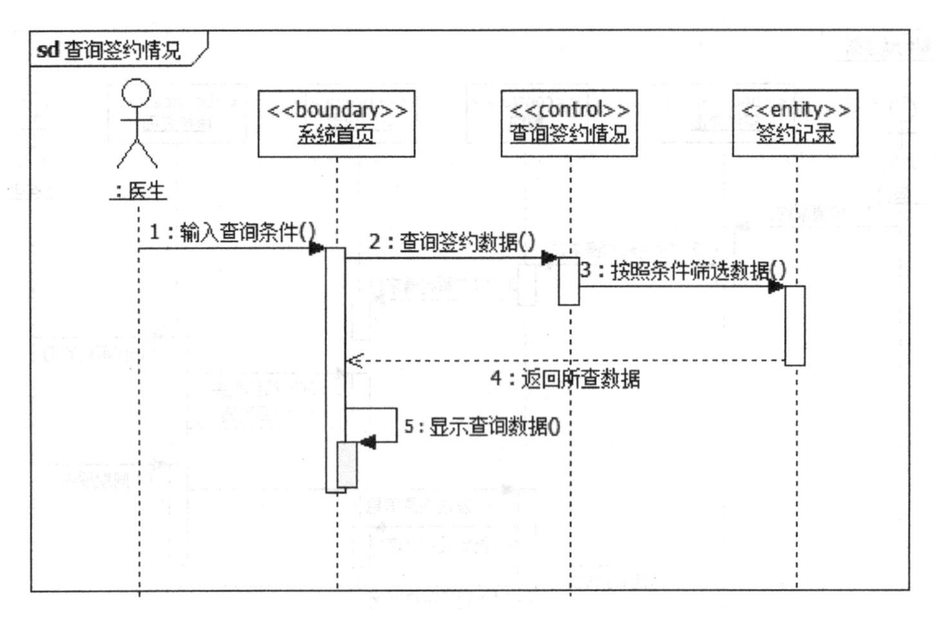

图 5-33　查询顺序图

1）医生登录系统，申请加入医生组

发送消息对象：医生。接收消息对象：签约系统。

2）传递申请消息

发送消息对象：签约系统。接收消息对象：平台管理员。

3）同意申请

发送消息对象：平台管理员。接收消息对象：签约系统。

4）写入数据库

发送消息对象：签约系统。接收消息对象：数据库。

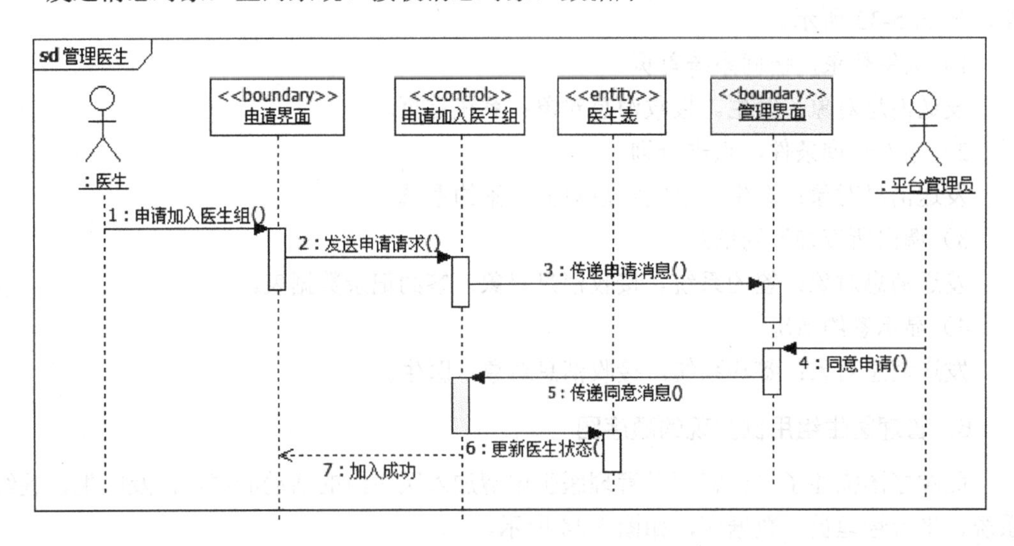

图 5-34　管理医生组顺序图

5.5.2 状态机图建模实例

本系统中的一些对象在其生命周期内会发生状态的变化。下面通过对医生类和签约协议类进行状态图建模，了解它们在不同状态下的不同行为。

1．确定类和对象

（1）医生会因为其申请加入或退出医生组而导致状态发生变化。

（2）签约协议会因为居民选择医生签约或解约而导致状态发生变化。

2．识别状态并绘制状态图

（1）识别医生状态：医生的初始状态是未加入医生组，医生填写个人信息申请加入医生组，使自己的状态变为等待审核，医生组长接到申请，同意其加入医生组，其状态变为审核通过。

综上所述，绘制如图 5-35 所示的医生状态图。

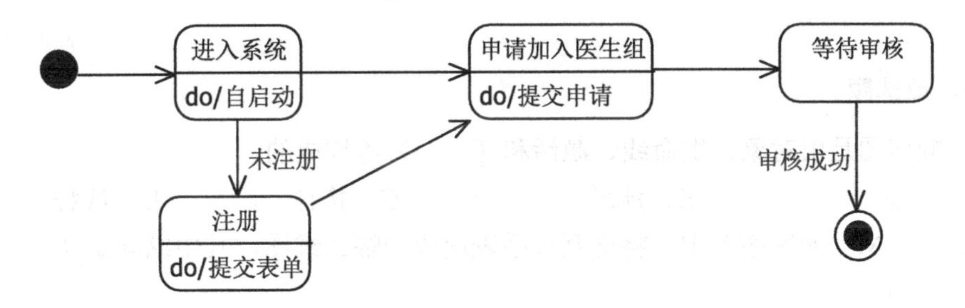

图 5-35 医生状态图

（2）识别签约协议状态：签约协议的初始状态为空，需要居民申请签约后，才能被系统处理，医生同意其申请后，系统自动生成签约协议，发送给双方确认。确认无误后签约协议的状态变为已存在，双方可以删除或变更协议内容，同时签约协议的状态也发生相应改变。

综上所述，绘制如图 5-36 所示的签约协议状态图。

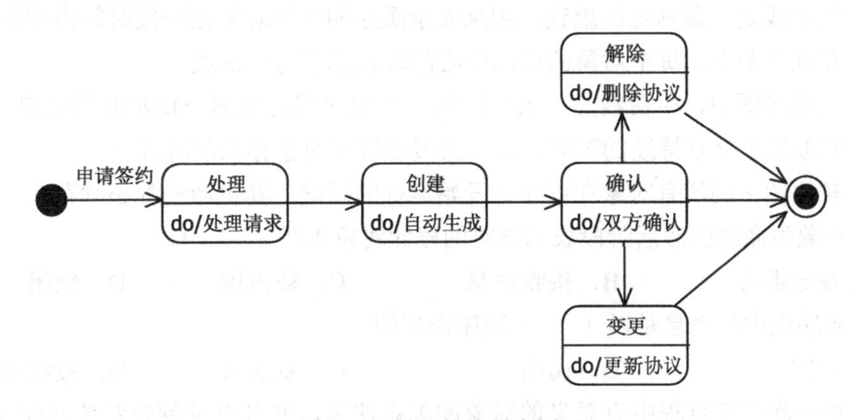

图 5-36 签约协议状态图

本章小结

本章讲解了 UML 中的两种交互图以及状态机图的相关内容。两种交互图是顺序图与通信图。顺序图一般用来描述多个对象参与的一个交互过程，主要由对象和消息构成，可按时间顺序对系统的控制流建模。通信图主要由对象、链和消息构成，与顺序图类似，也用来描述一个交互过程，然而二者表达的侧重点不同。当对贯穿一个用例或者协作的对象和角色的控制流建模时，可以用通信图。状态机图描述了一个状态机，常常依附于一个类，有时也会依附于用例等元素。状态机图主要由状态与转换组成，还包括一些伪状态等，状态还允许嵌套子状态，称为复合状态。本章还讲解了绘制两种交互图以及状态机图的操作与步骤。

本章习题

一、单选题

1. 顺序图是由对象、生命线、激活和（　　）等构成的。

A．消息　　B．泳道　　C．构件　　D．线程

2. 在 UML 的顺序图中，将交互关系表现成一幅二维图，其中纵向是（　　），横向是（　　）。

A．时间，对象角色　　B．交互，消息

C．时间，消息　　D．交互，泛化

3. 在顺序图中，一个对象被命名为“:B”，该对象名的含义是（　　）。

A．一个属于类 B 的对象 B　　B．一个属于类 B 的匿名对象

C．一个所属类不明的对象 B　　D．非法对象名

4. 下列关于生命线的说法，不正确的是（　　）。

A．生命线是一条垂直的虚线，用来表示顺序图中的对象在一段时间内存在

B．在顺序图中，每个对象的底部中心的位置都带有生命线

C．在顺序图中，生命线是一条时间线，从顺序图的顶部一直延伸到底部，所用时间取决于交互持续的时间，即生命线表现了对象存在的时段

D．顺序图中的所有对象在程序一开始运行的时候，其生命线都必须存在

5. 对象生命线的激活阶段表示该时间段此对象正在（　　）。

A．发送消息　　B．接收消息　　C．被占用　　D．空闲

6. 顺序图中的消息是以（　　）顺序排列的。

A．时间　　B．调用　　C．发送者　　D．接收者

7. 对一次交互过程中有意义的对象间关系建模，并且着重刻画对象间如何交互以

执行用例的图是（　）。

A．用例图　　B．构件图　　C．部署图　　D．通信图

8．在通信图中用来连接对象与对象的元素是（　）。

A．关联关系　　B．链　　C．生命线　　D．消息

9．下列关于通信图中链的叙述，正确的是（　）。

A．通信图中的链与对象图中的链在语义以及表示法上都相同

B．在通信图中，链一定连接了两个不同的对象

C．在通信图中，链可以添加可见性修饰来表示两端对象对整条链的可见性

D．通信图中对象之间的链一定在整个软件的生命周期内都存在

10．下列选项中不属于通信图与顺序图的共同点的是（　）。

A．表达语义相同，都是对系统中的交互建模

B．对象责任相同，都担任了发送者与接收者的角色

C．主要元素相同，都是以对象与消息作为主要元素

D．对象表示相同，都可以显式地体现出对象的生命周期

11．下列不是状态机图组成要素的是（　）。

A．状态　　B．转换　　C．初始状态　　D．构件

12．状态机图的意义是（　）。

A．对实体在其生命周期中的各种状态进行建模，状态是实体在一段时间内保持的一个状态

B．将系统的需求转化成图形表示，简单直观，还可以转化成程序的伪代码

C．表示两个或多个对象之间的独立连接，是不同对象不同时期情况的图形化描述

D．描述对象和对象之间按时间顺序的交互行为

13．下列选项中不属于状态元素内部的内容是（　）。

A．入口动作　　B．内部转换　　C．触发器　　D．可推迟事件

14．下列选项不属于伪状态的是（　）。

A．历史状态　　B．复合状态　　C．初态　　D．选择

15．假设在某个状态的内部的一行内容表示为“event A/defer”，则这行内容所表示的（　）。

A．触发器　　B．内部转换　　C．内部执行活动　　D．可推迟事件

16．下列说法不正确的是（　）。

A．触发器事件就是能够引起状态转换的事件，触发器事件可以是信号或调用等

B．没有触发器事件的转换是由状态活动的完成引起的

C．内部转换默认不激发入口动作和出口动作，因此内部转换激发的结果不改变本来状态

D．状态机图的主要目的是描述对象创建和销毁的过程中资源的不同状态，有利于开发人员提高开发效率

17．假设一个转换被表示为“A[B]/C”，那么这个转换所表达的语义是（　　）。

A．该转换的触发器事件为B，监护条件为A，效果列表为C

B．该转换的触发器事件为A，监护条件为B，效果列表为C

C．该转换的触发器事件为C，监护条件为A，效果列表为B

D．该转换的触发器事件为A，监护条件为C，效果列表为B

18．需要依赖于某个表达式所表达的布尔条件才能发生的事件被称为（　　）。

A．信号事件　　B．调用事件　　C．改变事件　　D．时间事件

19．组成一个状态的多个子状态之间是互斥的，不能同时存在，那么这种状态称为（　　）复合状态。

A．顺序　　B．并发　　C．历史　　D．同步

20．下列关于顺序图的说法，不正确的是（　　）。

A．顺序图是对象之间传送消息时间顺序的可视化表示

B．顺序图比较详细地描述了用例表达的需求

C．顺序图的目的在于描述系统中各个对象按照时间顺序的交互

D．在顺序图中，消息表示一组在对象间传送的数据，不能代表调用

二、判断题

1．顺序图从时间顺序上显示了交互过程中信息的交换。（　　）

2．顺序图中元素的摆放顺序无关紧要。（　　）

3．顺序图中的对象可以在交互开始时已经存在，也可以在交互过程中才被创建。（　　）

4．在顺序图中，对象的生命线一定会贯穿整个交互过程。（　　）

5．在顺序图中，所有对象的生命线一定会被一个销毁标记所结束。（　　）

6．激活表示在这一时间段内对象正在完成某项任务。（　　）

7．每条消息一定关联着至少两个不同的对象，即消息的发送者和接收者。（　　）

8．在顺序图中，如果一个对象在接收到消息时还没有被激活，那么这条消息将会激活这个对象。（　　）

9．信号就是调用类的操作。（　　）

10．顺序图虽然能表示消息发送的事件顺序，却无法量化地表示出消息发送的具体时间。（　　）

11．通信图将对象和时间作为两个维度在图中表示。（　　）

12．通信图是表现对象协作关系的图，它展现了多个对象在协同工作达成共同目标的过程中互相通信的情况。（　　）

13．通信图的主要组成元素包括对象、链、生命线和消息。（　　）

14．通信图中应该表示出交互发生的时刻系统中存在的所有对象。（　　）

15．由于交互时可能会有一组同类型的对象在交互中执行同一个操作，因此通信图提供了多重对象的概念。（　　）

16．在通信图中，只有通过链连接的对象才能进行消息传递和交互。（　　）

17．与关联关系相似，UML 也允许对象自身与自身之间建立一条链。（　　）

18．在通信图中出现的链是静态关联的实例。（　　）

19．就语义和表示法而言，通信图中的消息与顺序图中的消息完全相同。（　　）

20．因为通信图无法表示出对象在交互时的激活，顺序图也无法表示出交互过程中对象间的链，因此两种图所表达的语义是完全不等价的。（　　）

21．状态机一般都依附于一个类，也可以依附于用例、操作等元素上。（　　）

22．在状态机图中，转换就是对象在两种状态之间的时空下发生的有意义的事情。（　　）

23．一个状态机图中只能有一个初态。（　　）

24．内部转换就是某个状态转换到自身的过程。（　　）

25．可推迟事件表示这一事件如果无法立即执行，则会被推迟执行。（　　）

26．如果一个非内部的转换没有触发器，则该转换会在其内部活动执行完毕后触发。（　　）

27．在转换被触发器激发一次的过程中，会一直计算监护条件直到其结果为真。（　　）

28．一个正确的状态机图中的选择节点不同分支上的监护条件应该覆盖所有情况。（　　）

29．当顺序复合状态被激活时，同一时间只有一个子状态会被激活。（　　）

30．历史状态就是状态机中该状态的前一状态。（　　）

三、应用题

1．某银行系统的取款用例执行顺序如下：工作人员输入取款单，输入后，银行系统请求银行数据库匹配用户，进行身份验证，验证通过后，数据库注销相应存款，返回注销完成信息，银行系统在存折上打印取款记录。

请根据以上信息绘制顺序图。

2．在某一学生指纹考勤系统中，有一个用例名为“上课登记”。此用例允许学生在上课前使用系统识别自己的指纹信息进而识别自己的身份，同时系统可以将登录信息存储在数据库中。

“上课登记”用例的主要事件流如下：

（1）学生从系统菜单中选择“上课登记”；

（2）系统显示指纹识别界面；

（3）学生将手指放置于界面上；

（4）系统捕获并识别学生的指纹，向学生返回识别的身份信息；

（5）学生选择“确认”按钮；

（6）系统生成一个关于该登记学生及当前日期、时间的新记录，并将该记录保存到数据库中。

请根据以上描述绘制“上课登记”用例的顺序图。

3．在饮料自动销售系统中，顾客选择想要的饮料。系统提示需要投入的金额，顾客从机器的前端钱币口投入钱币，钱币到达钱币记录仪，记录仪更新自己的选择。正常时钱币记录仪通知分配器分发饮料到机器前端。但可能饮料已售完，也可能用完了找给顾客的零钱而无法销售饮料。先写出“买到饮料”的场景、“饮料已售完”的场景以及“机器没有合适的零钱”的场景，然后根据场景用 UML 分别表示出“买到饮料”“饮料已售完”以及“无法找零”的顺序图。

4．某银行系统存款处理过程如下：

（1）系统将存款单上的存款金额分别记录在存折和账目文件中；

（2）将现金存入现金库；

（3）最后将打印后的存折还给储户。

请分析此交互过程所涉及的系统对象，并结合存款处理流程绘制通信图。

5．对于某在线购物系统，主要有以下三个交互过程。

（1）登录：用户申请登录系统，系统验证用户身份的有效性.

（2）购物：用户浏览系统的搜索页面，搜索到目标商品，并将之添加到购物车。

（3）结算：用户结算购物车内的所有商品，更新库存并创建订单。

绘制通信图来表示这三个交互过程。（一张图）

6．医院拟引入一款患者监护系统。基本要求是随时接收每个病人的生理信号（脉搏、体温、血压、心电图等），定时记录病人情况，以形成患者日志。当某个病人的生理信号超出医生规定的安全范围时，向值班护士发出警告信息。此外，护士在需要时还可以要求系统打出某个指定病人的病情报告。

请根据以上描述，绘制患者监护系统的状态机图。

7．当手机开机时，它处于空闲状态。当用户使用电话呼叫某人时，手机进入拨号状态，如果呼叫成功，即电话接通，手机就处于通话状态。如果呼叫不成功，如对方线路有问题或关机，则拒绝接听，这时手机停止呼叫，重新进入空闲状态。手机在空闲状态下被呼叫，手机进入响铃状态（ringing）；如果用户接听电话（pick），手机处于通话状态；如果用户未做出任何反应，可能他没有听见铃声，手机一直处于响铃状态；如果用户拒绝来电，手机回到空闲状态。

请根据以上描述，绘制使用手机的状态机图。

8．简单的数字手表表面上有一个显示屏和两个设置按钮 A 和 B，有两种操作模式：显示时间和设定时间。在显示时间模式下，手表会显示小时数和分钟数，小时数和分钟数由闪烁的冒号分隔。设定时间模式有两种子模式：设定小时和设定分钟。按钮 A 选择模式，每次按下此按钮时，模式会连续前进：设定小时、设定分钟等。在子模式内，每次只要按下按钮 B，就会拨快小时或分钟。

请根据以上描述，绘制一个数字手表的状态机图。

第 6 章　系统体系结构与其他辅助模型

6.1　信息系统体系结构

6.1.1　体系结构的概念

体系结构英文为 Architecture，这个词最早来源于建筑行业，它有两种含义：一是指建筑物的结构、构造的方式、建筑的样式、建筑的风格。二是指建筑物自身，也就是一座建筑物。后来，该词被用于其他的行业中，被用来描述任何事物的结构，即各个组成部分搭配与排列的形式。

在计算机中，体系结构主要包括以下几种应用。

（1）计算机体系结构（Computer Architecture，CA）：是指计算机硬件电子元器件，以及电子元器件之间的连接方式，也包括连接方式对计算机用途的影响。

（2）网络体系结构（Network Architecture，NA）：是指构成网络的计算机节点，节点之间的连接方式，以及网络支持的数据交换方式。

（3）数据体系结构（Data Architecture，DA）：是指企业信息处理的数据实体及其之间的关系，以及这些关系产生的可能性。

（4）软件体系结构（Software Architecture，SA）：是对系统组成、结构及如何工作比较宏观的描述，包括软件系统、成分的组织结构、约束和关系等。

6.1.2　信息系统体系结构的概念

当前信息系统开发主要面临的问题是规划和设计中缺乏企业战略规划的指导、信息技术的应用，忽略了与组织结构、知识、人员等的关系，所开发出的系统缺乏柔性、难以重构等。为了解决这一难题，信息系统体系结构（Information System Architecture，ISA）的概念被正式提出。ISA 是近年出现的新的研究领域，还没有形成普遍认可的定义，一般认为它比计算机体系结构、网络体系结构、数据体系结构、软件体系结构都更加广泛和深远，宏观上包括企业整个信息技术发展的总体规划、实施策略、技术方案等各方面内容，微观上包括信息系统功能构件的区分、归类、构件接口和它们之间数据交换的规范和标准。

随着信息系统越来越复杂，信息系统体系结构对信息系统实施的成败至关重要，甚至会直接影响信息系统性能，其作用的重要程度已经超过了算法设计。

6.1.3 分层架构

人们解决问题的方式一般是将复杂的大问题分解为几个简单的小问题，然后再逐个求解每个小问题。从信息系统设计发展的历史和现代流行的系统开发观点来看，分层是系统分析和设计基本的、具有普遍适应性的思想方法。

使用分层的好处：①不需要去了解每一层的实现细节；②可以使用不同的技术来改变基础层，而不会影响其上层的应用；③任何一层的变化都不会影响到其他各层；④容易制定出每一层的标准；⑤处于较低位置的分层可以用来提供较高位置分层的多项服务；⑥分层本身的特点决定了该架构更容易接受新的技术和变化。

1. 传统的两层架构

传统的客户服务器系统仅简单地基于两层体系来构建，即客户端（前台）和企业信息系统（后台），没有任何中间层，业务逻辑层与表示层或数据层混在一起。这种两层架构无论从开发、部署、扩展、维护来说，只有一个特点——成本高。

2. 三层架构

三层架构自上而下地将系统分为表示层、业务逻辑层、数据层。表示层由处理用户交互的客户端构件及其容器所组成；业务逻辑层由解决业务问题的构件组成；数据层由一个或多个数据库组成，并包含存储过程。

这种三层架构，在处理客户端的请求时，使客户端不用进行复杂的数据库处理；透明地为客户端执行许多工作，如查询数据库、执行业务规则和连接现有的应用程序；并且能够帮助开发人员创建适用于企业的大型分布式应用程序。

1）MVC 模式

在 MVC 模式中，应用程序被划分为模型（Model）层、视图（View）层、控制（Control）层三部分。MVC 模式就是把一个应用程序的开发按照业务逻辑、数据、视图进行分离分层，并组织代码。MVC 模式要求把应用的模型按一定的层次规则抽取出来，将业务逻辑聚集到一个部件里面，在改进和个性化定制界面及用户交互的同时，不需要重新编写业务逻辑。模型层负责封装应用的状态，并实现功能，视图层负责将内容呈现给用户，控制层负责控制视图层发送的请求以及程序的流程。

Servlet+JSP+JavaBean（MVC）这种模式比较适合开发复杂的 Web 应用，在这种模式下，Servlet 负责处理用户请求，JSP 负责数据显示，JavaBean 负责封装数据。

2）基于 JavaEE 架构模式下的 MVC

在这种架构模式下，模型（Model）层定义了数据模型和业务逻辑。为了将数据访问与业务逻辑分离，降低代码之间的耦合，提高业务精度，模型层又具体划分为 DAO 层和业务层，DAO 即 Data Access Object，其主要职能是将访问数据库的代码封装起来，让这些代码不会在其他层出现或者暴露出来；业务层是整个系统的核心也是最具有价值的一层，该层封装应用程序的业务逻辑，处理数据，关注客户需求，在业务处理过程中会访问原始数据或产生新数据。DAO 层提供的 DAO 类能很好地帮助业务层完成数据处理，业务层本身侧重于对客户需求的理解和业务规则的适应，总体说来，DAO 层不处理业务逻辑，只为业务层提供辅助，完成获取原始数据或持久层数据等操作。

（1）JSP：JSP 被用来产生 Web 的动态内容。这层把应用数据以网页的形式呈现给浏览器，然后数据按照在 JSP 中开发的预定方式表示出来，这层也可以称为布局层。

（2）Servlet：JSP 建立在 Servlet 之上，Servlet 是 J2EE 的重要组成部分。Servlet 负责处理用户请求，Java Web 项目的所有配置都写在了 web.xml 配置文件里，当项目运行的时候，web.xml 会将 http 请求映射给对应的 Servlet 类。

（3）JavaBean：由一些具有私有属性的 Java 类组成，对外提供 get 和 set 方法。JavaBean，负责处理视图层和业务逻辑之间的通信。

（4）Service：业务处理类，对数据进行一些预处理。

（5）DAO 层：数据访问层，JDBC 调用存储过程，从数据库（DataBase）获取数据，再封装到 Model 实体类中。

6.1.4 C/S 体系结构和 B/S 体系结构

信息系统体系结构的模式主要有：单机体系结构、客户/服务器（C/S）体系结构、浏览器/服务器（B/S）体系结构三种。

单机体系结构是早期信息系统采用的结构，整个信息系统都部署运行在一台计算机上，信息资源只能供一个用户使用，无法共享和交换数据。

C/S（Client/Server）体系结构，即客户/服务器体系结构，它是以服务器为中心，以客户机网络为基础的两层信息系统软件结构。通过将任务合理分配到 Client 和 Server 端来降低系统通信开销。使用这种架构时，用户的主要程序在客户端，数据管理、共享及维护在服务器端进行。这种架构的特点是开发容易，但由于需要单独安装客户端，因此升级维护的操作比较困难。

B/S（Browser/Server）体系结构，即浏览器/服务器体系结构，它是伴随 Internet 的广泛应用而产生的一种信息系统结构。在这种结构下，用户操作使用本地浏览器即可，不用在客户端部署专门的应用程序，应用程序都部署在服务器端。由于客户端没有应用程序，升级维护变得非常简单。

单机体系结构的应用场景已经越来越少，而 C/S 和 B/S 体系结构在信息系统中的使用非常广泛。两者的主要区别有以下几点。

1）适用范围的区别

C/S 体系结构一般建立在专用网络上，适合小范围应用环境，局域网之间通过专门的服务器提供连接与数据交换服务。B/S 体系结构主要建立在广域网上，不需要专门的网络硬件环境。相对来讲，B/S 体系结构的适应范围更广泛。

2）安全上的区别

C/S 体系结构主要面向局域网用户群体，信息安全的控制能力强，适合保密性高的信息系统采用。B/S 体系结构主要用于广域网，连接容易，但由于用户一般未知，安全控制相对较弱。

3）编程架构上的区别

C/S 编程架构更注重流程开发，权限设置了多层次校验，但对系统的运行速度不加考虑。B/S 编程架构则更加注重安全保障、运行速度方面的要求，已经成为当前信息系统的发展趋势。主流的两大 B/S 编程架构模型是微软的.Net 技术和 IBM 的 JavaBean 技术。

6.1.5 微服务架构

随着敏捷开发概念的普及、持续集成交付、DevOps、云技术、Docker 容器化等技术越来越流行，互联网行业应用提供商能够以多种多样的形式为用户提供各种软硬件资源。随着用户的逐渐增多，服务内容也变得格外复杂，对互联网公司和服务提供商的各方面能力，如可扩展性、敏捷性、容错性等提出了越来越高的要求，这也促进了网络应用服务从早期的单体式架构到后来的面向服务的架构 SOA（Service-Oriented Architecture）逐渐演进。在网络服务演进过程中，微服务架构就是从面向服务架构 SOA 逐渐发展而来的。

微服务架构的技术形成于 2012 年出现，并逐渐取代了传统的单体式架构。2014 年著名计算机领域学者 Martin Fowler 正式提出微服务架构的概念。同时，容器技术也开始飞速发展，并为微服务架构的大规模使用提供了基础设施支持。自 2014 年以来，微服务架构已经成为互联网业界最受欢迎的服务技术架构。

微服务架构是在 SOA 架构后继续发展的产物。微服务通过将应用分解为许多细粒度的、单一功能的服务，每个服务完成自己特有的业务功能，实现自己专门的系统逻辑功能，微服务之间采用 REST API 协议标准进行网络通信，外部的使用者不会直接与微服务系统的接口 API 进行交互。

微服务架构具有很多优点，它解决了系统复杂性的问题，能够将单体服务应用分解为一组服务，虽然业务功能并没有变化，但是应用内部被分割成便于管理的模块或服务。这些服务之间清晰地定义了服务边界，实现了去中心化依赖，每个服务都有单独的专属于自己的数据库，仅供自己使用，其他服务不能交叉使用。微服务提升了开发的速度，各个模块的功能可以独立开发，独立部署发布。每个服务可以根据自身进行技术选型，可以灵活地对自身服务做重构优化以及新技术的引进。微服务可以将服务器资源合理利用，每个服务根据自身的需求，可以独立配置容量、CPU、实例数量等资源。

微服务架构同样也存在弊端和挑战，虽然微服务是业务最细粒度的拆分，但是拆分的原则并没有官方的统一标准原则，没有任何官方发表关于微服务粒度的拆分准则，很多情况下主要依赖工程师的经验；如果掌握不好拆分粒度，会增加复杂度，给服务运维带来巨大的挑战。另一个缺点是微服务的数据库体系和分布式事务变得困难，CAP 原理（Consistency：一致性，Availability：可用性，Partition tolerance：分区容忍性）和约束在单体式架构应用中实现起来非常简单，但是在微服务架构下，系统需要做取舍，有时不得不放弃传统的强一致性。同时微服务间调用变得复杂，并且会形成服务间的依赖关系，当一个服务不可用时，会导致相关联系统的不可用故障，那么就带来了系统降级的挑战，微服务系统需要做好系统降级的准备，在依赖的服务发生故障时，保障自身服务的可用性，因此，业务功能需要在发生故障的情况下做出相应的妥协。

微服务是针对分布式系统的解决方案，该系统具有全面的组件以确保服务的高可用性，微服务的通用组件如下。

1）服务注册与发现

服务提供商预先在服务注册表中注册其呼叫地址，以便服务请求呼叫者可以轻松找到目标服务。调用者可以通过注册表寻找目标服务的请求地址，这便是服务注册与发现的过程。

2）负载均衡

服务提供商通常以部署多个实例的形式提供服务。负载均衡功能允许服务调用者连接到适当的服务实例，并根据某些算法将它们均匀分配。节点实例的选择对服务调用者是透明的、感性的。

3）服务网关

服务网关是应用系统服务调用请求的统一入口，可以在网关层进行多种接入性限制，如鉴权认证可以配置动态路由，配置灰度发布策略，负载限流等。

4）配置中心

将服务本地化的配置信息注册到配置中心，以实现程序在开发、测试和生产环境中的不歧视。

5）服务容错

服务容错是指当服务依赖多个其他服务时，避免其他服务因为异常不能提供服务时，导致自身也无法对外提供服务，进行的服务降级手段，不至于导致系统整体瘫痪。

6.2 包图建模

对于一些大而复杂的信息系统，需要划分为几个子系统，这些子系统有它们自己的既定职责。在面向对象的分析与设计中，子系统以包的形式提供，它们组合所需的相关逻辑实体来实现系统的预期行为。

6.2.1 包图概念

包图是一种重要建模工具，被用来维护控制系统总体结构，以便于理解信息系统的整体结构。对于一个被良好设计的包来说，应该具备高内聚、低耦合特点，对内容的访问还要能够进行严密控制。包图可以用自己的模型元素，也可以引用其他图的模型元素。包实例不具有任何语义，仅在建模时有意义，无须将其转换到可执行系统中去。UML 中包图的表示方式如图 6-1 所示。

1．包的命名

每个包都要定义一个与其他包不同的名字，包的命名形式为一个字符串，有两种表示方式：简单命名方式和路径名命名方式。其中，简单命名方式仅使用一个简单的名称来表示一个包；路径名命名方式是以位于外围包的路径名作为前缀进行命名。

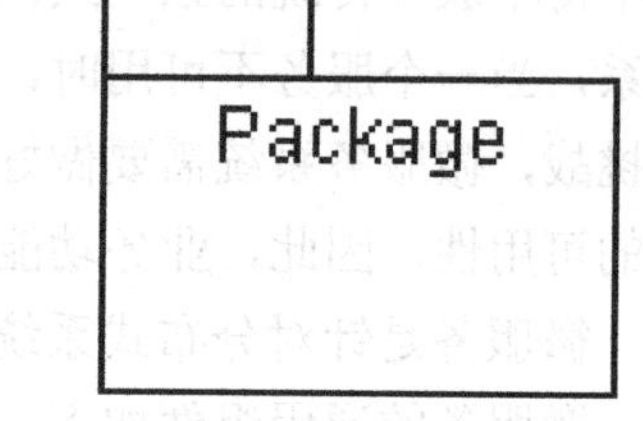

图 6-1　UML 中包图的表示方式

另外，在使用包名时要注意，如果不需要显示包中的具体内容，可以将包的名字写入主方框来描述。如果必须要将包中的内容显示出来，可以将包的名字放在左上角小方框，包中的内容放在主方框中。通用包用{global}表示，系统中所有的包都依赖于此包。

2．包中的元素

UML 中包主要包括的元素有：类、接口、构件、节点、协作、用例、图以及其他包。每一个包都是一个命名空间，因此一个包中不能有同类建模元素，但是不同包中可以有同名同类的建模元素。同一个包中不同类型元素可以同名，但是一个元素不能包含在两个不同的包中。当一个包被销毁时，其中所包含的元素也会被撤销。

3．包的可见性

包的可见性用于控制包内元素对包外元素的可访问性，主要包括三种类型：第一种是公有（public）访问可见性，表示包内的模型元素可以被任何引入该包的元素访问。第二种是受到保护（protected）的访问可见性，表示此元素可以被该包及其子包中的所有元素访问；第三种是私有（private）访问可见性，表示只有包内的元素能够访问此元素。

4．包的引入与输出

包的引入（import）是指一个包中的元素允许存取另外一个包中的元素，输入依赖是单向的。输出（export）是指包的公共部分，其输出只对与它有输入依赖的包可见。

5．标准元素

包中的标准元素包括虚包（facade）、框架（framework）、桩（stub）、子系统（subsystem）、系统（system）等。

（1）虚包：用来描述一个引用其他包内元素的包。

（2）框架：用来描述由模式组成的包。

（3）桩：用来描述作为另一个包公共内容代理的包。

（4）子系统：用来描述建模中整个系统的一个独立部分的包。

（5）系统：用来描述一个表示建模中整个系统的包。

6.2.2 包之间的关系

包之间的关系主要有两种：依赖（Dependency）关系和泛化（Generalization）关系。

1. 依赖关系

两个包之间的依赖关系指的是两个包中的模型元素之间存在一个或者多个依赖。包是由类来组成的，因此一般情况下，两个包之间的依赖关系是由模型元素之间的一个或多个依赖关系所确定的。如果 A 包和 B 包之间存在依赖关系，B 包与 C 包之间存在依赖关系，则 A 包和 C 包之间不一定存在依赖关系，即依赖关系是不可传递的。

2. 泛化关系

包之间的泛化关系非常类似于类之间的泛化关系，子包必须遵循父包的接口，父包可以表示为 {abstract}，即为一个接口，该接口可以由多个子包来实现。子包继承父包所含的全部公共类，还可以重载与添加自己的类到包中，子包可以替代父包，用在父包能够使用的全部地方。

6.2.3 包图的作用

包图可用于以下建模目的：

（1）提供模块的静态模型、模块部件和关系；

（2）表示系统的架构建模；

（3）组合任意 UML 元素（如用例、参与者、类、构件和其他包）；

（4）指定类的逻辑分布；

（5）强调系统的逻辑结构（高层视图）；

（6）提供类的逻辑分布，这可以通过系统的逻辑结构来推断；

（7）给类图添加包信息。

6.3 构件图建模

6.3.1 概念

构件图又称为组件图（Component Diagram），描述的是在软件系统中遵从并实现一组接口物理的、可替换的软件模块，用于显示系统的物理视图，即显示系统与其他系统构件之间的依赖关系。其中，可替换的物理部分包括软件代码、脚本或命令行文件，也可以表示运行时的对象、文档、数据库等。构件图通过对构件间依赖关系的描述来估计对系统构件的修改给系统可能带来的影响。

构件图可以使系统开发人员能够从整体上了解系统的所有物理构件，同时，也使系统开发人员知道如何对构件进行打包，以交付给最终客户。构件图还显示了所开发的系统的构件之间的依赖关系，依赖关系符号（---->）表示构件之间的关系。

构件图=构件（Component）+接口（Interface）+关系（Relationship）+端口（Port）+连接器（Connector）。

以汽车租赁关系的系统构件图为例，如图 6-2 所示。构件图中有五个构件：员工记录、工作记录、租赁应用程序、汽车记录、服务记录。每个构件形成一些接口并使用另外一些接口。如果构件的依赖关系与接口有关，那么可以被具有同样接口的其他构件所替代。

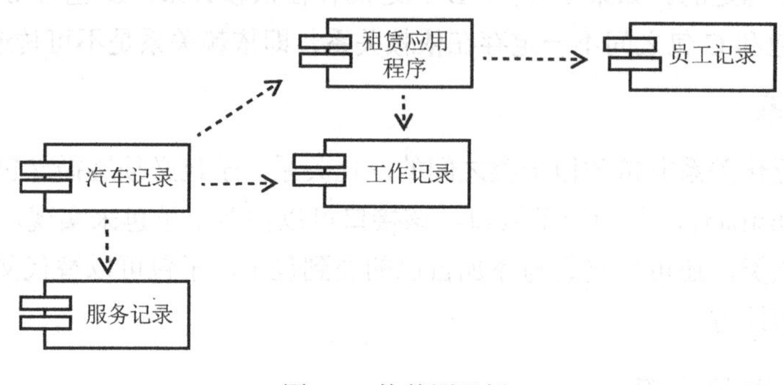

图 6-2　构件图示例

6.3.2　构件

1．构件的概念

构件（Component）也称为组件，构件是定义了良好接口的物理实现单元，是系统中可替换的物理部件。对于构件，必须有一个它所提供服务的抽象描述。通俗地说，每个构件都必须提供特定的服务。构件代表系统的一个物理实现块，代表逻辑模型元素如类、接口、协同等的物理打包。每个构件体现了系统设计中特定类的实现。构件是一种物理概念，必须被一个或多个实现所支持，这些实现都必须符合规格说明，而且在实现时必须遵从某种构件标准。良好定义的构件不直接依赖于其他构件而依赖于构件所支持的接口。在这种情况下，系统中的一个构件可以被支持正确接口的其他构件所替代。在 UML2.0 中，构件是一种类，因此构件具有属性、操作和可见性。这些概念的含义与在类图中定义的是一样的，只是在这里把这些概念应用在构件上。

构件的名称有两种：简单名和路径名，并依据目标操作系统可以添加相应的扩展名，如.java 和.dll。

2．构件的分类

构件的类型可以分为以下几种。

（1）配置构件（Deployment Component）：运行系统需要配置的构件，是形成可执行文件的基础，如操作系统、Java 虚拟机、DBMS；这类构件是构成一个可执行系统必要和充分的构件，如动态链接库（.dll）、可执行文件（.exe），另外如 COM+、CORBA 及企业级 Java Beans、动态 Web 页面也属于配置构件的一部分。

（2）工作产品构件（Work Product Component）：这类构件主要是开发过程的产物，包括创建实施构件的源代码文件、模型及用于创建配置构件的数据文件。这些构件是配置构件的来源，如 UML 图、Java 类和数据库表，但并不是直接地参与可执行系统，而是用来产生可执行系统的中间工作产品。

（3）执行构件（Execution Component）：在系统运行时创建的构件，是最终可运行的系统产生的结果，例如，由 DLL 实例化形成的 COM+对象、.net 构件、jar 文件等。

UML2.0 把构件分为基本构件和包装构件，其中，基本构件注重于把构件定义为在系统中可执行的元素。包装构件则扩展了基本构件的概念，注重于把构件定义为一组相关的元素，这组元素为开发过程的一部分，即包装构件定义了构件的命名空间方面。在构件的命名空间中，可以包括类、接口、构件、包、用例、依赖（如映射）和制品。按照这种扩展，构件也具有如下的含义：可以用构件来装配大粒度的构件，方法为把所复用的构件作为大粒度构件的成分，并把它们的请求和提供接口连接在一起（即构件包含构件，组拼大构件）。

3. 构件与包的区别

构件与包均为分组组织机制，但也有许多不同之处。

（1）一个构件代表一个物理的代码模块，而包可以包含成组的逻辑模型元素，也可以包含物理的构件；可以用包来组织用例（Use Case），不可以用构件来组织用例。

（2）一个类可以出现在多个构件中，却只能在一个包中定义。

（3）在部署图（Deployment Diagram）中，节点（Node）中可以放构件，但不可以放包。

（4）包只是类型（Type），构件可以是实例也可以是类型。

（5）包可以作为开发视图（Development View），用于管理。构件可作为物理视图（Physical View），用于部署。但反之不然。

4. 构件与类的异同点

构件图中的构件和类图中的类在许多方面很相似。例如，都有名字，都能实现接口，都可以参与依赖、泛化和关联关系，都可以有实例，都可以参与交互。但是它们之间也存在一些明显的差别。

（1）类是逻辑抽象，构件是物理实现，即每个构件体现了系统设计中特定类的实现。

（2）构件是对其他逻辑元素，如类、协作的物理实现。

（3）类可以有属性和操作，构件通常只有操作，而且这些操作只能通过构件的接口才能使用。

可以用 Java 开发的系统来理解构件和类的关系。一个.java 文件可能包含几个类的定义。这个.java 文件就是一个构件，而这几个类就是该构件包含的实现元素。

5. 构件的 UML 表示

构件用一个左侧带有两个突出小矩形的矩形来表示，如图 6-3 所示。

UML2.0 中表示方式：构件用加构造型《Component》的矩形框来表示，左上角添加构件符号，如果没有构件细节可在中央直接写上名字，如图 6-4 所示。

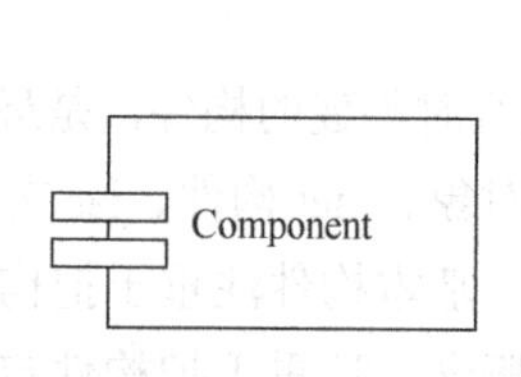

图 6-3　构件的 UML 表示

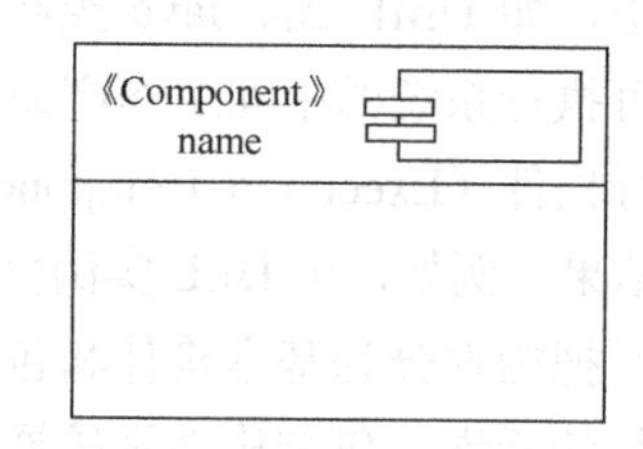

图 6-4　构件在 UML2.0 中的表示方式

6.3.3　接口

接口（Interface）是被软件或硬件所支持的一个操作集。它指定了一个契约，这个契约必须由实现和使用这个接口的构件所遵循。通过使用命名的接口，可以避免在系统的各个构件之间直接发生依赖关系，有利于新构件的替换.

接口可以分为提供接口和请求接口两类，其中，提供接口（供接口）是指把构件进行实现的接口，这意味着构件的接口是给其他构件提供服务的，实现接口的构件支持由该接口所拥有的特征，包括接口拥有的约束。请求接口（需接口）是构件使用的接口，即构件向其他构件请求服务时要遵循的接口。

接口的表示方式有以下两种：

（1）供接口：用“棒棒糖”式的图形表示，即由一个封闭的圆形与一条直线组成；

（2）需接口：用“插座”式的图形表示，即由一个半圆与一条直线组成。

供接口和需接口的 UML 表示如图 6-5 所示。

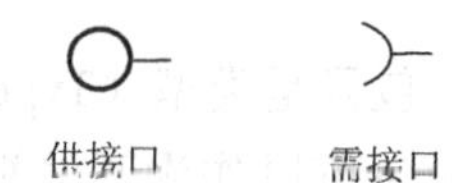

图 6-5　供接口和需接口的 UML 表示

在 Java 中供接口通过关键字 implements 来显式地表示，需接口被类所使用的任何接口类型隐式地定义。

6.3.4　外部接口——端口

端口是 UML2.0 引入的概念，端口描述了在构件与它的环境之间以及在构件与它的内部构件之间的一个显示的交互点，是一个封装构件显示的对外窗口，所有进出构件的交互都要通过端口。使用端口能在更大的程度上增加构件的封装性和可替代性。端口是构件的一部分，端口的实例随着它们所属构件的实例一起被创建和撤销。

提供接口说明了通过端口来提供服务，请求接口说明了通过端口需要从其他构件获得服务。一个构件可以通过一个特定端口同另一个构件通信，而且通信完全是由端口支持的接口来描述的。

端口通过尾部加小方框的接口表示，其中的小方框就称为端口，如图 6-6 所示。

图 6-6　端口的 UML 表示

6.3.5　连接器——连接件

UML2.0 提供两种类型的连接器（Connector）。

（1）代理连接器（Delegation Connector）——委托连接件：连接外部接口的端口和内部接口。

（2）组装连接器（Assembly Connector）——组装连接件：组装连接器表示构件之间的关系，它连接构件内部的类，将一个构件的供接口和一个构件的需接口捆绑在一起。

在这里需要注意的是：连接端口意味着请求端口要调用提供端口中的操作，以得到服务。端口和接口的优点在于在设计时，两个构件彼此不需要了解对方的内部，只要它们的接口是相互兼容的即可。如果一个端口提供一个特定的接口，而另一个端口需要这个接口，且接口是兼容的，那么这两个端口便是可连接的。

对于组装连接件，有两种表示方法：

（1）如果要显式地把两个构件实例衔接在一起，在它们的端口之间画一条线即可；

（2）如果两个构件实例相连是由于它们有兼容的接口，则可以使用一个“球-穴”标记来表示构件实例之间的连接关系，如图 6-7 所示。

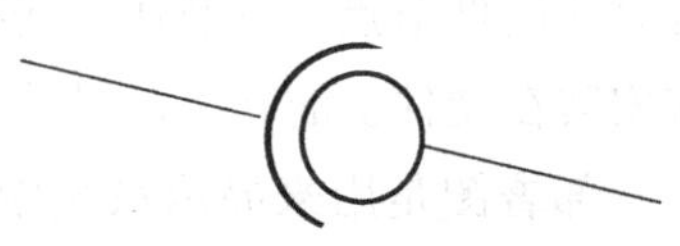

图 6-7　组装连接件的 UML 表示

装配连接件是两个构件实例间的连接件，它定义一个构件实例提供服务，另一个构件实例使用这些服务。装配连接件用于把一个请求接口或端口与一个提供接口或端口连接起来。在执行时，消息起源于一个请求端口，沿着连接件传递，被交付到一个提供端口。对于委托连接件，委托有这样的含义：具体的消息流将发生在所连接的端口之间，可能要跨越多个层次，最终到达要对消息进行处理的最终部件实例。这样，使用委托连接件能够对构件行为进行层次分解建模。

委托连接件把外部对构件端口的请求分发到构件内部的部件实例进行处理，或者通过构件端口把构件内部部件实例向构件外部的请求分发出去。

构件内部的一个部件可以是另一个构件或是一个类。注意，必须在两个提供端口间或两个请求端口间定义委托连接件。

注意： 因为构件是可以嵌套的，所以内部构件之间的连接（球-穴）是组装连接件，内部构件与端口之间的连接（实线箭头）是委托连接件。

6.3.6 依赖关系

构件图用依赖（Dependency）关系表示各构件之间存在的关系类型。

在 UML 中，构件图中依赖关系的表示方法与类图中依赖关系相同，都是一个由客户指向提供者的虚线箭头，如图 6-8 所示。

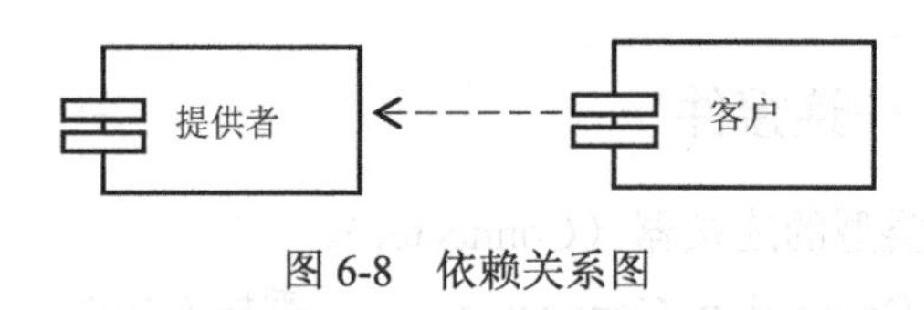

图 6-8 依赖关系图

6.4 部署图建模

6.4.1 概念

UML 中的实现图用来描述系统实现方面的信息，从系统层次来描述硬件的组成和布局，还有软件系统划分和功能的实现等问题。实现图分为构件图和部署图两种，其中构件图从软件架构角度描述系统主要功能，使用构件最重要的是复用，部署图（Deployment Diagram）是描述处理器和设备的实施图，一个 UML 部署图描述了一个运行时的硬件节点，以及在这些节点上运行的软件构件的静态视图。它显示了系统的硬件和安装在硬件上的软件，以及用于连接异构机器之间的中间件。

部署图是用来显示系统中软件和硬件的物理架构，是对系统运行时的架构进行建模。从部署图中可以了解到软件和硬件构件之间的物理关系以及处理节点的构件分布情况，即部署图可以显示硬件元素（节点）的配置，以及软件元素与工件是如何映射到这些节点上的。使用部署图可以显示运行时系统的结构，同时还传达构成应用程序的硬件和软件元素的配置和部署方式。部署图是描述处理器和设备的实现图。

部署图定义了系统中硬件的物理体系结构，用来描述实际的物理设备以及它们之间的连接关系。以汽车租赁系统中系统部署图为例，汽车租赁系统由 5 个节点构成，应用服务器负责整个系统的总体协调工作；数据库服务器负责数据管理；前台营业界面负责处理客户请求以及进行租赁交易；经营管理界面主要是用来对员工信息进行查询；技术工人界面用于技术查询、修改汽车状态等，如图 6-9 所示。

一个 UML 部署图描述了一个运行时的硬件节点，以及在这些节点上运行的软件构件的静态视图。部署图显示了系统的硬件，安装在硬件上的软件，以及用于连接异构机器之间的中间件。

创建一个部署模型的目的包括：

（1）描述系统投产的相关问题；

（2）描述系统与生产环境中的其他系统间的依赖关系，这些系统可能是已经存在，或是将要引入的；

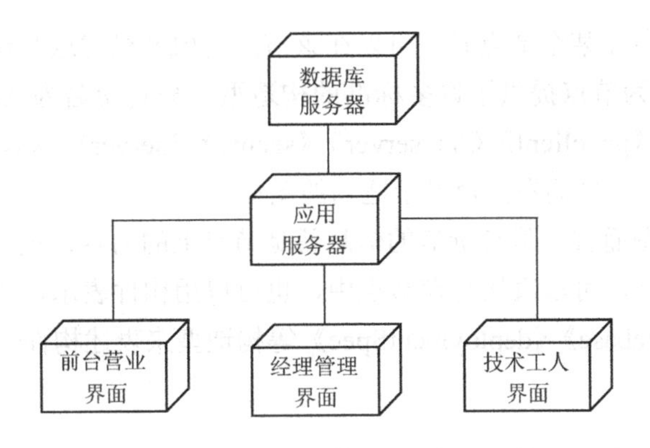

图 6-9　汽车租赁系统中系统部署图

（3）描述一个商业应用主要的部署结构；

（4）设计一个嵌入系统的硬件和软件结构；

（5）描述一个组织的硬件或网络基础结构。

6.4.2　部署图的组成

部署图由节点和关系两部分组成。有的部署图中也包含构件，但是构件必须在相对应的节点上，不能孤立存在。

1．节点

节点既可以是硬件元素，也可以是软件元素，代表一个运行时计算机系统中计算资源的通用名称。节点通常拥有一些内存，并具有处理能力。例如，一台计算机、一个工作站等其他计算设备都属于节点。

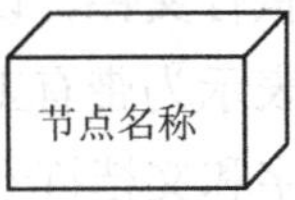

在 UML 中，节点用一个立方体来表示，如图 6-10 所示。每一个节点都必须有一个区别于其他节点的名称。节点的名称是一个字符串，位于节点图标的内部。节点的名称有 2 种表示方法：简单名字和带路径的名字。简单名字就是一个文字串；带路径的名字指在简单名字前加上节点所属的包名。

节点名称

图 6-10　节点的表示方法

节点包括处理器和设备两类，其中，处理器是能够执行软件、具有计算能力的节点，是可以执行程序的硬件结构，如计算机和服务器等，用带阴影的立方体表示；设备是没有计算能力的节点，通常情况下都是通过其接口为外部提供某种服务，如打印机、IC 读写器，用不带阴影的立方体表示。

2．节点实例

图可以显示节点实例，实例与节点的区别是：实例的名称带下画线，冒号放在它的基本节点类型之前。实例在冒号之前可以有名称，也可以没有名称。

3. 节点构造型

当某些构件驻留在某个节点时，可以在该节点的内部描述这些构件。

在 UML 中，为节点提供了许多标准的构造型，分别命名为《cdrom》《computer》《disk array》《pc》《pc client》《pc server》《secure》《server》《storage》《unix server》《user pc》，并在节点符号的右上角显示适当的图标。

对于一张部署图而言，最有价值的信息就是节点上的内容，也就是安装在节点中的构件。对于这些构件，可以直接写在节点中，也可以用构件表示，或用 UML2.0 规范推荐的《artifact》《database》《deploymentSpec》等构造型来表述构件。

4. 节点属性

与类一样，可以为一个节点提供属性描述，如处理器速度、内存容量、网卡数量等属性，也可以为节点其提供启动、关机等操作属性。

5. 节点与构件

节点表示一个硬件部件，构件表示一个软件部件。两者有许多相同之处，例如，二者都有名称，都可以参与依赖、泛化和关联关系，都可以被嵌套，都可以有实例，都可以参与交互。

但它们之间也存在明显的区别：构件是软件系统执行的主体，而节点是执行构件的平台；构件是逻辑部件，而节点是物理部件，我们在物理部件上部署构件。

6. 工件

工件是软件开发过程中的产品，包括过程模型（如用例模型，设计模型等）、源文件、执行文件、设计文档、测试报告、用户手册等。工件表示为带有工件名称的矩形，并显示《artifact》关键字和文档符号。

7. 关联

在部署图的上下文联系中，关联代表节点间的联系通道。图 6-11 显示了一个网络系统的部署图，描述了网络协议为构造型和关联终端的多重性，部署图用连接表示各节点之间通信路径，连接用一条实线表示。对于企业的计算机系统硬件设备间的关系，我们通常关心的是节点之间是如何连接的，因此描述节点间的关系一般不使用名称，而是使用构造型描述。图 6-11 是节点之间连接的例子。

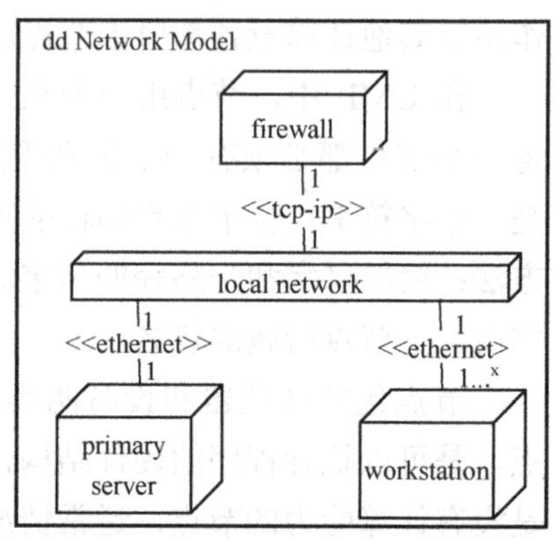

图 6-11　关联连接示例

6.4.3 绘制部署图

绘制部署图的步骤大致如下：

（1）找出所要绘图系统的节点，确定节点；

（2）找出节点间的通信联系；

（3）绘制部署图，每个节点都有名称，写明节点间物理联系的名称。

图 6-12 是机房收费系统的部署图，包含一台服务器和多个客户端。

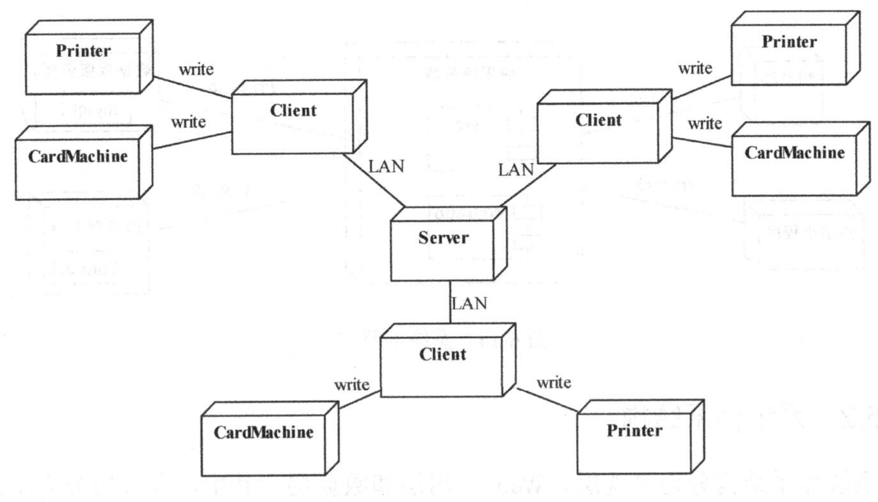

图 6-12　部署图示例

部署图和构件图都是对系统实现的描述，两者一起使用，效果更明显，如图 6-13 所示。

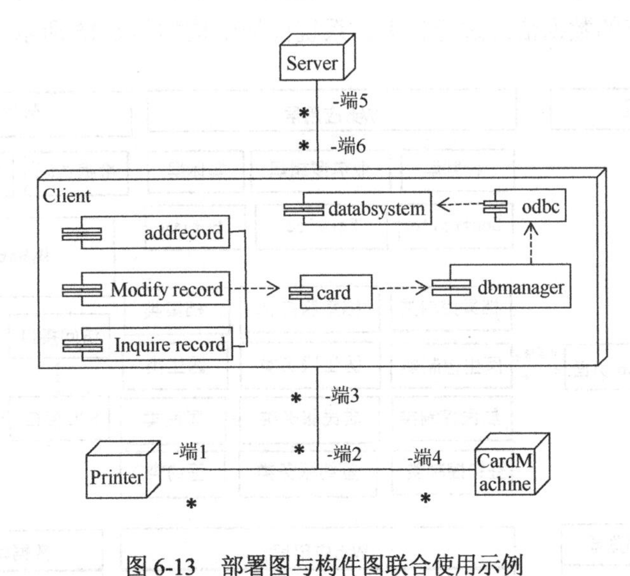

图 6-13　部署图与构件图联合使用示例

6.5　体系结构建模实例

本节通过一个家庭医生签约系统的例子，说明体系结构建模的过程。

6.5.1 系统部署图

本系统是基于 Web 和小程序的软件系统，操作模式为 B/S 方式。客户需要按照要求安装浏览器和小程序。服务器需要安装可执行软件、Web 服务软件、数据库管理系统。由此得到系统部署图，如图 6-14 所示。

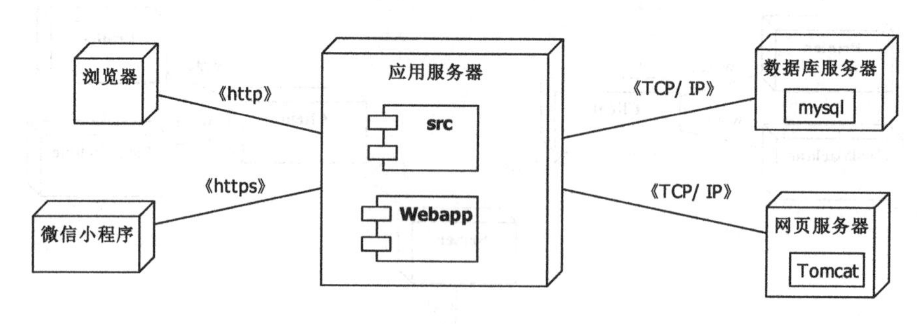

图 6-14 系统部署图

6.5.2 系统体系结构

本系统体系结构分为表现层、Web 应用层和数据层。其中，表现层分为小程序页面和 Web 页面。Web 应用层分为控制层、业务逻辑层和实体层。控制层处理来自小程序页面和 Web 页面的请求，业务逻辑层对系统的所有服务进行统一管理，实体层对系统的所有类进行统一管理。数据层包括数据的访问与存储，主要负责实现对象关系映射，对本系统所有的数据信息进行管理。系统框架结构如图 6-15 所示。

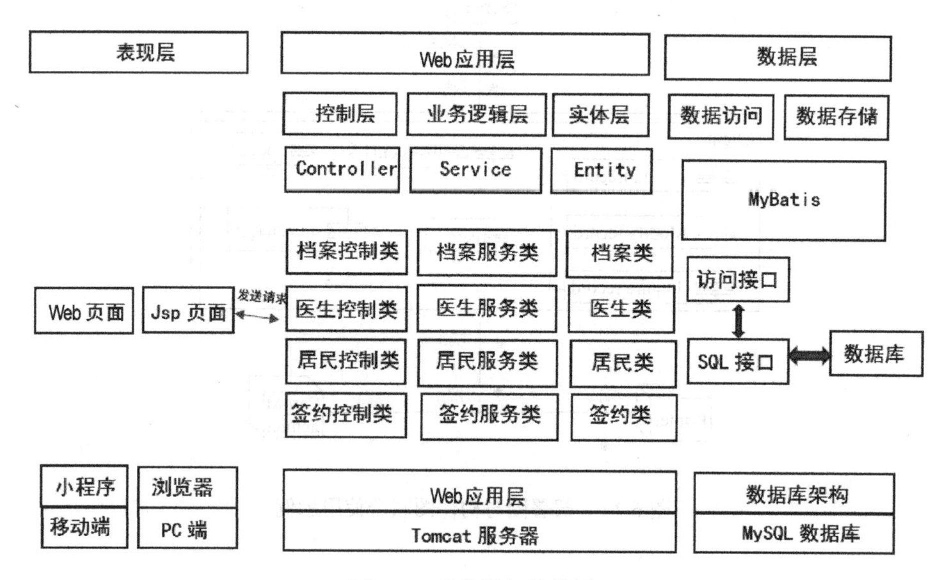

图 6-15 系统框架结构图

本章小结

构件图是描述系统中有哪些构件，体现系统构件内部定义、内部结构以及相互之间的依赖关系，而部署图是体现系统在硬件平台上的部署结构，靠节点完成，描述软件如何在硬件上映射以及网络的拓扑结构。

本章习题

一、单选题

1．在 UML 中，（　　）可以对模型元素进行有效组织，如类、用例、构件，从而构成具有一定意义的单元。

A．连接　　B．包　　C．构件　　D．节点

2．UML 系统需求分析阶段产生的包图描述了系统的（　　）。

A．状态　　B．系统体系层次结构

C．静态模型　　D．功能要求

3．（　　）是用来反映代码的物理结构。

A．构件图　　B．用例图　　C．类图　　D．状态图

4．（　　）是软件（逻辑）系统体系结构（类、对象、它们之间的关系和协作）中定义的概念和功能在物理体系结构中的实现。

A．构件　　B．节点　　C．软件　　D．模块

5．关于包图的下列说法，不正确的是（　　）。

A．包是对面向对象分析模型元素分组的机制

B．用于类图，可以把一组类打包

C．用于用例，可以把一组用例打包

D．一个模型元素可以同时被多个包拥有

二、判断题

1．部署图是 UML 用来描述系统的硬件配置、硬件部署以及软件构件和模块在不同节点上分布的模型图。（　　）

2．结构良好的包应该是高内聚、松耦合。（　　）

3．在同一包中，同一类型的元素的名字必须唯一，不同类型的元素也不可以同名。（　　）

三、简答题

1．简述基于 JavaEE 架构下的 MVC 模式的组成。

2．列举构件和类的主要区别。

第 7 章　面向对象系统设计

7.1　面向对象设计的概念

面向对象设计首先是在面向对象分析的基础上进一步明确问题域，并按照实现条件对其进行补充和调整。其次就是进行数据管理部分的设计，需要考虑选择合适的方式来存储和检索长期存储的对象。再次是进行人机交互界面的设计。

7.1.1　面向对象设计

面向对象设计（Object-Oriented Design，OOD）就是运用面向对象的方法进行系统设计，是由面向对象编程（OOP）发展而来的。在面向对象分析阶段，已经针对用户需求，建立起用面向对象概念描述的系统分析模型。在设计阶段，要考虑为实现系统而采用的计算机设备、操作系统、网络、DBMS 以及所采用的编程语言等有关因素，进一步运用面向对象方法对系统进行设计，形成一个可实现的设计模型，即面向对象设计模型。从面向对象分析到面向对象设计的转换过程如图 7-1 所示。

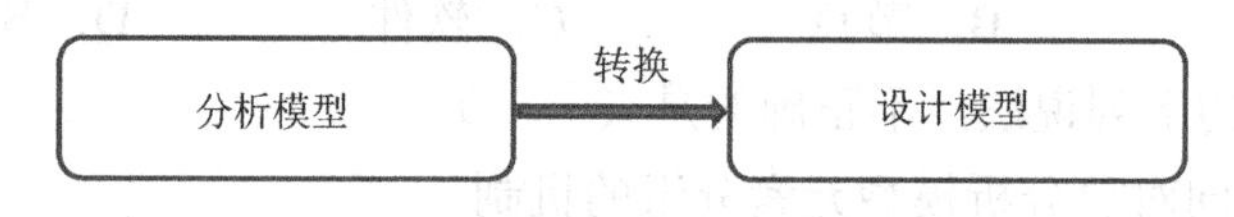

图 7-1　从面向对象分析到面向对象设计的转换过程

7.1.2　面向对象设计的发展历史

面向对象设计在不同时期有不同内容及特点

1．早期的面向对象设计（20 世纪 80 年代至 20 世纪 90 年代初）

G.Booch 在 1982 年发表 *Object-Oriented Design* 的论文中，首次使用了“面向对象设计”这个术语。在 1986 年，他在论文 *Object-Oriented Development* 中较完整地给出了面向对象设计的设想。两个术语都用 OOD 作为缩写，内容上也没有根本区别。

R.J.Abbott 在 1983 年提出正文分析方法，用规范的英语描述对一个问题的解释，然后从描述中提取对象机器特征。例如：名词-对象，动词-操作。这一思想被后来的许多面向对象设计方法所采用。

1986 年后，相继出现了一批（早期的）面向对象设计方法：

（1）Booch86——Object-Oriented Development：面向对象的开发；

（2）GOOD——General Object-Oriented Development：通用面向对象的开发；

（3）HOOD——Hierarchical Object-Oriented Design：层次式面向对象的设计；

（4）OOSD——Object-Oriented Structured Design：面向对象的结构设计。

……

2. 早期面向对象设计的特点

（1）没有与面向对象分析结合；

（2）大多基于结构化分析结果（数据流图）；

（3）是面向对象编程方法的延伸；

（4）多数方法与编程语言有关；

（5）不是纯面向对象的，对某些概念（如继承）缺少支持，掺杂了一些非面向对象概念（如数据流和模块等）；

（6）不是只针对软件生命周期的设计阶段，OOD 中的“D”指的是 Design 或 Development，涉及部分分析问题（如识别问题域的对象），但很不彻底。

实际上，早期的面向对象设计包含了面向对象分析与设计的思想，在此基础上发展出了今天广泛使用的 OOA&D 方法体系。

3. 现代（20 世纪 90 年代）面向对象设计的产生

早期从结构化分析文档识别面向对象设计的对象不是一种好的策略。识别对象的关键问题在于用面向对象方法进行系统分析。这样，面向对象方法从设计发展到分析，出现面向对象分析方法。面向对象分析和面向对象设计构成完整的 OOA&D 方法体系，面向对象设计基于面向对象分析，识别对象由面向对象分析完成，面向对象设计主要定义对象如何实现。面向对象分析与面向对象设计有不同的侧重点和不同的策略：面向对象分析主要针对问题域，识别有关的对象以及它们之间的关系，产生一个映射问题域，满足用户需求，独立于实现的面向对象分析模型。

4. 现代面向对象设计的特点

面向对象设计的概念发展到今天，已经被赋予了很多新的内容，一般认为：面向对象设计是一种设计方法，其主要作用是对面向对象分析的结果做进一步的规范化整理，以便能够被面向对象编程方法直接接受。这说明现代面向对象设计以面向对象分析为基础，采用一致的概念和表示法，在系统开发的不同阶段完成不同的任务。

（1）面向对象分析与面向对象设计“一路畅通”，采用一致的概念和表示法，不存在分析与设计之间的鸿沟。

（2）面向对象设计主要解决与实现有关的问题，基于面向对象分析模型，针对具体的软件和硬件条件（如机器、网络、OS、GUI、DBMS 等）产生一个可实现的面向对象设计模型。

（3）面向对象分析与面向对象设计可适合不同的生命周期模型：瀑布模型、螺旋模型、增量模型、喷泉模型。

结构化开发方法与面向对象分析、设计方法对比如图 7-2 所示。

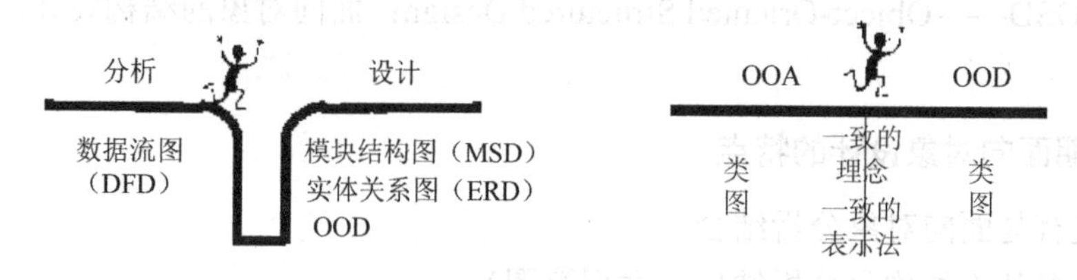

图 7-2　结构化开发方法与面向对象分析、设计方法对比

7.1.3　面向对象分析与面向对象设计的关系

面向对象分析是在一个系统的开发过程中，在进行了系统业务调查以后，按照面向对象的思想来分析问题。

面向对象分析的主要工作是定义软件的需求，对要解决的问题进行分析，同时建立一些对象的模型。面向对象设计的主要工作是对软件系统的设计和规划，包含的工作是对问题域部分的设计和人机交互与应用控制部分的设计。

面向对象分析的重点在于业务需求的分析，而面向对象设计则需在其基础上设计软件结构。

1．二者的联系

面向对象设计的主要工作是使用面向对象分析的结果，将得出的问题，给出设计方案来解决。面向对象分析需要尽可能地分析出需求及所需完成的问题，而问题的解决，就在于面向对象设计阶段了。

2．二者的区别

（1）任务不同：面向对象分析阶段：针对现实世界，把需求转换成面向对象的概念所建立的模型，以易于理解问题域和系统责任，最终建立一个映射问题域、满足用户需求、独立于实现的面向对象分析模型。面向对象设计阶段：在面向对象分析模型基础上，运用面向对象的方法，主要解决与实现有关的问题，目标是产生一个符合具体实现条件的可实现的面向对象设计模型。

（2）采用一致的概念和表示法，二者之间不存在转换的鸿沟。面向对象设计以面向对象分析模型为基础，二者采用一致的概念、原则、表示法，不需要从分析文档到设计文档的转换，只需要必要的修改和调整，或补充某些细节，或增加部分与实现有关的内容即可。

（3）二者之间不强调严格的阶段划分，但二者有着不同的侧重点和分工，并因此具有不同的开发过程及具体策略。

7.2 问题域设计

7.2.1 问题域部分

问题域就是待解决问题的业务领域，主要定义系统应该做什么。问题域不同于用户需求，它是在特定条件下提供满足用户需求功能的组成部分，是对用户需求理解基础上的进一步完善。换句话说，对面向对象分析结果按实现条件进行补充与调整就是问题域部分。这种补充和完善不是传统方法的“转换”，不存在鸿沟，主要不是细化，但面向对象分析未完成的细节定义在面向对象设计阶段完成。例如，在面向对象分析阶段对类的分析的基础上要根据实现条件对内部特征和相互关系进行修改，要合并或分开一些类、属性、服务或调整关系。

7.2.2 进行问题域部分的设计的原因

在面向对象分析阶段只考虑问题域和系统责任，面向对象设计则要考虑与实现有关的问题，需要对面向对象分析结果进行补充和调整，使反映问题域本质的总体框架和组织结构长期稳定，而细节可变；通过问题域设计将稳定部分（PDC）与可变部分（其他部分）分开，使系统从容地适应变化；有利于同一个分析用于不同的设计与实现；使一个成功的系统具有超出其生命周期的易扩展性。

7.2.3 如何进行问题域的设计

在面向对象分析的基础上，继续运用面向对象分析阶段所形成的概念、表示法及一部分策略进行面向对象设计；对面向对象分析阶段的工作成果进行检查，针对需求的变化和新发现的错误对面向对象分析的结果进行修改；根据开发实现的编程环境、数据库管理方式等对面向对象分析的结果进行补充和调整。

7.2.4 问题域设计的内容

1. 为复用类而增加结构

在面向对象设计阶段，对面向对象分析识别和定义的类需要确定有无程序可以复用，如果没有就要重新编程。如果已存在一些可复用的类，而且这些类既有分析、设计时的定义，又有源程序，那么，复用这些类即可提高开发效率与质量。有时候，可复用的类可能只是与面向对象分析模型中的类相似，而不是完全相同，这时候就需要对二者进行修改。最终目标是希望尽可能使复用成分增多，使新开发的成分减少。

2. 增加一般类以建立共同协议

在面向对象分析中，建立一般类考虑的原则是问题域中的事务具有共同的特征；在面向对象设计中，建立一般类主要是考虑到一些类具有共同的实现策略，因而用一般类集中地给出多个类的实现可以公共使用的属性和操作，包括以下 3 种情况。

（1）增加全局根类

将所有具有相同操作和属性的类组织在一起，提供通用协议。例如，系统中所有的类都会具有 ID、Version、IsDelete 等属性，提取出公共类 Entity，如图 7-2 所示。

（2）增加局部一般类

例如，各业务实体类都应具备存储和检索功能，可以增加局部一般类，提供此两种功能，如图 7-3 所示。

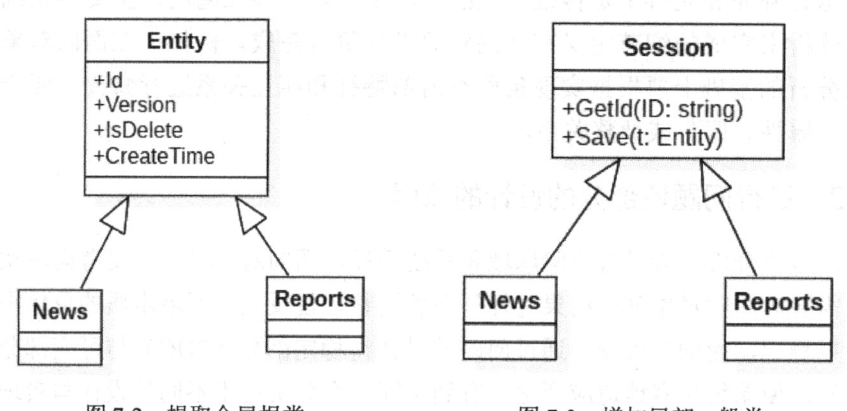

图 7-2　提取全局根类　　图 7-3　增加局部一般类

（3）对相似操作的处理

例如，在计算器程序的设计中，为了提高可复用性，对相似操作提取形成类，提取 Operation 父类，如图 7-4 所示。

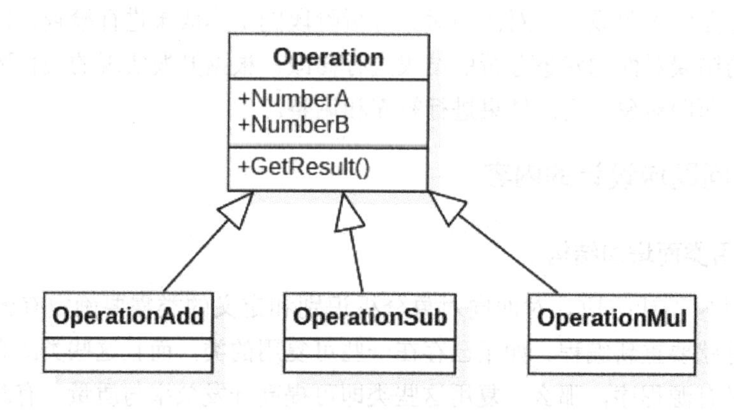

图 7-4　对相似操作提取形成类

3. 按编程语言调整继承

按编程语言调整继承的原因与编程语言对系统的实现有关，通常在面向对象分析阶段，为了如实反映问题域，在类间继承关系上会使用多继承（如图 7-5 所示），即一个子类有不止一个的父类。但这种情况在某些编程语言环境下是无法实现的，如 Java 就不支持多继承，因此在面向对象设计阶段，就需要考虑调整继承。

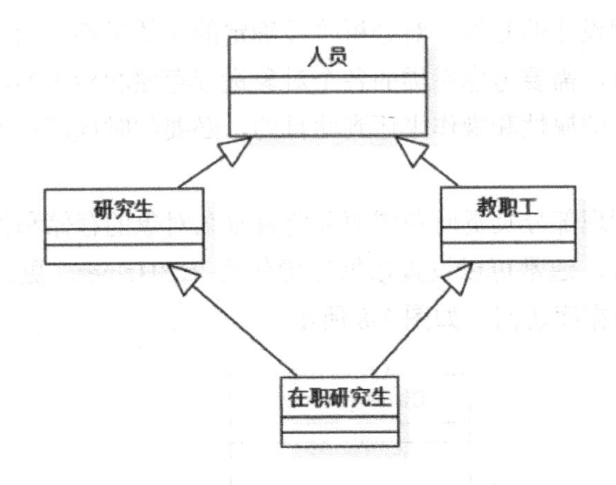

图 7-5　多继承实例

调整时可以保留单继承，将其他的继承改为聚合关系，如图 7-6 所示；或者将继承关系都改为聚合关系，如图 7-7 所示。

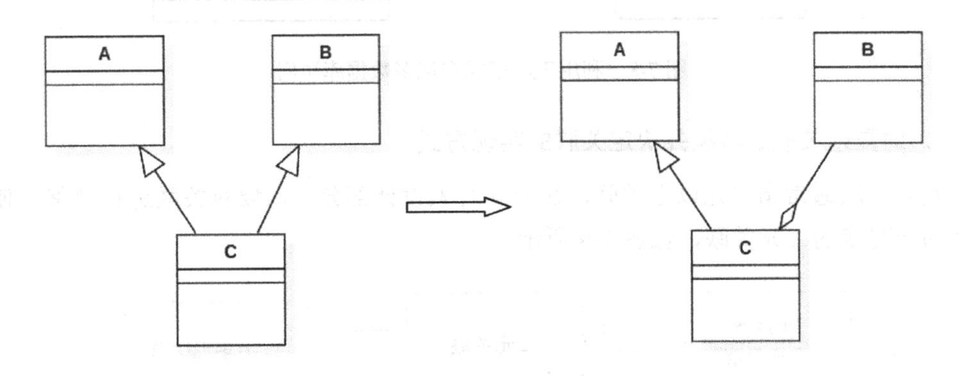

图 7-6　多继承调整为单继承

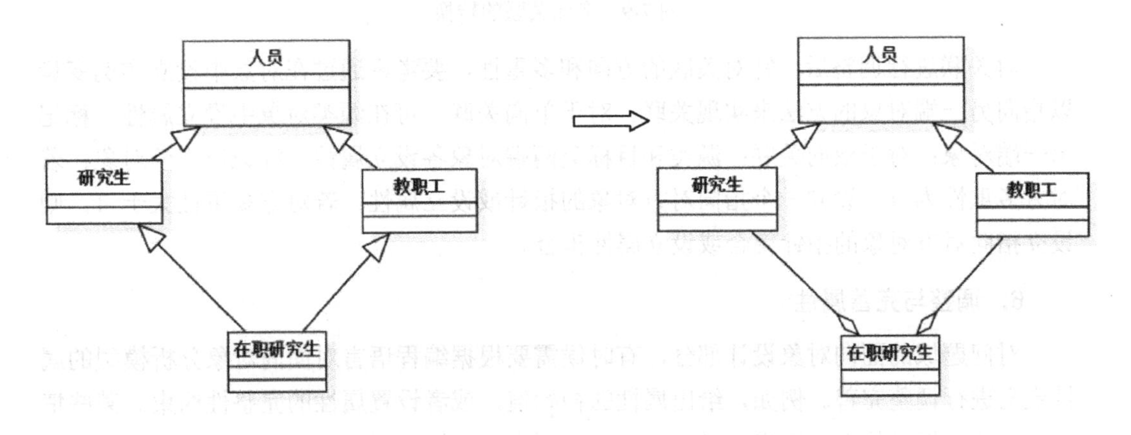

图 7-7　将多继承调整为聚合关系

4. 为实现永久对象的存储增补属性与操作

在进行数据管理设计的时候，对分析阶段确定的实体类都有相应的永久对象需要保存在数据库中。此时，需要考虑对类的各个对象进行存储和检索的问题，一般可以通过增加进行存储和检索的属性和操作来达到此目的，必要的时候还可考虑将增加的属性和操作放在一般类中。

另外，在数据管理部分负责问题域部分所有永久对象的存储和检索时，可以设置一个或几个对象来执行。通常可以设置数据库操作类 DBHelper，更进一步地，也可以利用工厂模式实现多数据库访问，如图 7-8 所示。

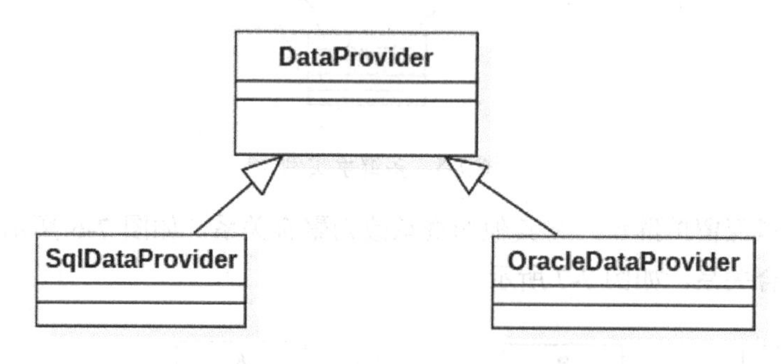

图 7-8　利用工厂模式实现多数据库访问

5. 对复杂关联的转换并决定关联的实现方式

复杂关联通常指二元以上关联，在面向对象设计部分，需要对关联进行调整，使其转换为一对多的二元关联，如图 7-9 所示。

图 7-9　多元关联的转换

对关联进行调整后，针对关联的方向和多重性，要考虑通过在对象中设立实例变量以指向另一端对象的方法来实现关联。对于单向关联：可在源类对象中设立属性，标记另一端对象；对于双向关联：源类和目标类两端对象各设立属性，标记对方的对象；若对方多重性为 1，设立一个指向对方对象的指针或设立属性；若对方多重性大于 1，则设立指向对方对象的指针集合或设立属性集合。

6. 调整与完善属性

对问题域的面向对象设计部分，有时候需要根据编程语言对面向对象分析模型的属性定义进行调整完善。例如，给出属性的初始值，或者设置属性的完整性约束。某些情况下，要根据具体编程语言，考虑其支持与不支持属性类型，对其进行调整。尤其对一些组合数据类型，要调整类，用类间的聚合关系描述。例如，学生类的属性“籍贯”就适合调整为学生和籍贯两个类及其聚合关系（如图 7-10 所示）。另外，对类内部有些需要明确但在面向对象分析阶段还没有确定可见性的属性，要进一步调整和完善并进行标记，按照面向对象信息隐蔽原则，尽可能保持数据私有。

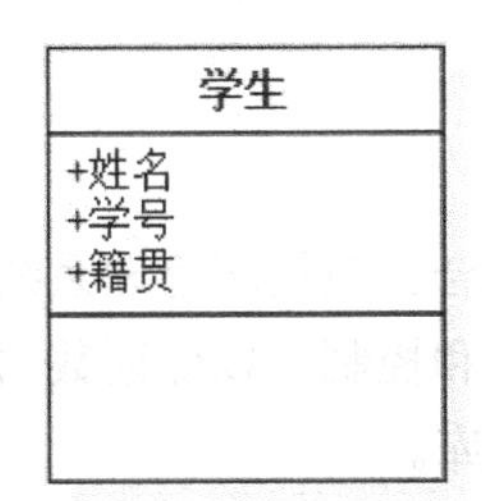

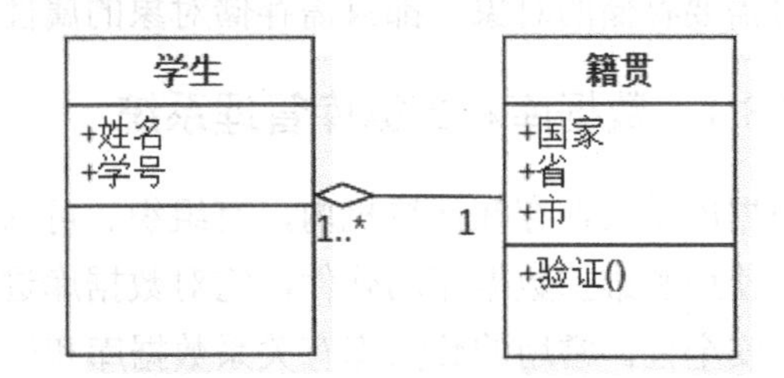

图 7-10　组合数据的类调整

当然，对类的某些属性，若要给出其他性质，如‘工龄<60’和‘0<成绩<=100’，这在类内部不方便标注，可以考虑通过算法来实现。

7．尽量考虑设计模式

设计模式描述了软件设计过程中某一类常见问题的一般性的解决方案。因此，我们在发现问题到解决问题的过程中，常会发现很多问题是重复出现的，或者只是某个问题的变体，外在不同，而本质相同，这些问题的本质就是软件的设计模式。每一种设计模式都有其解决的特定问题。

8．其他

面向对象设计问题域部分根据情况还有其他要考虑事情，例如，考虑加入进行输入数据验证这样的类；考虑对中间件或其他软硬件错误进行处理的类；考虑对其他例外情况进行处理的类以及记录日志的类。

7.3　数据管理部分设计

需要长期存储的对象，在概念上称为持久（永久）对象（Persistent Object），其所属的类称为持久类（Persistent Class）。数据管理部分是面向对象设计模型的一部分，负责利用文件系统、关系数据库系统或面向对象系统存储和检索持久对象。此外，该部分还要封装对这些对象的查找和存储机制，以隔离数据管理方案对其他部分的影响，特别是对问题域部分的影响。

在面向对象分析过程中，通过类图定义了应用程序所需要的数据结构，这些类通常是实体类，直接承载了数据模型（即那些具有持久化分析机制的实体类）。那么在数据管理部分，就需要将实体类以及这些类之间的关系映射为可以被数据库识别的数据结构，然后根据所选用的数据库类型来进行设计。

数据管理部分有如下主要功能：存储和检索永久对象，以及封装对永久对象的查找和存储机制，以隔离数据管理方案对其他部分的影响，特别是对问题域的影响。在数据管理部分可选择用文件系统、关系数据库系统或面向对象数据库系统来存储系统中的持久对象，不同的选择对数据管理部分的设计有着不同的影响。无论用什么系统进行存储，对需要存储的对象，都只需存储对象的属性值部分。

7.3.1　数据库和数据库管理系统

数据库是长期存在计算机内，有组织、可共享的数据集合。数据库管理系统是用于建立、使用和维护数据库的软件，它对数据库进行统一管理和控制，以保证数据库的完整性和安全性。常用的数据库有关系数据库和面向对象数据库。

1. 关系数据库

关系数据库是采用关系模型的数据库。在关系模型中，关系数据结构用二维表表示各种实体及其之间的联系。关系操作集合有增、删、查、改等。关系的完整性涉及实体、参照和用户定义。

关系数据库中二维表由行和列组成，一个关系数据库由多张表组成。

2. 面向对象数据库

面向对象数据库（OODB）就是采用面向对象模型的数据库，它具备两方面特征：一是作为数据库系统，具备数据库系统的基本功能；二是面向对象的，支持类、属性、继承、聚合等面向对象概念。

采用面向对象数据库的好处有：面向对象数据库采用面向对象模型，类图中的类及关系不需要进行转换，即可在面向对象数据库中进行存储与检索；同时也不必要设置专门的类负责保存与恢复永久对象。但目前面向对象数据库在理论和技术上还不完善。

7.3.2　如何设计数据管理部分

数据管理部分设计包括以下几点内容。

1. 面向对象、实体-关系以及 R-DB 概念对应关系

当前数据库软件的市场，绝大多数被关系型数据库占领，市场上所有重要的关系数据库产品都遵守 SQL92 标准。面向对象、实体关系模型对大部分读者不是陌生的概念。基于 E-R 图的关系数据库建模也应该是已经学过的内容。关系型数据库中主要包含由行和列组成的关系表，表中属性字段都应该是不可再分的最小数据单位，也称为数据项。在面向对象设计部分，因为前期实体类已经确定，现在需要将面向对象确定的分析结果进行关系数据库的建模和数据结构表达。通常，在进行数据库设计时按照传统的概念模型、逻辑模型和物理模型的顺序进行，但在面向对象的方法中，数据模型与对象有关，因此可以不采用实体联系图方法建模，而是直接从 UML 类模型直接映射到关系数据库设计。目前很多 UML CASE 工具也支持从对象模型到数据模型的转换过程，例

如，在 Rose 中，只需要设定哪些类需要持久化（Persistence），即可利用 Data Modeler 中的 Transform to Data Model 功能将这些类转换为相应的数据模型。表 7-1 给出了各术语和概念的对应关系。在表 7-1 中，“类”与数据库的“表”对应；用数据库的“行”存储“对象”，对象的“属性”与数据库“表”的“列”对应；用数据库“表”存储类之间的“关系”，或者就把类之间的关系用类所对应的数据库表来存放。因此，数据库设计需要映射实体类和类间关系。

表 7-1　面向对象、实体-关系模型以及 R-DB 中概念对应关系

面向对象	实体-关系	R-DB
类	实体类型	表
对象	实体实例	行
属性	属性	列
关系	关系	表

2. 对实体类的存储设计

每个实体类，都应该设计关系数据库中一张表来存储其实体对象，做法如下。

（1）列出实体类的所有需要存储的属性。

（2）对属性进行规范化，应至少满足第一范式。

如果属性字段不满足第一范式的不可再分性，则进行如下调整：一是拆分类，使得拆分后的每个类对应的表满足第一范式要求；二是让一个类对应多个表，使得每个表的字段满足范式要求。

（3）定义数据库表，以每个属性作为一列，每个对象作为一行。

例如，图 7-11 中将订单类映射为订单表，订单的属性有订单号、下单时间、处理时间、处理状态。这些状态符合数据库对属性字段要求的不可分割性，而且可以选择表中订单号作为订单表的主键。

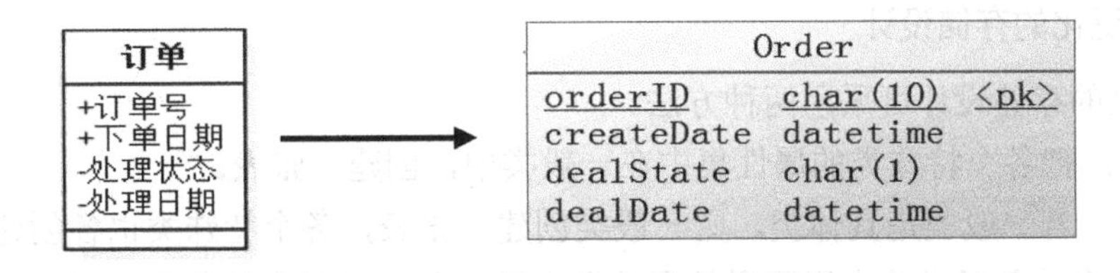

图 7-11　映射类和属性

3. 对关联关系的存储设计

将关联关系映射到关系数据库模型的过程涉及表之间参照完整性约束的使用，主要通过表之间的主外键的约束来表达，根据多重性的不同，有以下几个映射规则。

（1）对 1 : 1 关联，可以在其中任一个类的对应表中引用对方的主键作为外键隐含关联。

（2）对 1 : 0..1 关联，在 0..1 方类的对应表中用外键隐含关联。

（3）对 1∶*n* 关联，在 *n* 方类的对应表中用外键隐含关联。

（4）对 *m*∶*n* 关联，最好先转成 1∶*n*，再进行处理，或者将该关联映射到一张独立表，其主键是双方主键。

在图 7-12 中，为了表示订单项和订单、产品之间的关联关系，在构建订单项的数据表时，增加了订单号和产品编号作为外键，分别对应订单表和产品表的主键。同时，由于订单项这个类没有可以唯一标识对象的属性，这里添加了一个订单项 ID 作为订单项表的主键。

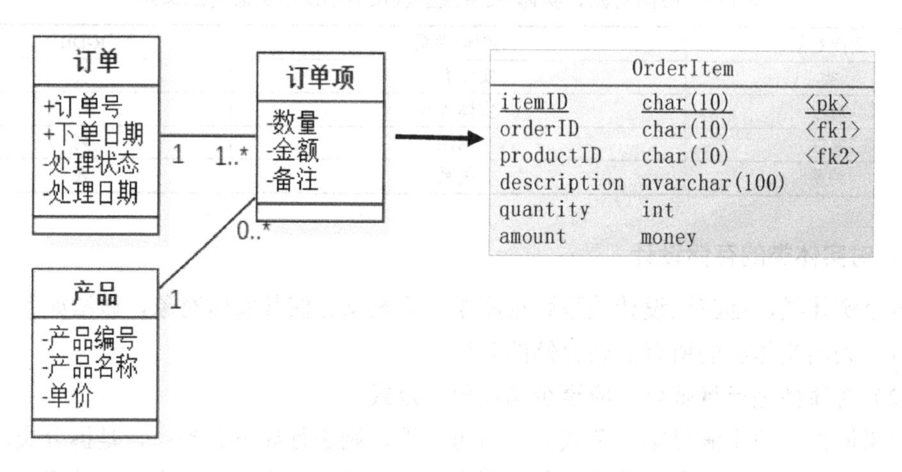

图 7-12　映射关联关系

4．对聚合的设计

关联映射的规则同样适用于聚合。对于聚合中的强关系——组合，应该将子集和超集实体类组合到一张表中，但对 1∶*n* 的组合，子集类应该被设计为一张单独的表，然后用外键将其和超集类的表连接。

5．对泛化的存储设计

对泛化的存储设计可采用两种方法。

方法 1：把各个特殊类的属性集中在一般类中，创建一张表。

方法 2：若一般类是具体类，则一般类创建一张表，各个特殊类也各创建一张表。但一般类的表与各子类的表用同样的属性做主键。若一般类为抽象类，则把一般类的属性放在子类中，为其子类各建一张表。（一般类为具体类也可以采用此方法，但如果子类比较多就不太适合。）

图 7-13 描述了类图模型中的个人客户、企业客户和客户之间的泛化关系。客户类中记录了有关账号、名称等公共属性，而子类中记录了各自特有的特性。按照上面存储设计的两种方法可分别进行如图 7-14 所示的数据表设计。

图 7-14 中有两种方案，方案一对应第一种方法，将特殊类的属性集中到一般类中，创建一张表。这种设计操作简单，可对不同的顾客建立不同的视图，但这样的设计

有一些缺陷，可能会有空值现象，浪费存储空间。另外任何子类的修改都会影响整个表的结构。

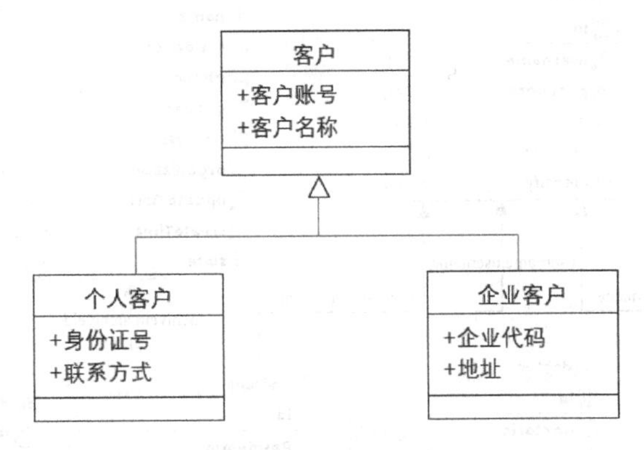

图 7-13　泛化关系

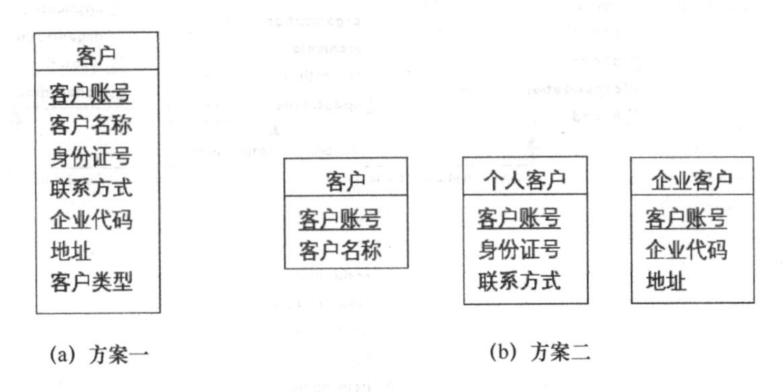

图 7-14　泛化关系的两种数据表设计

方案二按照第二种方法处理，可以认为客户类是一个具体类，这样针对父类和子类各自建独立的表，然后把父类对应表中主键也作为子类表中的主键。这种方法既保留了泛化关系，可维护性高，也比较规范。但缺点是表的数量有点多，对子类的操作实现比较麻烦，效率较低，每次需要关联父类表才能获得完整的信息。

7.3.3　数据库设计实例

在前面的家庭医生签约系统中，我们已经分析得到系统类图（如图 4-24 所示）。接下来，根据类图构建映射模型，将其转换并生成数据库中的表。转换后的数据模型可表示为图 7-15 中的数据表及其关系。

根据数据模型图，得到主要的数据表有 8 个，分别是：用户登录信息表、管理员信息表、医生信息表、居民信息表、居民档案表、服务项目表、签约信息表和健康知识表。对于各数据表字段名称、数据类型、字段长度、主键约束的规定如表 7-2 至表 7-9 所示。

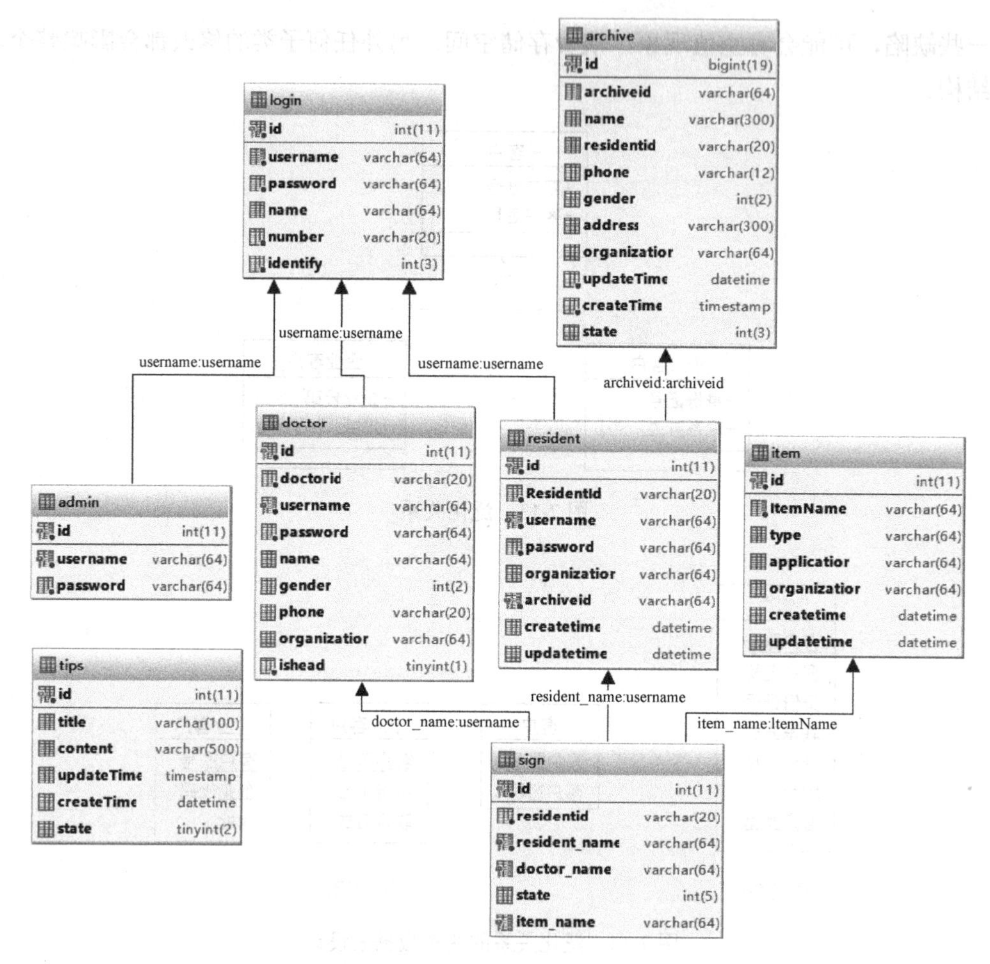

图 7-15 数据模型图

表 7-2 用户登录信息表

字段名称	数据类型	字段长度	是否主键	是否可为空	说明
id	int	20	是	否	自增长
username	varchar	64	否	否	登录账号
password	varchar	64	否	否	登录密码
name	varchar	64	否	是	用户姓名
number	varchar	20	否	否	用户身份证号
identify	Tinyint	3	否	否	用户身份

表 7-3 管理员信息表

字段名称	数据类型	字段长度	是否主键	是否可为空	说明
id	int	20	是	否	自增长
username	varchar	64	否	否	管理员账号
password	varchar	64	否	否	管理员密码

表 7-4　医生信息表

字段名称	数据类型	字段长度	是否主键	是否可为空	说明
id	int	20	是	否	自增长
doctorid	varchar	18	否	否	医生身份证号
username	varchar	64	否	否	医生账号
password	varchar	64	否	否	医生密码
name	varchar	64	否	是	医生名
gender	Tinyint	2	否	是	医生性别
phone	varchar	20	否	是	联系方式
organization	varchar	64	否	是	医生所属机构
ishead	boolean	2	否	否	是否为组长

表 7-5　居民信息表

字段名称	数据类型	字段长度	是否主键	是否可为空	说明
id	int	20	是	否	自增长
residentId	varchar	20	否	否	居民身份证号
username	varchar	64	否	否	居民账号
password	varchar	64	否	否	居民密码
organization	varchar	64	否	是	是否签约
archiveId	varchar	64	否	是	档案号
createtime	Datetime		否	是	创建时间
updatetime	Datetime		否	是	更新时间

表 7-6　居民档案表

字段名称	数据类型	字段长度	是否主键	是否可为空	说明
id	int	20	是	否	自增长
archiveId	varchar	64	否	否	档案号
name	varchar	64	否	是	姓名
residentId	varchar	20	否	否	身份证号
phone	varchar	20	否	是	联系电话
gender	int	2	否	是	性别
address	varchar	64	否	是	家庭住址
organization	varchar	64	否	是	建档机构
createtime	Datetime		否	是	录入时间
updatetime	Datetime		否	是	更新时间

表 7-7　服务项目表

字段名称	数据类型	字段长度	是否主键	是否可为空	说明
id	int	64	是	否	自增长
itemName	varchar	64	否	否	项目名称
type	varchar	64	否	是	项目类型
application	varchar	64	否	是	适用人群
organization	varchar	64	否	是	建立机构
createtime	Datetime		否	是	创建时间
updatetime	Datetime		否	是	更新时间

表 7-8 签约信息表

字段名称	数据类型	字段长度	是否主键	是否可为空	说明
id	int	64	是	否	自增长
residentid	varchar	64	否	否	居民身份证号
resident_name	varchar	64	否	否	居民姓名
doctor_name	varchar	64	否	是	医生姓名
state	int	5	否	是	签约状态
item_name	varchar	64	否	是	签约项目

表 7-9 健康知识表

字段名称	数据类型	字段长度	是否主键	是否可为空	说明
id	int	64	是	否	自增长
title	varchar	256	否	否	标题
content	varchar	256	否	是	内容
createtime	Datetime		否	是	创建时间
updatetime	Datetime		否	是	更新时间

7.4 界面设计

最终的系统往往是要提供给用户使用的。用户对系统的理解，包括用户要操纵的系统中的“事物”、系统能够完成的功能以及任务的实施过程，决定了用户对系统的使用程度。而用户对系统的使用是通过人机交互也就是用户界面来进行的。

如今，随着人机交互设计技术的发展，用户对界面的要求也越来越高，特别是，新一代的人机界面追求“以人为中心的计算”，这样界面设计作为一个独立的领域，在软件开发中的地位也越来越重要。好的人机界面可以使软件体现个性和品位，虽不会对系统功能改善带来质的影响，但可以让软件的使用变得舒适、简单。从用户的角度来说，一个设计较差的界面会对系统的使用感受带来极大的负面影响。用户界面设计是面向对象设计任务的重要组成部分。它要解决人如何操作或给系统指令，以及如何使系统响应用户的请求并返回信息。

用户界面是面向对象设计模型的组成部分之一，突出人如何操作系统以及系统如何向用户提交信息。设计界面就是要设计输入与输出，其中所包含的对象（称为界面对象）以及对象间的关系构成了系统的人机交互部分的模型。现今的系统大多采用图形方式的人机界面，因为这样的界面形象、直观、易学且易用，远远胜于命令行方式的人机界面，这是使得软件系统赢得用户的关键因素之一。近 20 年来出现了许多支持图形用户界面开发的软件系统，如窗口系统（如 X Window、Microsoft Windows）、图形用户界面 GUI（如 OSF/Motif、GNOME、Open Look）、可视化开发环境（如 Visual Studio、Intellij IDEA、Android Studio），它们统称为界面支持系统。这些新出现的软件系统为界面设计提供了非常便利的条件。

若要让用户界面变得友好，还要考虑很多因素。因为界面的开发不纯粹是软件问题，它还需要认知心理学、美学和工程学等许多其他学科的知识。在界面设计阶段的前期仍可以采用界面原型法，与用户协商，让用户满意。

最初设计人员按设计目标（用户需求）设计出界面（原型），提交给用户去加以评判，即这个初步的用户界面起抛砖引玉的作用。用户根据自己的经验和需求，对界面进行学习后，经过一定的评判，对结果进行反馈，让设计人员继续设计。这种过程可能要反复进行多次，使得双方的意见达到一致或达到一定程度的一致，直至用户认可为止。

用户界面的开发不仅是设计和实现问题，也包括分析问题，可以在不同的开发阶段，对用户界面进行不同的处理。

在捕获需求时对用例所做的描述，其实就包含了用户界面的信息。在捕获需求时，也可以确定部分用户界面的格式；为了明确用户的需求，在面向对象分析阶段可采用界面原型法，也是对用户界面进行分析，这些工作是为了更好地理解系统的需求。尽管那时注重的是系统的功能需求，但也很可能在那时分析人员与用户就系统的界面的框架和内容已经达成了共识。若有必要，在确定了用例模型后，可以紧接着完成用户界面的分析工作。考虑到经过了面向对象分析阶段，当时的用例模型会有一些变动，以及要考虑用户群的特点等因素，在面向对象设计阶段仍有必要重新分析原来所做的用户界面的分析结果。

对于用户界面，由于要考虑与实现有关的因素，还要考虑界面部分与问题域部分之间的关系（即界面设计要包括界面模型设计和界面模型与问题域模型衔接设计两个部分），故对用户界面的设计要在面向对象设计阶段实施。把用户界面作为系统中一个独立的组成部分进行分析和设计，有利于隔离界面支持系统的变化对问题域部分的影响。

在用户界面设计中，面向对象的设计技术与结构化的设计技术在一些方面有共同之处，例如，都要进行菜单、表单和报表格式等设计且很多技术都是相同的，但也有很多不同之处。例如，使用面向对象方法就要使用面向对象的概念来对人机界面进行设计。本节简单讲述一些通用的设计界面的方法与技术，但重点要讲述的是用面向对象方法进行界面设计，同时也要提到如何利用用例对用户界面进行需求分析。

界面设计是人与计算机之间传递和交换信息的媒介，从学术上来说，界面设计可以归到人机交互设计的大范畴。近年来，随着计算机科学、设计艺术学、认知科学和人机工程学的交叉研究得到快速发展，人机界面设计和开发已成为国际计算机界和设计界最为活跃的研究方向。

界面设计在软件开发史上很长一段时间没有得到足够的重视，按照现在软件开发行业内部的业务划分，大体上可分为软件系统的前端和后端。与此同时，前端的界面设计由传统沿袭下来的叫法，也大多被称为“美工”。实际上，美工只是界面设计的一部分，界面设计在美工处理的基础上还有更多的设计和编程所体现出来的高科技成分。如果用产品制造打个比方，对软件产品的界面设计来说，就好比产品生产过程中的造型设计，好的造型需要精密设计和加工，也是产品的增值价值点所在。如今的体验经济时代，用户对产品和服务的要求也越来越高，除功能的实用性外，用户对体验性也有不一般的感受，再好的软件产品如果没有友好美观的界面，也难获得用户的认可。若要让人机界面变得友好，就需要了解利用设计学原理、心理学、美学和工程学等许多学科的知识，设计出用户体验良好，功能符合需求和用户使用习惯的产品。本部分接下来对人机界面的概念、人间界面设计的概念、人机交互及其发展历史等进行介绍。

7.4.1 人机界面的概念

人机界面是人与机器进行交互的操作方式，通过人机界面，用户与计算机达成信息的传递，其中主要包含的就是系统中信息的输入和输出。

人机界面是信息学科中较年轻的分支之一，它涉及计算机科学、心理学、语言学等多个学科，尤其是其中的人工智能、自然语言处理、多媒体系统、人机工程学和社会学的研究成果，是一门交叉性、边缘性和综合性的学科。随着计算机应用领域的不断扩大，广大的用户和研发人员更加追求符合“简单、自然、一致、友好”等特性的人机界面。因此，人机界面正成为一个获得广泛关注并飞速发展的研究领域。

7.4.2 人机界面分类

人机界面设计和开发近年来正成为 IT 领域最为活跃的研究方向。由于软件工程学的发展和新一代信息技术的快速进展，软硬件新产品的不断涌现对人机界面的性能提出了新的要求。人机界面设计的发展也是随时代潮流而不断变化的，典型的表现是过去基于 C/S 架构的信息系统，如今大多向 B/S 架构迁移，一些新的业务形态也带来一些信息输出方式与展示页面的变化。人机界面设计不需要进行非常复杂的理论分析，它需要的是用户的美学功底与 IT 职业技能有机结合，有此基础的人稍加训练就可设计出不错的作品，图 7-16 是学生毕业设计中一个旅游服务系统主页的界面。

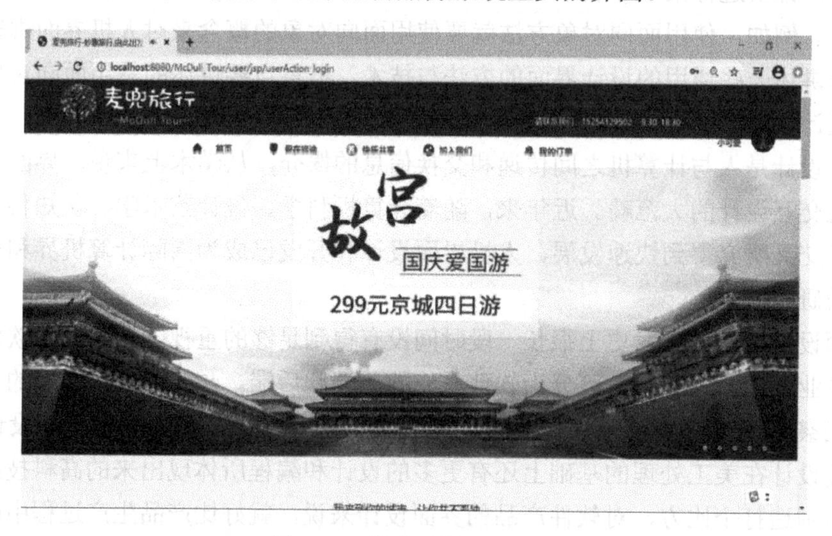

图 7-16 旅游服务系统主页

图 7-17 是学生毕业设计中一个数据可视化界面。

图 7-18 是学生毕业设计中一个论坛系统的界面。

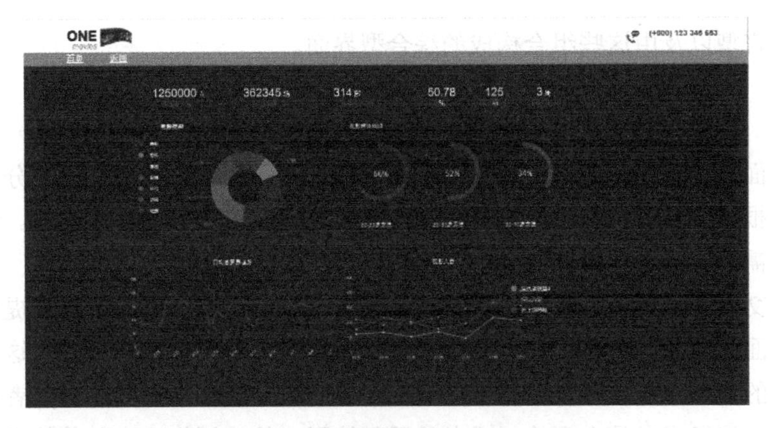

图 7-17　数据可视化界面

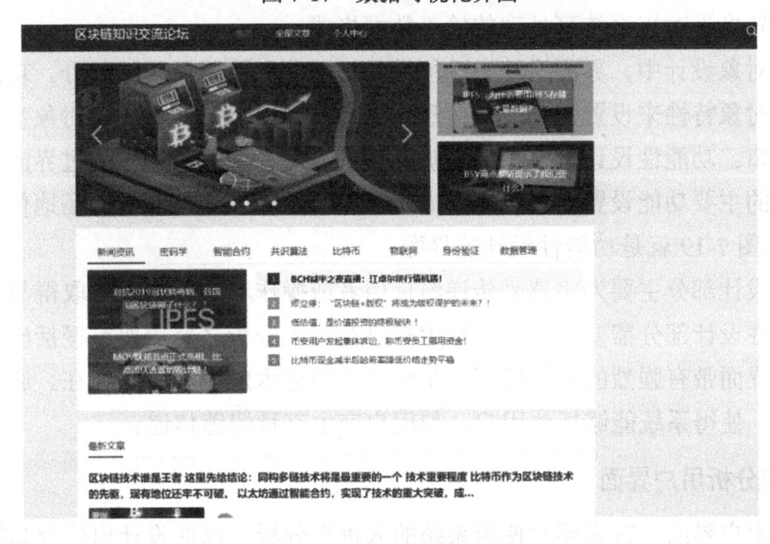

图 7-18　论坛系统的界面

以上三种界面分别对应不同的三类业务：旅游、数据可视化和论坛交流，那么在设计界面的时候就要从内容、页面配色、功能设置、前后端数据交互与同步等方面进行综合考虑。实际上，人机界面从设计的角度来看就是研究人与机器交互时的流程合理性和使用舒适性，要设计满足人的要求，符合人的特点的“机”，即系统的功能。在分析人机界面功能时，要分析用户的行为和心理，要研究人怎样有效操作机器和机器如何将信息传递给人。

用户界面是用户与系统进行沟通和交流的途径，要能为用户提供有效的服务。在面向对象设计中，输入输出设计大多采用“所见即所得”的用户界面。这些界面包含了感觉（视觉、触觉、听觉等）和情感两个层次。感觉层次的界面设计就是要从人与系统交互的视角、触觉和听觉方面考虑必要的功能设置和感受，例如尽量设计选择式的操作菜单或使用具有触摸屏的交互设备。情感层次的界面设计主要考虑如何设计可以使用户和系统能够交流融洽，并能根据用户情感提供不同的交互内容。随着信息系统应用的日渐普及和技术支持手段的完善，目前的人机界面包括但不限于问答型、界面型、图标型、表格型、语言型以及由这些组合构成的综合型界面。

7.4.3 人机界面设计

人机界面设计也包括分析和设计的过程。人机界面设计的前提是要充分了解系统的使用对象，根据使用对象的偏好设计人与系统的交互方式和界面呈现形式。这些工作一般和系统的需求分析、对象交互分析交织在一起进行。

从系统交互参与者考虑，系统有哪些参与者就需要考虑如何为参与者提供信息输入或输出的界面和通道。一般来说，系统提供给参与者的都是一致的信息，这些根据系统处理或获取的信息生成，具有客观性。但在内容呈现方式上，不同的参与者可能有不同的偏好，这些偏好或者是主观的，或者是受环境影响的。例如，为与其他系统对接，不得不将输出转换为对接系统可处理的输入数据格式。

在面向对象设计中，界面设计有功能性设计部分和情感性设计部分。功能性设计部分主要根据对象特性来设置其功能性信息交互方式，以及操作和控制对象甚至包括与其他系统的接口。功能性设计部分主要反映系统的功能和使用特性，通过界面设计，让用户明白系统的主要功能设置与使用操作方法，并将系统本身的信息顺畅地传递给用户，如图 7-17 和图 7-19 就是功能性设计的界面。

情感性设计部分主要为将感受传递给使用者或操作者，使得系统取得与用户的感情共鸣。情感性设计部分需要对众多目标用户进行深入分析之后提取或概括出共同的情感信息。这种界面带有强烈的感情色彩，是设计体现艺术魅力的真正所在。通过情感突出感知和共鸣，使得系统能够抓住用户，与用户产生某种情感传递。

1．如何分析用户界面

要分析用户界面，首先要对使用系统的人进行分析，以便设计出适合其特点的交互方式和界面表现形式；然后对人和机器的交互过程进行分析，解决的核心问题是人如何命令系统，以及系统如何向人提交信息。要以捕获需求时获得的用例模型为基础，加之已有的界面原型，进行后一项工作。

1）分析与系统交互的人员参与者

人对界面的需求，不仅在于交互的内容，而且在于他们对界面表现形式、风格等方面的爱好，前者是客观需求，对谁都一样。后者是主观需求，因人而异，以下给出了分析策略：

（1）列举所有的人员参与者；

（2）对人员参与者进行调查研究；

（3）区分人员类型，并了解各类人员的主观需求；

（4）统计（或估算）出各类人员的比例；

（5）按照一定的准则进行折中与均衡，确定为哪类人设计哪类他们偏好的界面。

2）从用例分析人机交互过程

先回顾一下通常的用例的构成：

（1）参与者的行为和系统行为按时序交替出现，形成交叉排列的段落；

（2）每个段落至少含有一个输入语句或输出语句；

（3）有若干纯属参与者自身或系统自身的行为陈述；

（4）可能包含一些控制语句或括号。

从与人有关的用例中抽取人机交互序列的方法是：针对各用例，先删除所有与输入、输出无关的语句和不再包含任何内容的控制语句与括号，剩下的就是对参与者（人）使用系统功能时的人机交互描述。

图 7-19 为一个超市进销存系统中收款员的用例图。

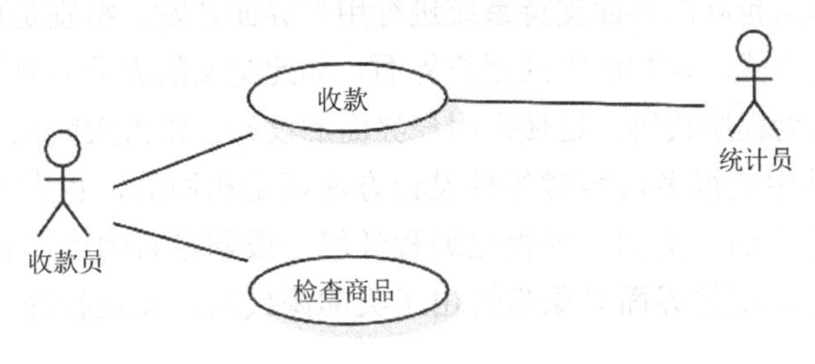

图 7-19　收款员的用例图

图 7-20 为一个从用例提取人机交互描述的示例。

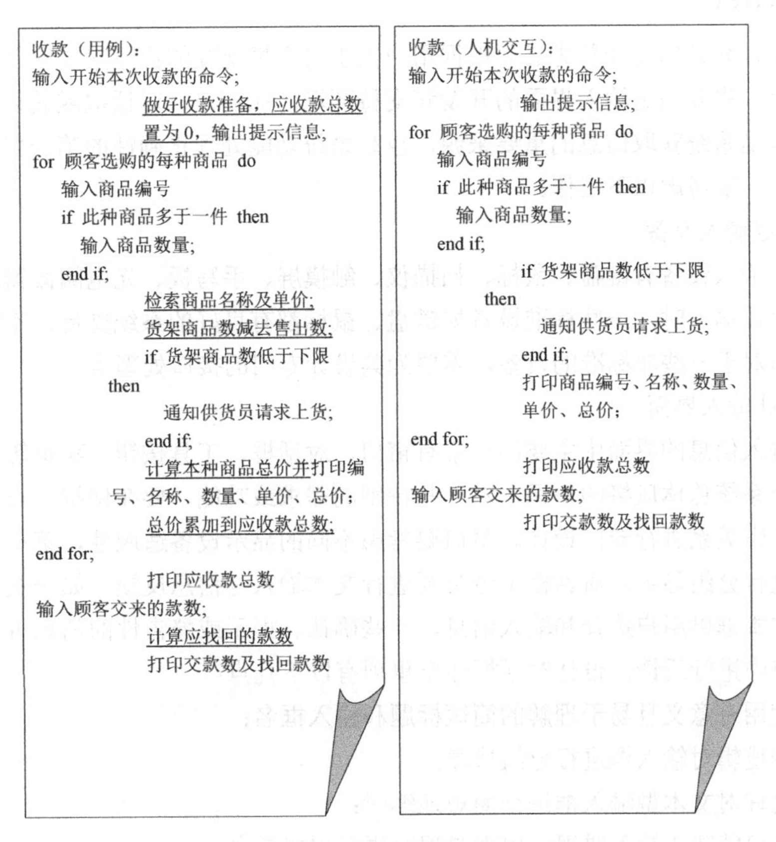

图 7-20　从用例描述提取人机交互描述

图 7-20 中左边一栏的文字为是用例“收款”的描述，其中带有下画线的文字是与人机交互无关，并准备删除的，图 7-20 中右边一栏的文字为针对功能“收款”的人机交互序列的描述，该描述加上可能有的界面原型是针对“收款”这项功能的用户界面部分的需求分析结果。

2. 如何设计用户界面

以往在操作系统和编程语言的支持下，或再加上图形包，进行图形方式的人机界面开发，工作量是很大的。现在，可以使用窗口系统、图形用户界面（GUI）和可视化编程环境这样级别越来越高的界面支持系统进行用户界面开发。特别是可视化编程环境可以按所见即所得的方式，定制所需的用户界面，如此定义的界面对象可由编程环境提供的工具自动地转化为程序代码，这使得用户界面的设计工作大大简化。然而，仍有一些设计工作要做，其中的很多内容对各种设计方法都是相同的，也有一些是采用面向对象方法所必须要考虑的。例如，可视化编程环境一般都带有内容丰富的界面类库，界面类库中对大部分常用的界面对象都给出了类的源代码，在进行面向对象设计时要充分地复用这些类。

从内容上可以将人机界面设计分为输入设计和输出设计。

3. 输入设计

输入设计和输出设计首先必须根据用户需求对人机交互的描述来提取并进行设计，对输入而言，先要确定输入界面的开发和支持环境，如窗口、对话框或其他可视化开发环境。输入是系统获取信息的重要来源，也是系统功能处理正确性的第一保证。在进行输入设计时，要考虑以下工作。

1）确定输入设备

常见的输入设备有键盘、鼠标、扫描仪、触摸屏、手写板、光电阅读器和条码阅读器等。在设计输入时，一些标准设备如键盘、鼠标都有良好的系统支持，不需要做额外的设计。但对于一些非标准的设备，需要为其设计专门的接口处理类。

2）设计输入界面

用户输入信息的界面中主要的元素有窗口、对话框、工具按钮、菜单等。设计时要注意与整个系统总体风格的协调，对一些特别的需求或功能，要在保持一致性和简洁性的同时按逻辑关系进行专门设计。窗口要考虑不同的显示设备适应性，菜单要考虑针对不同用户进行分组显示。对话框中经常要进行文本输入与信息反馈，如一些单选和多选按钮以及文本框供用户选择和输入信息，一些确认、提示或警告性的信息可以在状态栏或弹出窗口中进行反馈。设计对话框注意事项有以下几点：

（1）使用有意义且易于理解的简短标题和输入框名；

（2）按逻辑对输入框进行分组排序；

（3）允许对文本型输入框进行简短地编辑；

（4）尽可能防止输入错误，出现错误时提示出错信息；

（5）清楚标出哪些输入框是可选的，哪些是必选的。

在设计过程中还要注意做到以下几点。

（1）易学、易用、操作方便。易学即要求表单、对话框、提示信息等能够提供自解释功能。易用、操作方便就是尽量使用快捷键、热键，通过大屏幕显示信息和及时反馈。

（2）尽量保持一致。界面设计元素保持一致性可减少学习量和记忆量；这些设计元素包括如窗体组织方式、菜单项命名、图标大小、形状，以及所使用的术语都要尽量保持一致。

（3）及时提供有意义的反馈，例如使用进度条或对话框让用户知道处理是否已被接收以及处理的进度，并提供语境敏感的帮助功能。

（4）尽量减少用户的记忆工作。对于共同输入内容可设置默认值。如果信息过多就应该按逻辑进行分组。在设计时要考虑提供向导或命令步骤引导用户正确、有效地进行操作。

（5）减少重复的输入和操作。尽量减少输入量，能用选择框的就不要用文本输入框，选择框设计时要让鼠标单击次数少，移动距离要短。设置系统自动填入用户已输入过的内容。

（6）对用户操作要设计容错功能。对删除等操作要及时给出提示和警告，平时的大部分操作要能设置撤销和重做。

（7）在满足功能性的基础上要考虑界面的艺术性、趣味性、风格和感观等。

4. 输出设计

与输入设计时相同，在进行输出设计时，也要进行以下工作。

1）确定输出设备

常见的输出设备包括打印机、显示器、绘图仪、视频显像设备以及文件或数据库等。对于一些非标准设备，需要考虑将其接口调用程序放到相应的类中。必要的时候可以针对单个设备单独设计接口类，以隔离其对系统的影响。

2）设计输出形式和内容

系统输出的形式有文本、表格、图形、图像、声音或视频。输出的内容包括提示信息、计算或处理结果以及对系统处理情况的反馈信息。在输出设计时要根据输出内容选择恰当的形式，按照输入设计时给出的主要注意事项来提高输出的质量和水平。

输出设计时如果信息量大，可分若干步骤进行输出，同时也要考虑到如何使用户方便，以及输出介质的版面限制。

从流程上来看，人机界面设计可分为需求分析、总体设计和详细设计几个阶段。

人机界面的需求分析可以在系统需求分析的总框架下进行，主要考虑用户特性（如性别、年龄、文化程度、个性、种族背景等）对系统人机界面的影响和作用，通过对用户方的功能性和非功能性需求的全面掌握和分析，形成人机界面的总体概貌。在总体设计阶段，要根据用户需求的概貌创建系统的外部模型，即主要设计软件的数据结构、总体结构和过程性描述，并根据用户对未来系统的设想来设计用户模型。从流程上来说，近几年广泛使用的大数据处理系统，要求为用户呈现可视化的显示界面。Web 应用系统也需要对整体结构进行总的规划，例如购物平台经常采用的信息展示、轮播广告和用户管理等功能，要考虑使用或依赖那种框架来进行布局。在总体设计环节，必须考虑如何合理利用资源，搭建出人机界面的大致框架。接下来详细设计就是要根据用户模型和面向对象设计的需要进行逐步求精的设计。其内容大致包括以下几方面：

（1）根据需求分析和系统分析结果，确定系统的输入和输出内容、要求等；

（2）根据系统动态交互需求，进行具体的界面、窗口和状态栏设计；

（3）根据用户需求和特性，确定屏幕显示内容的适当层次和位置；

（4）考虑标题、帮助、提示和容错信息处理功能的设置；

（5）明确在屏幕上显示的数据和信息的格式，并给出必要的解释；

（6）进行色彩色调、声音、动画等界面美学细化设计。

以上工作经常要依靠开发环境来快速构建原型，并通过不断与用户交互改进原型来达成目标。

7.4.4 界面设计实例

在家庭医生签约系统中，人机交互提供有小程序端界面和网页端界面。

1. 小程序端界面设计

小程序的首页面主要由顶层搜索栏、轮播图、小贴士和底层的导航栏组成，如图 7-21 所示。

小程序的查询医生界面主要由顶层标题、左侧分类类别、右侧医生详细信息和底层的导航栏组成，如图 7-22 所示。

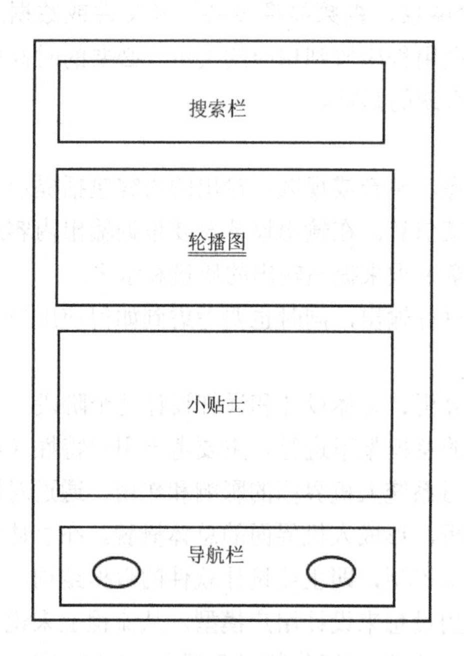

图 7-21 小程序的首页面设计图

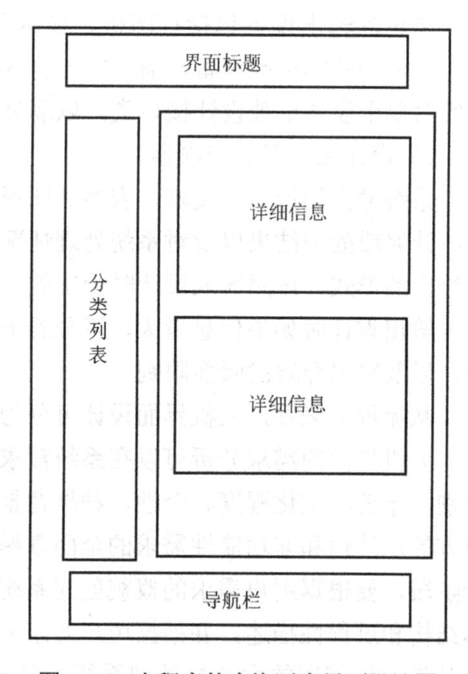

图 7-22 小程序的查询医生界面设计图

2. 网页端界面设计

网页端界面主要由顶层区域、侧边导航栏和中央据操作区域组成。其中顶层区域包括系统名称、登录用户名、退出选项。侧边导航栏包括系统菜单。中央数据操作区包括搜索查找框和信息展示与操作区，如图 7-23 所示。

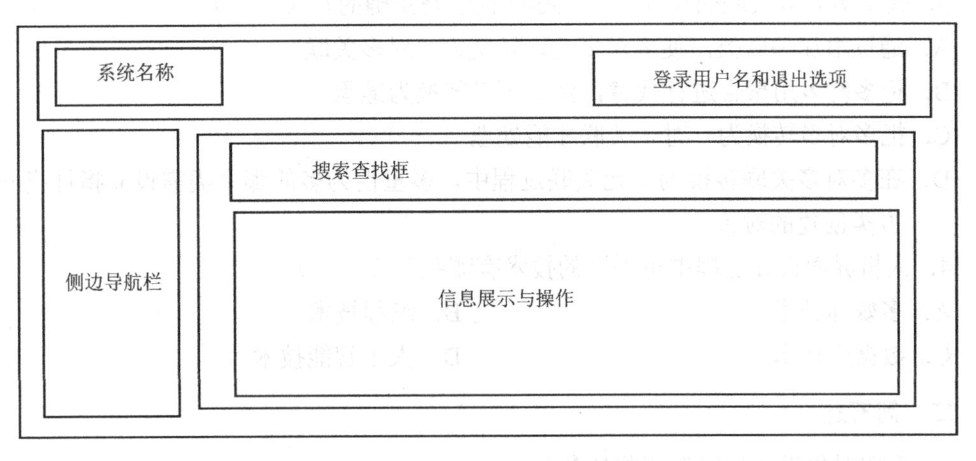

图 7-23　网页端界面设计图

本 章 小 结

本章首先介绍了面向对象设计的概念和发展史，从面向对象设计的概念的演化引出了在面向对象开发中占据重要地位的面向对象分析和面向对象设计及其任务划分，并进一步阐述了从面向对象分析向面向对象设计过渡的必要性和任务范畴。为了阐明面向对象设计的业务和流程，本章还从什么是问题域，如何进行问题域设计以及如何进行数据管理部分设计进行了分析和阐述。同时也对问题域设计和数据管理部分设计所使用的方法和技巧进行了说明。最后，本章针对面向对象设计中的用户界面设计给出了设计方法、设计过程和设计实例。

本 章 习 题

一、选择题

1．以下说法正确的是（　　）。

A．面向对象设计以面向对象分析模型为基础，且二者采用一致的表示法

B．面向对象的设计主要解决与实现有关的问题，目标是产生一个符合条件的面向对象设计模型

C．面向对象设计方法与编程实现语言有关，但过程与编程语言无关

D．面向对象分析主要针对问题域，识别有关的对象以及它们之间的关系，产生一个映射问题域的模型

2．把多继承调整为单继承可采用（　　）关系。

A．聚合　　B．多态　　C．依赖　　D．泛化

3．关于多对多关联的设计，下列哪些说法是正确的？（　　）

A．通过增加关联类，使多对多关联转变为一对多关联

B．把多对多用聚合进行代替，然后可以转换为继承

C．把多对多转换为一对一关联才能处理

D．在多对多关联转换为二元关联过程中，多重性为多的那个类需设立指针指向对方类创建的对象

4．人机界面设计过程中可采用的技术有哪些？（　　）

A．多媒体技术　　B．编程技术

C．数据库技术　　D．人工智能技术

二、简答题

1．面向对象设计阶段有哪些任务？

2．问题域设计该如何进行？

3．在设计过程中各种类和数据库中的表具体有什么对应关系？

4．在数据库设计时，如何提高数据操作的复用程度？

5．人机界面设计的主要工作有哪些？

第 8 章　设计模式

8.1　设计模式的定义与起源

在面向对象系统分析和设计的过程中，经常会发现业务场景有高度的相似性，如果能在特定环境下用别人已经使用过的一些成功的方法和解决方案来处理问题，一方面可以降低分析、设计等工作的难度；另一方面可以使系统有更好的复用性和灵活性。这就是面向对象系统开发中的设计模式。今天，设计模式已被广泛使用，也逐步成为系统架构人员、分析设计人员和程序员所需掌握的基本技能之一。

8.1.1　模式与设计模式

模式（Pattern）是指从生产经验和生活经验中经过抽象和升华提炼出来的核心知识体系，也可视为解决某类问题的方法。把解决某类问题的方法总结归纳到理论高度，就是模式。模式是一种指导，这种捕获有效技术的思想可以应用到很多领域中，如烹饪、产品生产、软件开发及其他一些行业。模式是集体智慧的结晶，它概括了相关行业中经验丰富的从业者所应用的所有概念和方法。

对于一个成熟的模式，它作为一种问题的解决思路，往往已经适用于一个实践环境，并且可以适用于其他环境。通常来说，模式具有以下特点：

（1）在特定的场景下有可重用性，对相同类型不同问题的环境，其解决方案都有效；

（2）可传授性，即问题出现的机会很多，解决问题的方案相同，人们相对可以接受；

（3）有表示模式的名称。

“设计模式”（Design Pattern）也是一种模式，是一套被反复使用、多数人知晓的、经过分类编目的、代码设计经验的总结。使用设计模式是为了可重用代码，让代码更容易被他人理解，保证代码的可靠性。

8.1.2　模式的起源

模式起源于建筑业，而非软件业，最早提出设计模式概念的是 Christopher Alexander 博士，他是哈佛大学建筑学博士，后担任加州大学伯克利分校建筑学教授、加州大学伯克利分校环境结构研究所所长，是美国艺术和科学院院士。他和他的团队在总结全球建筑和城市环境的基础上，提出了 253 个建筑和城市规划模式，后人尊称他为模式之父。

他所提出的模式，一般包括三个主要部分：

（1）Context（模式可适用的前提条件）；

（2）Theme 或 Problem（在特定条件下要解决的目标问题）；

（3）Solution（对目标问题求解过程中各种关系的记述）。

他认为，模式是在特定环境中解决问题的一种方案。每个模式都描述了一个在我们的环境中不断出现的问题，然后描述了该问题的解决方案的核心，通过这种方式，我们可以无数次地重用那些已有的解决方案，无须再重复相同的工作。尽管模式最初是针对建筑领域的，但他的观点实际上适用于所有的工程设计领域，其中也包括软件设计领域。

1990 年，软件工程界开始关注 Christopher Alexander 关于模式的思想。最早将模式的思想引入软件工程方法学的是 1991—1992 年以“四人组（Gang of Four，GoF，分别是 Erich Gamma、Richard Helm、Ralph Johnson 和 John Vlissides）”自称的四位著名软件工程学者，他们在 1994 年归纳发表了 23 种在软件开发中使用频率较高的设计模式，旨在用模式来统一沟通面向对象方法在分析、设计和实现间的问题。1995 年，GoF 将收集和整理好的 23 种设计模式汇编成 *Design Patterns: Elements of Reusable Object-Oriented Software*（《设计模式：可复用面向对象软件的基础》）一书，该书的出版标志着设计模式正式成为面向对象软件工程的一个重要研究分支。软件设计模式是针对某一类问题从许多优秀的软件系统中总结出的成功且可复用的设计方案，是针对某一类问题的最佳设计解决方案，是面向对象语言中利用类和方法实现编程目标的解决方案。

8.1.3 设计模式的基本要素

在面向对象软件开发领域，常说的设计模式主要指 GoF 在《设计模式：可复用面向对象软件的基础》一书中所介绍的 23 种经典设计模式。与 GoF 模式相对应的另一种重要的设计模式是通用责任分配软件模式，即 GRASP（General Responsibility Assignment Software Pattern）。GRASP 站在面向对象设计的角度，告诉我们怎样设计问题空间中的类与分配它们的行为职责，以及明确类之间的相互关系等。GRASP 着重考虑设计类的原则及如何分配类的功能，指导该由谁来创建类；而 GoF 模式则着重考虑设计的实现、类的交互及软件质量。可以说，GoF 模式就是符合 GRASP 要求的面向对象设计模式。

设计模式使人们可以方便地复用那些成功的设计和体系结构，而且，将已经验证过是可行的技术提炼成设计模式，也会使系统开发人员更加容易使用和理解其设计思路。描述一个设计模式通常包括下列四种基本要素。

1. 模式名称

模式名称（Pattern Name）常用一两个词汇来指代模式的问题、解决方案和效果。要确切地通过名称反映模式的内涵不是一件容易的事情，模式名称在某种程度上反映了模式适用的场景，有利于开发人员交流设计思想和设计路线。

2. 问题

问题（Problem）描述了模式适用的场景。它对设计问题进行描述，如怎样抽取对象、如何表示算法等。有时候，问题部分会包括使用模式必须满足的一系列先决条件。

3. 解决方案

解决方案（Solution）描述了设计模式的组成成分，它们之间的相互关系以及各自的职责和协作方式。因为模式就像一个模板，包含了一些静态的关系和动态的规则，可应用于多种不同场合，所以解决方案并不描述一个特定而具体的设计或实现，而是提供设计问题的抽象描述和怎样用一个具有一般意义的元素组合（类或对象组合）来解决这个问题。

4. 效果

效果（Consequences）描述了模式应用的效果及使用模式应权衡的问题。软件效果大多关注对时间和空间的衡量，它们也表述了语言和实现问题。因为复用是面向对象设计的要素之一，所以模式效果包括它对系统的灵活性、扩充性或可移植性的影响。

8.2 使用设计模式的原因

8.2.1 设计模式的作用

如今，设计模式是面向对象编程的热门话题之一，无论在大型系统开发还是在小型应用软件中，设计模式都得到了广泛的应用，越来越多的开发人员认识到设计模式的重要性。设计模式是面向对象设计过程中针对常见问题的比较成熟的解决方案，是前辈们在软件开发过程中总结、抽象出来的通用经验，学会并正确使用设计模式对提高软件开发质量意义重大。

（1）设计模式以标准的方式供广大开发人员使用，为开发者的沟通提供了一套机制，帮助开发者更好地明白和更清晰地描述一段已有的代码。设计模式让开发人员之间有一套“共享词汇”，一旦懂这些词汇，开发人员之间沟通这些观点就很容易，也会促使那些不懂的程序员想开始学习设计模式。

（2）设计模式可以使人们更加方便简单地复用成功的设计模式和结构。设计模式是开发人员在长期的软件开发实践中设计软件、管理组织软件工作而提炼出来的总结，是重复利用设计方法、管理软件过程的有力工具。模式就像武侠小说中的招式一样，提供了许多开发过程中的方法和套路，可以使人们更加方便简单地复用成功的设计模式。

（3）设计模式可以使人们深入理解面向对象的设计思想，提高软件的开发效率。设计模式指明位于实例层次、单个类或者组件层次上的一些抽象概念，一般情况下，一个模式涉及几个对象、组件或类，并且还详细说明了对象、组件或类的关系、职责及它们内部之间的合作。它的目的不是针对软件设计和开发中的每个问题都给出解决方案，而是针对某种环境中通常会遇到的某种软件开发问题给出可重用的一些解决方案。学习设计模式不仅能使我们用好这些成功的模式，更重要的是可以使我们深入理解面向对象的设计思想。熟悉设计模式的软件开发人员可以很快地将模式运用到软件设计中。

设计模式的出现可以让我们站在前人的肩膀上，通过一些成熟的设计方案来指导新项目的开发和设计，以便于我们的开发具有更好的灵活性和可扩展性，也更易于复用的软件系统。但正如仅靠背棋谱成不了围棋高手，只在概念上理解设计模式而不实现，同样成不了架构设计师。在软件设计时，要有意识地问自己使用还是不使用设计模式，并在反复实践中，重视软件质量的改进，领悟设计模式的真谛。

8.2.2 如何正确使用设计模式

学习设计模式必须注意灵活掌握处理问题的办法和思路，设计模式是一些规律的体现，但也不能机械地使用。对于系统分析设计人员而言，要筑牢自己的编程基础，充分理解编程思想、修炼开发内功，才能游刃有余地使用设计模式。有的时候，或许你根本不知道任何模式，不考虑任何模式，却写着最优秀的代码，即使从“模式专家”的角度来看，都是最佳的设计，不得不说是“最佳的模式实践”，这正体现了实践出真知的道理。通过自己积累的实践经验，知道“在什么场合代码应该怎么写”，这本身就是设计模式。

尽管设计模式本身并不要求一定用某种语言来实现，但脱离了具体的实现，就无法真正理解设计模式。GoF 的《设计模式：可复用面向对象软件的基础》是经典之作，但毕竟距现在已经快三十多年了。在此期间开发平台已经进化了多代，很多新技术已经应用到编程中。有些技术可以简化设计模式的实现，有些技术已经采用了设计模式。因此，学习设计模式必须针对所使用的编程语言和开发平台。一定要注意，不是将《设计模式：可复用面向对象软件的基础》书中的例子转换为某种语言就等于知道如何实现设计模式了，而是要关注设计模式的精髓，并结合具体的语言特点完成其实现。

要正确使用设计模式，建议参考以下几点。

1. 需求驱动

在软件的复用性等方面。设计模式是针对软件设计的，而软件设计是针对需求的，一定不要为了使用模式而使用模式。在不合适的场合生搬硬套地使用模式反而会使设计变得复杂，使软件难以调试和维护。

2. 分析成功的模式应用项目

对现有的应用实例进行分析是学习模式的一个很好的途径，要学习已有的项目中设计模式如何实现，更要学习在什么场景下使用何种设计模式。

3. 充分了解所使用的开发平台

设计模式大都是针对面向对象的软件设计的，因此在理论上适合任何面向对象的语言。但随着技术的发展和编程环境的改善，设计模式的实现方式会有很大的差别。在某些平台下，某些设计模式是自然实现的，某些模式已经被平台所实现，某些模式存在的上下文已经消失。这里的平台不仅指编程语言，还包括平台引入的技术。例如，Java EE 引入了反射机制和依赖注入，这些技术的使用使设计模式的实现方式有了很大的改变。

4. 在编程中领悟模式

软件开发是一项实践工作，最直接的方法就是编程。没有不会编程就成为架构设计师的先例。对设计模式的掌握是水到渠成的事情，但前提是必须有相当多的实践积累。通过看书可以学习和理解设计模式，但实践对领悟和掌握设计模式更为重要。

5. 避免设计过度

设计模式解决的是设计不足的问题，但同时也要避免设计过度。一定要牢记简洁原则，要知道，设计模式是为了使设计简单，而不是更复杂。如果引入设计模式使设计变得复杂，只能说问题本身不需要设计模式。这里需要把握的是需求变化的程度，一定要区分需求的稳定部分和可变部分。一个软件必然有稳定部分，这个部分就是核心业务逻辑。如果核心业务逻辑发生变化，软件就没有存在的必要，核心业务逻辑是需要固化的。对于可变部分，需要判断可能发生变化的程度来确定设计策略和设计风险。要知道，设计过度与设计不足同样对项目有害。

8.3 设计模式的分类

按照设计模式的目的划分，可将其分为创建型（Creational）模式、结构型（Structural）模式和行为型（Behavioral）模式三种，其中创建型模式主要用于描述如何创建对象，结构型模式主要用于描述如何实现类或对象的组合，行为型模式主要用于描述类或对象怎样交互以及怎样分配职责。在 GoF 的 23 种设计模式中，创建型模式有 5 种、结构型模式有 7 种，另外 11 种为行为型模式。此外，根据设计模式的范围划分，又可以分为类模式和对象模式，23 种设计模式分类如表 8-1 所示。

表 8-1　23 种设计模式分类

<table>
<tr><td rowspan="2">范　围</td><td colspan="3">目　　的</td></tr>
<tr><td>创建型模式</td><td>结构型模式</td><td>行为型模式</td></tr>
<tr><td>类模式</td><td>工厂方法模式</td><td>（类）适配器模式</td><td>解释器模式
模板方法模式</td></tr>
<tr><td rowspan="9">对象模式</td><td>抽象工厂模式</td><td>（对象）适配器模式</td><td>责任链模式</td></tr>
<tr><td>建造者模式</td><td>桥接模式</td><td>命令模式</td></tr>
<tr><td>原型模式</td><td>组合模式</td><td>迭代器模式</td></tr>
<tr><td>单例模式</td><td>装饰者模式</td><td>中介者模式</td></tr>
<tr><td></td><td>外观模式</td><td>备忘录模式</td></tr>
<tr><td></td><td>享元模式</td><td>观察者模式</td></tr>
<tr><td></td><td>代理模式</td><td>状态模式</td></tr>
<tr><td></td><td></td><td>策略模式</td></tr>
<tr><td></td><td></td><td>访问者模式</td></tr>
</table>

8.3.1　GOF 设计模式

《设计模式：可复用面向对象软件的基础》一书中给出了 23 种设计模式，下面对这些模式做简要介绍。

（1）抽象工厂模式（Abstract Factory Pattern）：提供一个创建一系列相关或相互依赖对象的接口，而无须指定它们具体的类。

（2）建造者模式（Builder Pattern）：将一个复杂对象的构件与它的表示分离，使得同样的构建过程可以创建不同的表述。

（3）工厂方法模式（Factory Method Pattern）：将类的实例化操作延迟到子类中进行，让子类决定将哪个类实例化。

（4）原型模式（Prototype Pattern）：通过一个原型对象来指明所要创建的对象的种类，并且通过复制这个原型来创建更多新的对象。

（5）单例模式（Singleton Pattern）：确保在系统中一个类仅有一个实例，而且自行实例化并向整个系统提供这个实例。

（6）适配器模式（Adapter Pattern）：将一个类的接口转换成客户希望的另外一个接口，从而使接口不匹配的两个类或多个类可以一起工作。

（7）桥接模式（Bridge Pattern）：将抽象部分与它的实现部分分离，使它们都可以独立地变化。

（8）组合模式（Composite Pattern）：通过组合多个对象成树形结构以表示“部分-整体”的结构层次，对单个对象和组合对象的使用具有一致性。

（9）装饰者模式（Decorator Pattern）：动态地给一个对象添加一些额外的职责。

（10）外观模式（Facade Pattern）：为子系统中的一组接口提供一个一致的接口，这个接口使得这一子系统更加容易使用。

（11）享元模式（Flyweight Pattern）：运用共享技术有效地支持大量细粒度对象的

复用。

（12）代理模式（Proxy Pattern）：为其他对象提供一个代理以控制对这个对象的访问。

（13）责任链模式（Chain of Responsibility Pattern）：避免请求的发送者和接收者耦合，让多个对象都有机会处理这个请求。将这些对象连成一条链，并沿着这条链传递该请求，直到有一个对象处理它。

（14）命令模式（Command Pattern）：将一个请求封装为一个对象，从而使得请求调用者和请求接收者解耦。

（15）解释器模式（Interpreter Pattern）：描述如何为语言定义一个文法，如何在该语言中表示一个句子，以及如何解释这些句子。

（16）迭代器模式（Iterator Pattern）：提供一种方法来访问一个聚合对象中各个元素，而又无须暴露该对象的内部表示。

（17）中介者模式（Mediator Pattern）：用一个中介对象来封装一系列的对象交互。中介者使各对象不需要显式地相互引用，从而使其耦合松散，而且可以独立地改变它们之间的交互方式。

（18）备忘录模式（Memento Pattern）：在不破坏封装性的前提下，捕获一个对象的内部状态，并在该对象之外保存这个状态，这样以后就可以将该对象恢复到保存的状态。

（19）观察者模式（Observer Pattern）：定义对象间的一种一对多的依赖关系，以便当一个对象的状态发生改变时，所有依赖于它的对象都得到通知并自动刷新。

（20）状态模式（State Pattern）：允许一个对象在其内部状态改变时改变它的行为。

（21）策略模式（Strategy Pattern）：定义一系列的算法，把它们一个个封装起来，并且使它们可相互替换。本模式使得算法的变化可独立于使用它的客户。

（22）模板方法模式（Template Method Pattern）：定义一个操作中的算法的骨架，而将一些步骤延迟到子类中。

（23）访问者模式（Visitor Pattern）：表示一个作用于某对象结构中的各元素的操作。它可以使用户在不改变各元素的类的前提下定义作用于这些元素的新操作。

8.3.2 设计模式的优点

设计模式是从许多的软件系统总结出的成功的、能够实现可维护可复用可扩展的设计方案，使用这些方案将避免我们做一些重复性的工作，而且可以设计出高质量的软件系统。

设计模式的主要优点表现在以下方面。

（1）设计模式融合了众多专家的经验，以一种标准形式供广大开发者所用；不同编程语言的开发和设计人员都可以通过设计模式来交流系统设计方案。

（2）设计模式使得设计方案更加灵活、易于修改，其使用能有效地提高软件系统的开发效率和软件质量，且在一定程度上节约设计成本。

（3）设计模式有助于初学者深入理解面向对象思想，一方面可以帮助初学者更加方便地阅读和学习现有类库与其他系统中的源代码，另一方面可以提高软件的设计水平和代码质量。

8.4 设计模式遵循的原则

面向对象的三大机制“封装、继承、多态”可以表达面向对象的所有概念，但这三大机制本身并没有刻画出面向对象的核心精神。设计模式的提出和广泛使用就是为了提高软件开发过程中代码的复用性和可维护性。因此，设计模式的实现也需要遵循一些基本原则，如表 8-2 所示。

表 8-2 设计模式遵循的几个原则

原则	英文全拼	中文名称
SRP	the Single Responsibility Principle	单一职责原则
OCP	the Open Closed Principle	开放封闭原则
LSP	the Liskov Substitution Principle	里氏替换原则
ISP	the Interface Segregation Principle	接口分离原则
DIP	the Dependency Inversion Principle	依赖倒置原则
LoD	Law of Demeter	迪米特法则
CARP	Composite/Aggregate Reuse Principle	组合/聚合复用原则

1. 单一职责原则

单一职责原则指的是一个类应该仅有一个引起它变化的原因，这是最简单、最容易理解却最不容易做到的一个设计原则。

单一职责原则解决的其实是类设计时的职责划分和粒度问题。每个类都是因为具有一定的职责才会存在，但是一个类也不应该分担过多的职责。如果一个类因多于一个的动机而被改变，那么这个类就具有多于一个的职责。应该把多余的职责分离出去，分别再创建相应的类来完成每一个职责。

2. 开放封闭原则

开放封闭原则指的是一个软件实体应当对扩展开放，对修改关闭。即在设计一个模块的时候，应当使这个模块可以在不被修改的前提下被扩展。

实现开放封闭原则的关键就在于“抽象”。把系统的所有可能的行为抽象成一个抽象底层，这个抽象底层规定出所有的具体实现必须提供的方法的特征。作为系统设计的抽象层，要预见所有可能的扩展，从而使得在任何扩展情况下，系统的抽象底层都不需要修改；同时，可以从抽象底层导出一个或多个新的具体实现，可以改变系统的行为，因此系统设计对扩展是开放的。

开放封闭原则可以保证在设计模块时，不对模块进行修改就可以改变这个模块的行为，这样在保证系统一定的稳定性的基础上，只通过增加新代码就可以对系统进行扩展。

3. 里氏替换原则

里氏（Liskov）替换原则是 Barbara Liskov 于 1988 年提出来的，指的是“如果对于类型 S 的每个对象 01 存在类型 T 的对象 02，那么对于所有定义了类型 T 的程序 P 来说，当用 01 替换 02 并且类型 S 是类型 T 的子类型时，程序 P 的行为不会改变。”通俗地讲，就是子类型能够完全替换父类型，而不会让调用父类型的客户程序从行为上有任何改变。

从里氏替换原则的定义可以看出：只要父类能出现的地方，子类就可以出现，而且替换为子类还不会产生任何错误或异常，使用者可能根本就不需要知道是父类还是子类。但是，反过来就不行了，有子类出现的地方，父类未必就能适用。

4. 接口分离原则

接口分离原则指的是“客户端不应该依赖于它不需要的接口；一个类对另一个类的依赖应该建立在最小的接口上”。就是说，“不应该强迫客户依赖于他们不用的方法。”再通俗点说，不要强迫客户使用他们不需要使用的方法，如果强迫客户使用他们不需要使用的方法，那么这些客户就会面临由于这些不适用的方法的改变所带来的改变。

接口分离原则是对接口进行规范，其中有四层含义：

（1）接口尽量要小，这是接口分离原则的核心要义；

（2）接口要高内聚；

（3）定制服务，只提供访问者需要的方法；

（4）接口设计是有限度的，这个限度要靠项目实施人员的经验和常识判断。

5. 依赖倒置原则

依赖倒置原则指的是“高层模块不应该依赖于低层模块，二者都应该依赖于抽象；抽象不应该依赖于细节，细节应该依赖于抽象”。

在早期面向过程的开发中，上层调用下层，上层依赖于下层，当下层剧烈变化时，上层也要跟着变化，这就会导致模块的复用性降低，而且大大提高了开发的成本。

面向对象的开发很好地解决了这个问题，一般情况下抽象的变化概率很小，让用户程序依赖于抽象，实现的细节也依赖于抽象。即使实现细节不断变化，只要抽象不变，客户程序就不需要变化，这大大降低了客户程序与实现细节的耦合度。

依赖倒置原则的核心就是要面向接口编程，不要针对实现编程。针对接口编程的意思是，应当使用接口和抽象类进行变量的声明和数据类型转换，不要针对实现编程的意思是不应当使用具体类进行变量的声明和数据类型转换等。

6. 迪米特法则

一个类应该对自己需要耦合或调用的类知道得最少。就是说，如果两个类不需要直接通信，那么就不应该让这两个类有相互之间的直接作用，即消息调用。如果其中一个类需要用到另一个类的某个方法，可以通过第三方转发这个调用。

7．组合/聚合复用原则

在一个新的对象里面使用一些已有的对象，使之成为新对象的组成部分；新的对象通过和这些对象的调用达到复用已有功能的目的。这个设计原则可以简短描述为要尽量使用组合/聚合，尽量不使用继承。

8.5 典型设计模式

创建型模式对类的实例化过程进行了抽象，能够将软件模块中对象的创建和对象的使用分离。为了使软件的结构更加清晰，外界对于这些对象只需要知道它们共同的接口，而不需要清楚其具体的实现细节，使整个系统的设计更加符合单一职责原则。

创建型模式包括以下几种：

（1）工厂方法模式（Factory Method Pattern）；

（2）抽象工厂模式（Abstract Factory Pattern）；

（3）建造者模式（Builder Pattern）；

（4）原型模式（Prototype Pattern）；

（5）单例模式（Singleton Pattern）。

工厂模式是涉及工厂类的几种设计模式的统称。工厂模式专门负责将大量有共同接口的类实例化。工厂模式可以动态地决定将哪一个类实例化，具体包括以下 3 种形态：

（1）简单工厂模式（Simple Factory Pattern）；

（2）工厂方法模式（Factory Method Pattern）；

（3）抽象工厂模式（Abstract Factory Pattern）。

8.5.1 简单工厂模式

在简单工厂模式中，可以根据参数的不同，返回不同类的实例。简单工厂模式是工厂模式的一个特殊实现，本身不属于 GoF 提出的 23 种设计模式。

1．类图表示

简单工厂模式专门定义一个工厂类（Factory Class）来负责创建其他类的实例，被创建的实例通常都具有共同的父类，如图 8-1 所示。

2．简单工厂模式结构

简单工厂模式包括以下 3 种角色。

（1）工厂类角色 Factory：是简单工厂的核心，它负责实现创建所有实例的内部逻辑。工厂类可以被外界直接调用，创建所需的具体产品对象。

（2）抽象产品类角色 Product：定义工厂创建对象的父类或它们共同拥有的接口，可以是一个类、抽象类或接口。

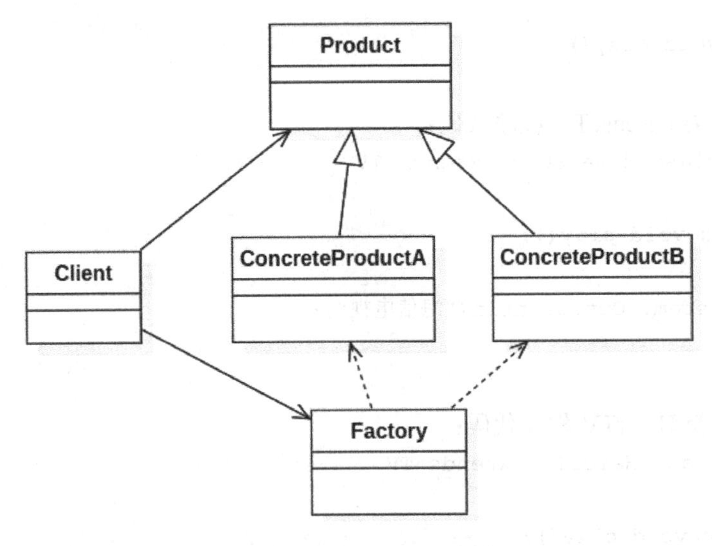

图 8-1　简单工厂模式类图

（3）具体产品类角色（ConcreteProduct）：定义工厂具体创建出的对象。

3．简单工厂模式实例

实例一：简单电视机工厂。

某电视机工厂专为各种电视机品牌代工生产各类电视机，当需要生产海尔电视时，只需要传入“Haier”；当需要生产海信电视时，只需传入“Hisense”。工厂根据传入参数的不同返回不同品牌的电视机。使用简单工厂模式来模拟该电视机工厂的生产过程，如图 8-2 所示。

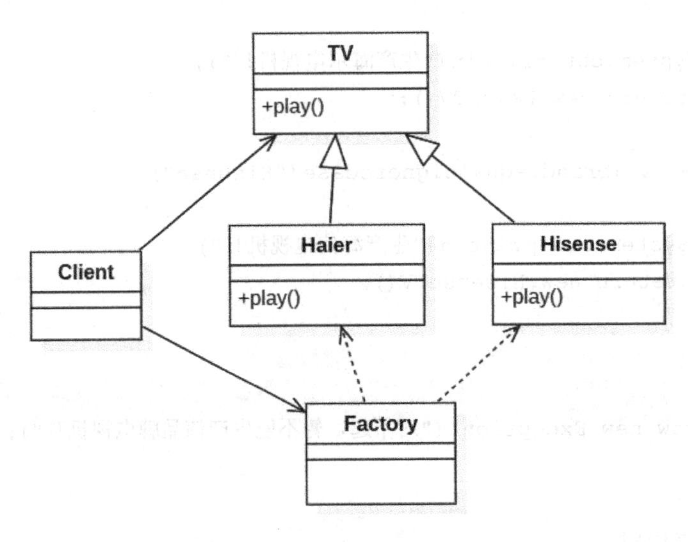

图 8-2　简单电视机工厂模式类图

抽象产品类 TV（电视机类）程序代码：

```
Public abstract class TV
{
Public void play();
}
```

具体产品类 HisenseTV 程序代码：

```
Public class HisenseTV extends TV
{
   Public void play();
     {
       system. Out.println("海信电视");
     }
}
```

具体产品类 HaierTV 程序代码：

```
Public class HaierTV extends TV
{
   Public void play();
     {
       system. Out.println("海尔电视");
     }
}
```

工厂类程序代码：

```
Public class TVFactory
{
    public static TV  produceTV  (String brand) throws Exception
    {
       if (brand.equalsignorecase("Haier"))
        {
          System.out println("生产海尔电视机！");
           return new HaierTV();
          }
       else if (brand.equalsignorecase("Hisense"))
          {
           System.out println("生产海信电视机！");
            return new HisenseTV();
          }
Else
     {
      throw new Exception ("对不起，暂不能生产该品牌电视机！");
     }
}
```

客户端程序代码：

```
Class Client{
Public static void main(String args[])
   {
      TV tv;
         String brand=" Haier";
        tv=TVFactory.produceTV(brand);
        tv.play();
    }
}
```

4. 简单工厂模式的优缺点

1）优点

工厂类含有必要的判断逻辑，可以决定在什么时候创建哪一个产品类的实例，客户端可以免除直接创建产品对象的责任，而仅仅“消费”产品，客户端无须知道所创建的具体产品类的类名，只需要知道具体产品类所对应的参数即可。

简单工厂模式通过这种做法实现了对责任的分割，明确了各自的职责和权利，有利于整个软件体系结构的优化。

2）缺点

系统扩展困难，一旦添加新产品就不得不修改工厂逻辑，有可能造成工厂逻辑过于复杂，违背了开放封闭原则。

由于工厂类集中了所有实例的创建逻辑，当系统的具体产品类不断增多时，可能会出现要求工厂类根据不同条件创建不同实例的需求。这种对条件的判断和对具体产品类型的判断交错在一起，很难避免模块功能的蔓延，对系统的维护和扩展非常不利。

这些缺点在工厂方法模式中得到一定的克服。

8.5.2 工厂方法模式

在简单工厂模式中，只提供了一个工厂类，该工厂类处于对产品类进行实例化的中心位置，它知道每一个产品对象的创建细节，并决定何时实例化哪一个产品类。

1. 简单工厂模式的缺点

简单工厂模式最大的缺点是当有新产品要加入系统中时，必须修改工厂类，加入必要的处理逻辑，这违背了开放封闭原则。在简单工厂模式中，所有产品都是由同一个工厂创建的，工厂类职责较重，业务逻辑较为复杂，具体产品与工厂类之间的耦合度高，严重影响系统的灵活性和扩展性，而工厂方法模式则可以很好地解决这一问题。在计算器的程序设计过程中，我们可以通过简单工厂模式对内部的类进行设计，把涉及的加、减、乘等操作类组织为具体产品类，由其父类给出参与运算的公共属性和通用算法，具体设计类图如图 8-3 所示。

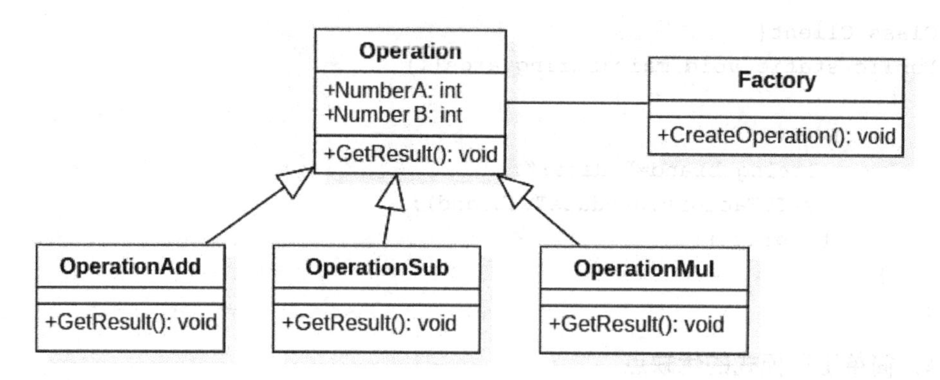

图 8-3 计算器的简单工厂模式类图

计算器的程序设计如下：

```
public abstract class Operation {
    public double getResult(double numA, double numB);
    }
public class OperationAdd implements Operation {
    public double getResult(double numA, double numB)
        {
         return numA + numB;
        }
    }
public class OperationSub extends Operation {
    public double getResult(double numA, double numB)
        {
        return numA - numB;
        }
}
public class OperationMul extends Operation {
    public double getResult(double numA, double numB)
        {
        return numA * numB;
        }
    }
public class OperationDiv extends Operation {
        public double getResult(double numA, double numB) {
         if(numB == 0) {
                try { throw new Exception("除数为0");
                    }
             catch (Exception e) {
                   e.printStackTrace();
                 }
            }
          return numA / numB;
          }
    }
```

工厂类的程序设计如下：

```
public class OperationFactory {
     public static Operation createOperation(String operation){
          Operation o = null;
          switch (operation.charAt(0)) {
          case '+':
               o = new OperationAdd();
               break;
          case '-':
               o = new OperationSub();
               break;
          case '*':
               o = new OperationMul();
               break;
          case '/':
               o = new OperationDiv();
               break;
          default:
               try {
                         throw new Exception("运算输入有误");
               } catch (Exception e) {
                         e.printStackTrace();
               }
          }
          return o;
     }
}
```

上述计算器设计存在的问题是不利于添加新的计算要求，不利于程序的修改和维护。接下来，我们考虑一种新的模式——工厂方法模式，来解决上述问题。

2. 工厂方法模式的动机

我们先从一个具体例子来体会为什么要使用工厂方法模式。考虑这样一个系统，简单按钮工厂类可以返回一个具体的按钮实例，如圆形按钮、矩形按钮、菱形按钮等。

在这个系统中，如果需要增加一种新类型的按钮，如椭圆形按钮，那么除增加一个新的具体产品类之外，还需要修改工厂类的代码，这就使得整个设计在一定程度上违反了开放封闭原则。

现在对该系统进行修改，不再设计一个按钮工厂类来统一负责所有产品的创建，而是将具体按钮的创建过程交给专门的工厂子类去完成。

先定义一个抽象的按钮工厂类，再定义具体的工厂类来生成圆形按钮、矩形按钮、菱形按钮等，它们实现在抽象按钮工厂类中定义的方法，如图 8-4 所示。这种抽象化的结果可以在不修改具体工厂类的情况下引进新的产品，如果出现新的按钮类型，只需要为这种新类型的按钮创建一个具体的工厂类就可以获得该新按钮的实例，这一特点无疑使得工厂方法模式具有超越简单工厂模式的优越性，更加符合开放封闭原则。

使用工厂方法模式设计的按钮工厂如图 8-5 所示。

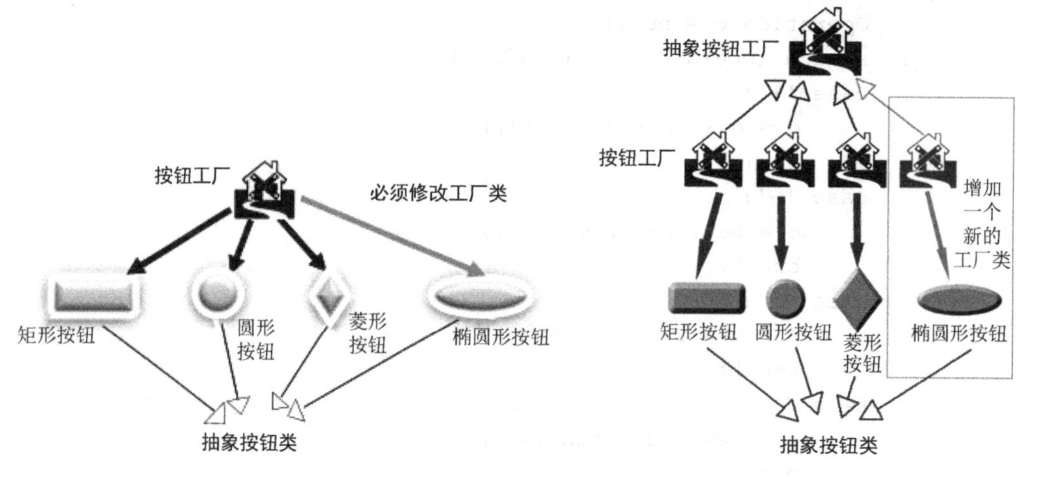

图 8-4　添加按钮的简单工厂模式　　　　图 8-5　工厂方法模式改进按钮工厂类间关系

3. 工厂方法模式的实现

接下来，我们将上文中提到的计算器改成以工厂模式实现，根据工厂方法模式成对添加类的思路，我们可以绘制出类图，如图 8-6 所示。

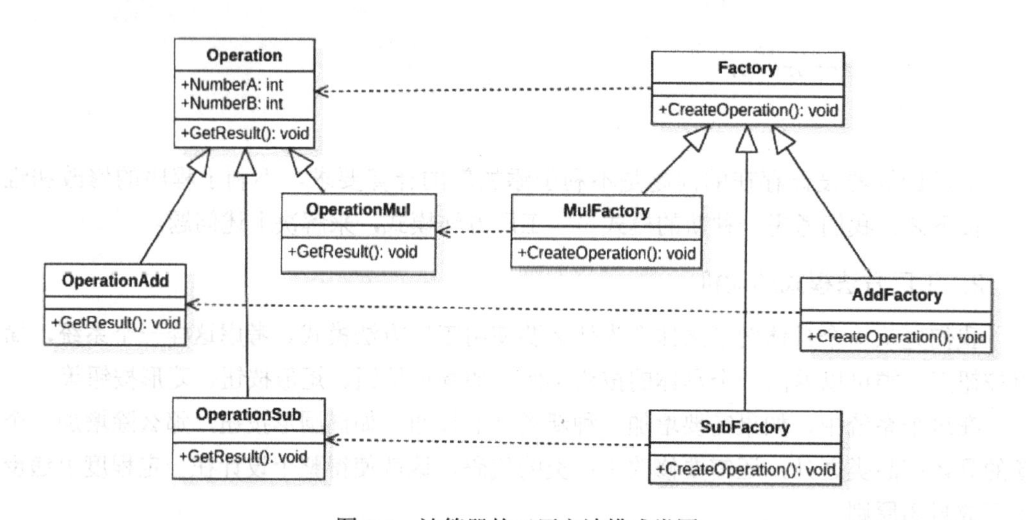

图 8-6　计算器的工厂方法模式类图

类图中各要素对应的核心代码如下所示。

抽象工厂类代码：

```
interface IFactory{
    Operation CreateOperation();
}
```

具体工厂类代码：

```
public class AddFactory implements IFactory{
    public Operation CreateOperation(){
        return new AddOperation();
    }
}
public class SubFactory implements IFactory{
    public Operation CreateOperation(){
        return new SubOperation();
    }
}
public class MulFactory implements IFactory{
    public Operation CreateOperation(){
        return new MulOperation();
    }
}
```

客户端代码：

```
IFactory operFactory = new AddFactory();
Operation oper = operFactory.CreateFactory();
oper.NumberA =1;
oper.NumberB = 2;
double result = oper.GetResult();
```

4. 工厂方法模式的结构

工厂方法模式属于类创建型模式。从以上例子中可以看出，在工厂方法模式中，工厂父类（或接口）负责定义创建产品对象的公共接口，而工厂子类则负责生成具体的产品对象，这样做的目的是将产品类的实例化操作延迟到工厂子类中完成，即通过工厂子类来确定究竟应该实例化哪一个具体产品类。这种模式的使用频率很高。工厂方法模式抽象结构图如图 8-7 所示。

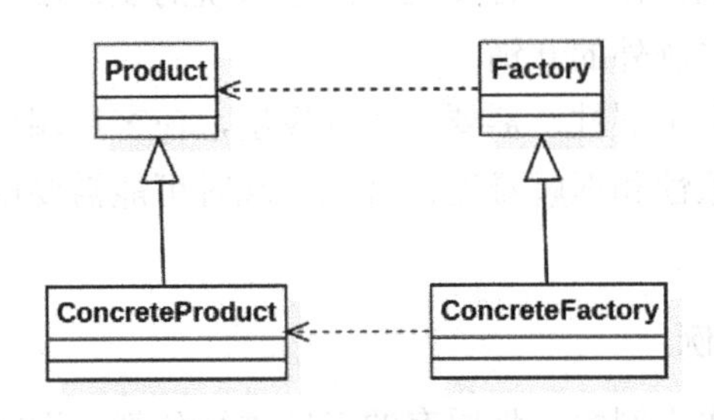

图 8-7　工厂方法模式抽象结构图

工厂方法模式包含以下角色：

（1）Product：抽象产品；

（2）ConcreteProduct：具体产品；

（3）Factory：抽象工厂；

（4）ConcreteFactory：具体工厂。

工厂方法模式是简单工厂模式的进一步抽象和推广。由于使用多态性，工厂方法模式保持了简单工厂模式的优点，而且克服其缺点。

在工厂方法模式中，核心的工厂类不再负责所有产品的创建，而是将具体创建工作交给子类去做。该核心类仅负责给出具体工厂必须实现的接口，而不负责哪一个产品类被实例化这种细节，这使得工厂方法模式可以允许系统在不修改工厂角色的情况下引进新产品。

当系统扩展需要添加新的产品对象时，仅需要添加一个具体产品对象以及一个具体工厂对象，原有工厂对象不需要进行任何修改，也不需要修改客户端，很好地符合了开放封闭原则。

而简单工厂模式在添加新产品对象后不得不修改工厂方法，扩展性不好。工厂方法模式退化后可以演变成简单工厂模式。

5. 工厂方法模式的优缺点

1）优点

在工厂方法模式中，工厂方法用来创建客户所需要的产品，同时还向客户隐藏哪种具体产品类将被实例化这一细节，用户只需要关心所需产品对应的工厂，无须关心创建细节，甚至无须知道具体产品类的类名。

使用工厂方法模式的另一个优点是在系统中加入新产品时，无须修改抽象工厂和抽象产品提供的接口，无须修改客户端，也无须修改其他的具体工厂和具体产品，而只要添加一个具体工厂和具体产品就可以了。这样，系统的可扩展性也就变得非常好，完全符合开放封闭原则。

2）缺点

在添加新产品时，需要编写新的具体产品类，且要提供与之对应的具体工厂类，系统中类的个数将成对增加，在一定程度上增加了系统的复杂度，有更多的类需要编译和运行，会给系统带来一些额外的开销。

由于考虑到系统的可扩展性，需要引入抽象层，在客户端代码中均使用抽象层进行定义，增加了系统的抽象性和理解难度，且在实现时可能需要用到反射等技术，增加了系统的实现难度。

6. 工厂方法模式实例

在简单工厂方法模式实例中，将原有的工厂进行分割，为每种品牌的电视机提供一个子工厂，海尔工厂专门负责生产海尔电视机，海信工厂专门负责生产海信电视机，如果需要生产 TCL 电视机或创维电视机，只需要对应增加一个新的 TCL 工厂或创维工厂即可，原有的工厂无须做任何修改，使得整个系统具有更好的灵活性和可扩展性，如图 8-8 所示。

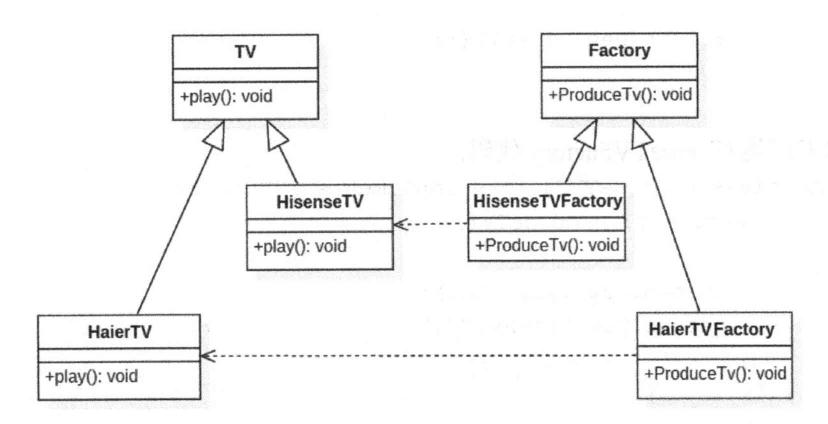

图 8-8　电视机生产的工厂方法模式类图

根据类图设计，我们可以给出如下的核心代码：

抽象产品类 TV（电视机类）代码：

```
interface TV
{
Public void play();
}
```

具体产品类 HisenseTV 代码：

```
Public class HisenseTV implements TV
{
  Public void play();
    {
      system.Out.println("海信电视");
    }
}
```

具体产品类 HaierTV 代码：

```
Public class HaierTV implements TV
{
  Public void play();
    {
      system.Out.println("海尔电视");
    }
}
```

抽象工厂类代码：

```
Interface TVFactory
        {   Public TV produceTV();
        }
```

具体工厂类 HaierTVFactory 代码：

```
Public class HaierTVFactory implements TVFactory
        {   Public TV produceTV()
            {
              System.out .println();
```

```
            return new HaierTV();
        }
    }
```

具体工厂类 HisenseTVFactory 代码：

```
Public class HisenseTVFactory implements TVFactory
    {   Public TV produceTV()
        {
          System.out .println();
          return new HisenseTV();
        }
    }
```

客户端代码：

```
Public Class Client{
Public static void main(String args[])
   {
        TV tv;
          String brand="Haier";
         tv=TVFactory.produceTV(brand);
         tv.play();
    }
}
```

8.5.3 抽象工厂模式

1. 抽象工厂模式的动机

在工厂方法模式中，具体工厂负责生产具体的产品，每一个具体工厂对应一种具体产品，工厂方法也具有唯一性，一般情况下，一个具体工厂中只有一个工厂方法或者一组重载的工厂方法。但是有时候我们需要一个工厂可以提供多个产品对象，而不是单一的产品对象。

为了更清晰地理解工厂方法模式，需要先引入两个概念。

（1）产品等级结构：产品等级结构即产品的继承结构，如一个抽象类是电视机，其子类有海尔电视机、海信电视机、TCL 电视机，则抽象电视机与具体品牌的电视机之间构成了一个产品等级结构，抽象电视机是父类，而具体品牌的电视机是其子类。

（2）产品族：在抽象工厂模式中，产品族是指由同一个工厂生产的，位于不同产品等级结构中的一组产品，如海尔电器工厂生产的海尔电视机、海尔电冰箱，海尔电视机位于电视机产品等级结构中，海尔电冰箱位于电冰箱产品等级结构中。

产品族与产品等级结构对应关系如图 8-9 所示。

2. 抽象工厂模式的定义

抽象工厂模式提供一个创建一系列相关或相互依赖对象的接口，而无须指定它们具体的类。抽象工厂模式又称为 Kit 模式，属于对象创建型模式，这种模式的使用频率也很高。

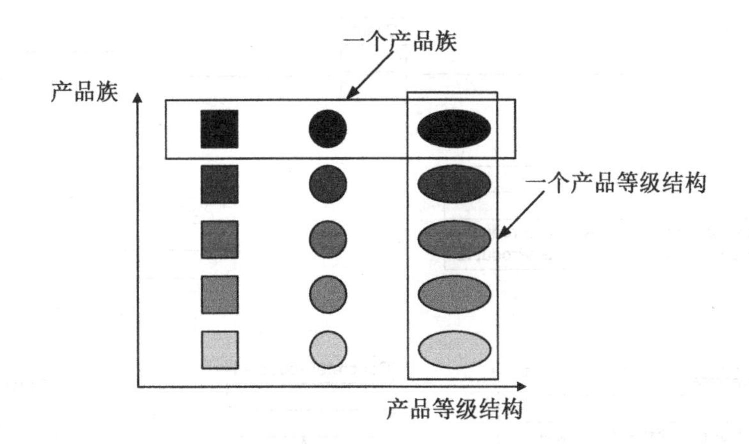

图 8-9　产品族与产品等级结构对应关系

当系统所提供的工厂所需生产的具体产品并不是一个简单的对象，而是多个位于不同产品等级结构中属于不同类型的具体产品时，需要使用抽象工厂模式。抽象工厂模式是所有形式的工厂模式中最为抽象和最具一般性的一种形态。抽象工厂模式与工厂方法模式最大的区别在于，工厂方法模式针对的是一个产品等级结构，而抽象工厂模式则需要面对多个产品等级结构。抽象工厂模式下添加产品族示意图如图 8-10 所示。

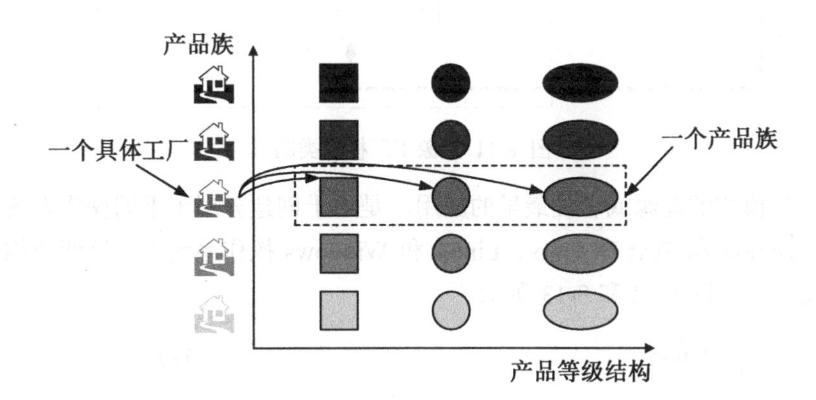

图 8-10　抽象工厂模式下添加产品族示意图

3. 抽象工厂模式结构与分析

抽象工厂模式具有比简单工厂模式和工厂方法模式更复杂的结构，其中包含如下角色：

（1）AbstractFactory：抽象工厂；

（2）ConcreteFactory：具体工厂；

（3）AbstractProduct：抽象产品；

（4）Product：具体产品。

抽象工厂模式类图如图 8-11 所示。

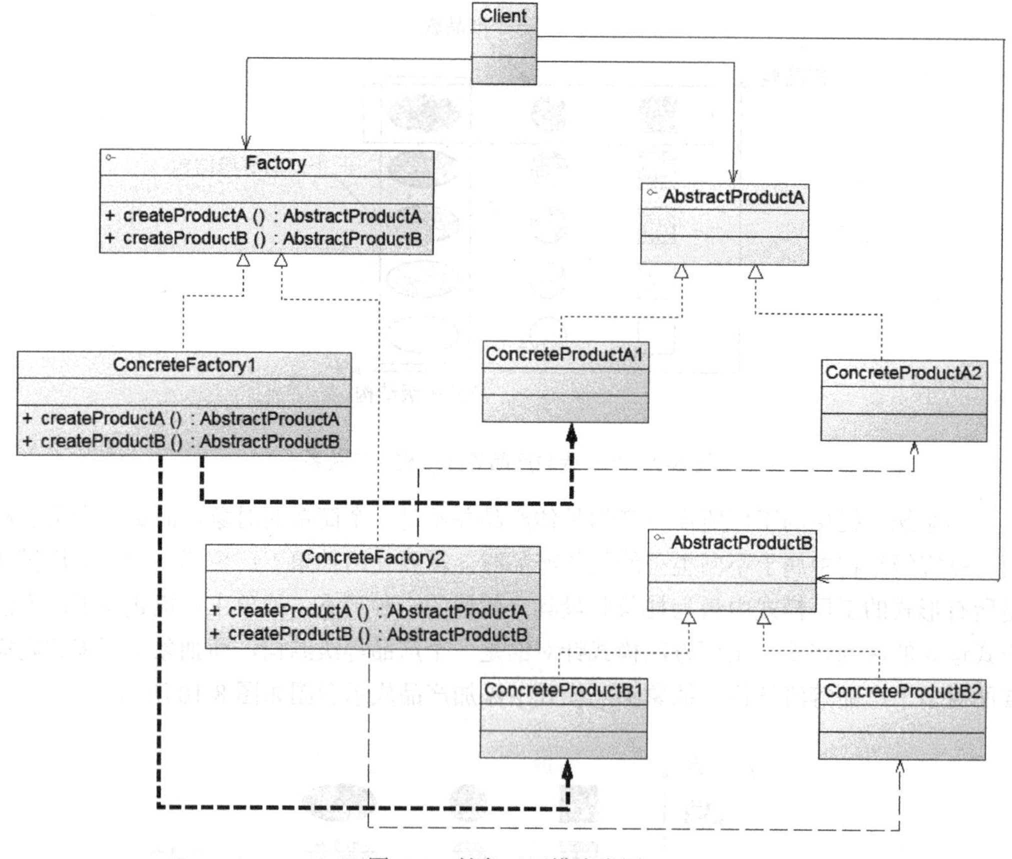

图 8-11 抽象工厂模式类图

抽象工厂模式的起源或者说最早的应用，是用于创建分属于不同操作系统的视窗构件。例如，Button 和 Text 在 Unix、Linux 和 Windows 操作系统中，这两个构件有着不同的本地实现，如图 8-12 和 8-13 所示。

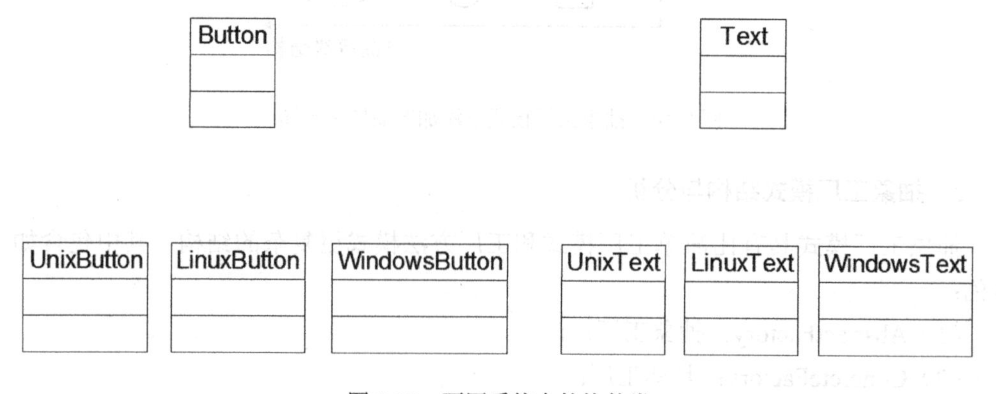

图 8-12 不同系统中的构件类

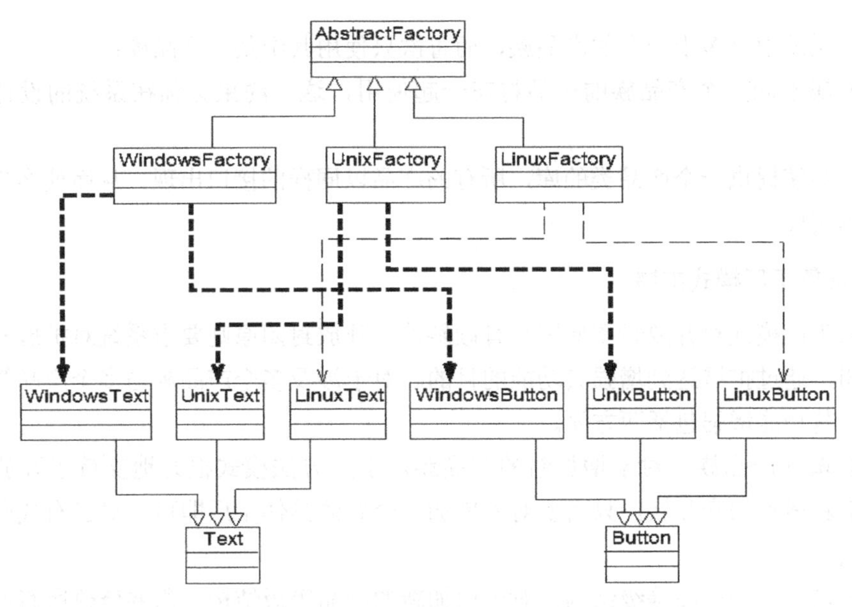

图 8-13　用抽象工厂模式实现构件的类图

4．抽象工厂模式的优缺点

1）抽象工厂模式的优点

抽象工厂模式隔离了具体类的生成，使得客户不需要知道什么被创建。由于这种隔离，更换一个具体工厂就变得容易。所有的具体工厂都实现了抽象工厂中定义的公共接口，因此只需改变具体工厂的实例，就可以在某种程度上改变整个软件系统的行为。

当一个产品族中的多个对象被设计成一起工作时，它能够保证客户端始终只使用同一个产品族中的对象。这对一些需要根据当前环境来决定其行为的软件系统来说，是一种非常实用的设计模式。

增加新的具体工厂和产品族很方便，无须修改已有系统，符合开放封闭原则。

2）抽象工厂模式的缺点

在添加新的产品对象时，难以扩展抽象工厂来生产新种类的产品，这是因为在抽象工厂角色中规定了所有可能被创建的产品集合，要支持新种类的产品就意味着要对该接口进行扩展，而这将涉及对抽象工厂角色及其所有子类的修改，显然会带来较大的不便。

抽象工厂模式对开放封闭原则具有倾斜性，即增加新的工厂和产品族容易，增加新的产品等级结构麻烦。

5．抽象工厂模式的适用场景

抽象工厂模式适用于处理以下场景：

（1）一个系统不依赖于产品类实例如何被创建、组合和表达的细节，这对于所有类型的工厂模式都是重要的；

（2）系统中有多于一个的产品族，而每次只使用其中某一产品族；

（3）属于同一个产品族的产品将在一起使用，这一约束必须在系统的设计中体现出来；

（4）系统提供一个产品类的库，所有的产品以同样的接口出现，从而使客户端不依赖于具体实现。

6．抽象工厂模式扩展

抽象工厂模式对开放封闭原则具有倾斜性。开放封闭原则要求系统对扩展开放，对修改封闭，通过扩展达到增强其功能的目的。对于涉及多个产品族与多个产品等级结构的系统，其功能增强包括两方面。

（1）增加产品族：对于增加新的产品族，工厂方法模式很好地支持了开放封闭原则，对于新增加的产品族，只需要对应增加一个新的具体工厂即可，对已有代码无须做任何修改。

（2）增加新的产品等级结构：对于增加新的产品等级结构，需要修改所有的工厂角色，包括抽象工厂类，在所有的工厂类中都需要增加生产新产品的方法，不能很好地支持开放封闭原则。

抽象工厂模式的这种性质称为开放封闭原则的倾斜性，抽象工厂模式以一种倾斜的方式支持增加新的产品，它为新产品族的增加提供方便，但不能为新的产品等级结构的增加提供这样的方便。

7．抽象工厂模式的退化

当抽象工厂模式中每一个具体工厂类只创建一个产品对象，也就是只存在一个产品等级结构时，抽象工厂模式退化成工厂方法模式。

当工厂方法模式中抽象工厂与具体工厂合并，提供一个统一的工厂来创建产品对象，并将创建对象的工厂方法设计为静态方法时，工厂方法模式退化成简单工厂模式。

8．抽象工厂模式实例

（1）实例一：电器工厂

一个电器工厂可以生产多种类型的电器，如海尔工厂可以生产海尔电视机、海尔空调等，TCL 工厂可以生产 TCL 电视机、TCL 空调等，相同品牌的电器构成一个产品族，而相同类型的电器构成了一个产品等级结构，现使用抽象工厂模式模拟该场景。

该类图中所对应的程序代码省略，电器生产的抽象工厂模式类图如图 8-14 所示。

（2）实例二：数据库操作工厂

某系统为了改进数据库操作的性能，自定义数据库连接对象 Connection 和语句对象 Statement，可针对不同类型的数据库提供不同的连接对象和语句对象，如提供 Oracle 或 SQL Server 专用连接类和语句类，而且用户可以通过配置文件等方式根据实际需要动态更换系统数据库。使用抽象工厂模式设计该系统，数据库操作的抽象工厂模式类图如图 8-15 所示。

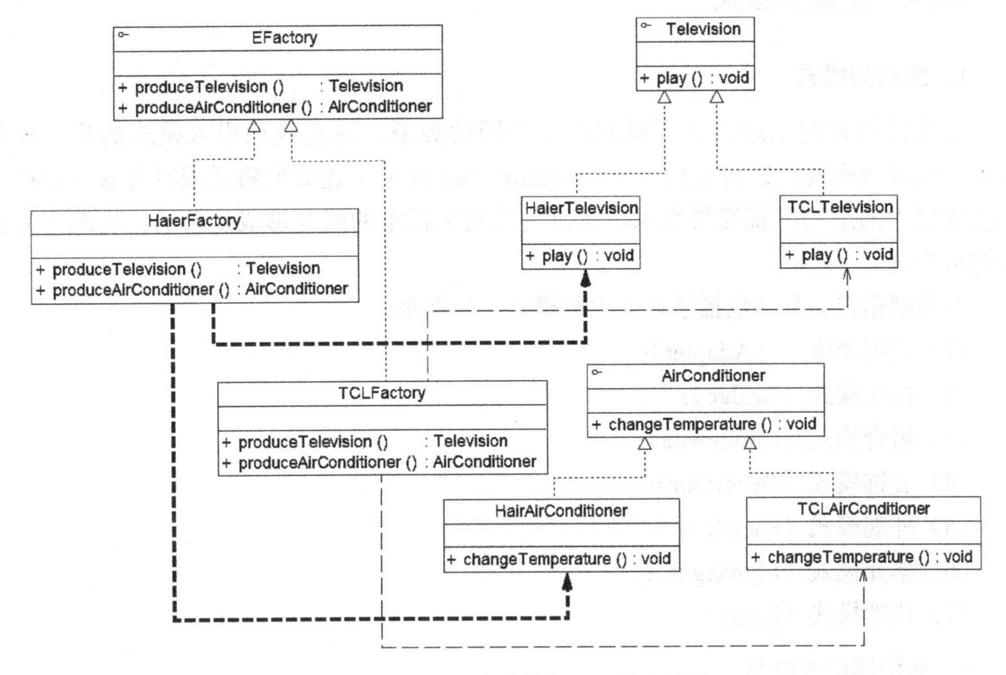

图 8-14　电器生产的抽象工厂模式类图

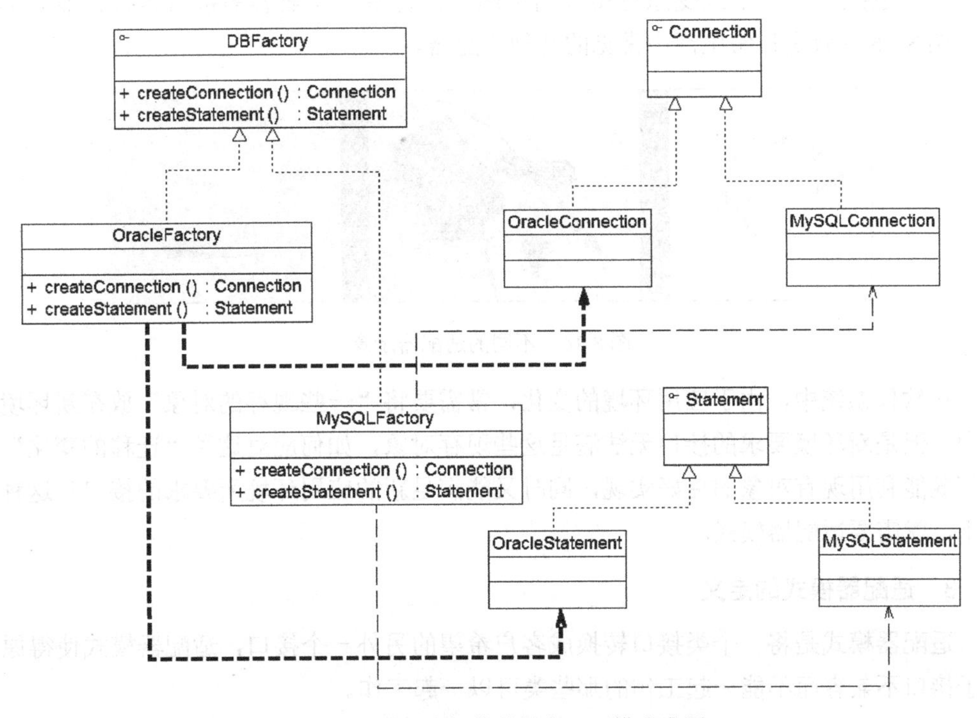

图 8-15　数据库操作的抽象工厂模式类图

8.5.4 适配器模式

1. 结构型模式

适配器模式与上述的工厂模式属于不同的类型。这里我们引入模式的第二种分类——结构型模式。结构型模式（Structural Pattern）描述如何将类或者对象结合在一起形成更大的结构，就像搭积木，可以通过简单积木的组合形成复杂的、功能更为强大的结构。

结构型模式又具体包括了以下七种模式，分别是：

（1）适配器模式（Adapter）；

（2）桥接模式（Bridge）；

（3）组合模式（Composite）；

（4）装饰模式（Decorator）；

（5）外观模式（Facade）；

（6）享元模式（Flyweight）；

（7）代理模式（Proxy）。

2. 适配器模式动机

所谓适配，即在不改变原有实现的基础上，将原先不兼容的接口转换为兼容的接口。图 8-16 中就是日常生活中常见的几种适配器。

图 8-16 不同的适配器示意

在软件系统中，由于应用环境的变化，常需要将“一些现存的对象”放在新环境中复用，但是新环境要求的接口无法满足这些现存对象，如何应对这种“迁移的变化”？如何既能利用现有对象的良好实现，同时又能满足新的应用环境所要求的接口？这种情境下，就需要适配器模式。

3. 适配器模式的定义

适配器模式是将一个类接口转换成客户希望的另外一个接口，适配器模式使得原本由于接口不兼容而不能一起工作的那些类可以一起工作。

4. 适配器模式的结构

适配器模式是一种比较独特的结构，其包含的角色有源和目标，当然其中还有进行转换的适配器。适配器模式又分为类适配器和对象适配器，这里我们仅介绍对象适配器，其结构和角色如图 8-17 所示。

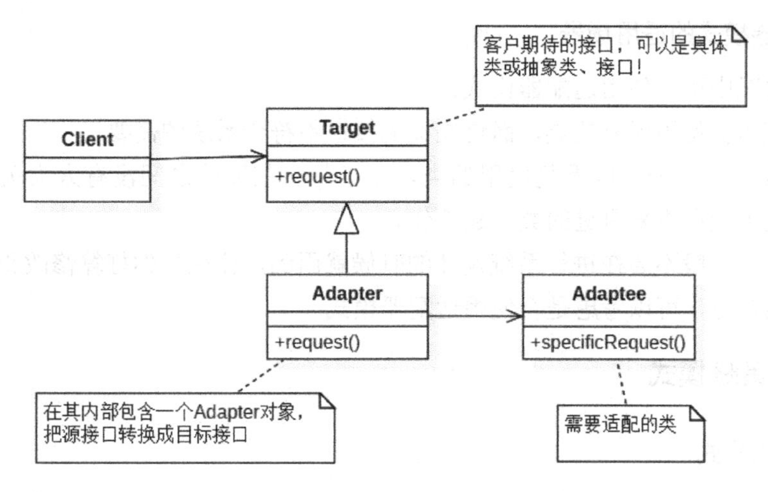

图 8-17　对象适配器模式结构示意图

（1）目标角色：所期待的接口，可以是接口或抽象类；

（2）源角色：现有的需要适配的接口；

（3）适配器角色：适配器模式的核心，把源接口转换成目标接口，这一角色必须是具体类。

图 8-17 中对应的对象适配器代码如下：

```
public class Adapter extends Target
{
    private Adaptee adaptee;

    public Adapter(Adaptee adaptee)
    {
        this.adaptee=adaptee;
    }

    public void request()
    {
        adaptee.specificRequest();
    }
}
```

5．适配器模式的优点

将目标类和适配者类解耦，通过引入一个适配器类来重用现有的适配者类，而无须修改原有代码。

增加了类的透明性和复用性，将具体的实现封装在适配器类中，对于客户端类来说是透明的，而且提高了适配器的复用性。

灵活性和扩展性都非常好，通过使用配置文件，可以很方便地更换适配器，也可以在不修改原有代码的基础上增加新的适配器类，完全符合开放封闭原则。

6．适配器模式的适用场景

在以下情况中可以使用适配器模式：

（1）系统需要使用现有的类，而这些类的接口不符合系统的需要；

（2）想要建立一个可以重复使用的类，用于与一些彼此之间没有太大关联的一些类，包括一些可能在将来引进的类一起工作。

适配器模式一般不会在进行系统设计的时候就用到，往往当你打算修改正在使用的系统的某个接口时，可以考虑是否使用适配器模式。

8.5.5 策略模式

1．行为型模式

策略模式属于设计模式中的行为型模式。行为型模式主要用于描述对类或对象怎样交互和怎样分配职责。行为型模式又具体包括以下的 11 种：

（1）职责链模式（Chain of Responsibility）；

（2）命令模式（Command）；

（3）解释器模式（Interpreter）；

（4）迭代器模式（Iterator）；

（5）中介者模式（Mediator）；

（6）备忘录模式（Memento）；

（7）观察者模式（Observer）；

（8）状态模式（State）；

（9）策略模式（Strategy）；

（10）模板方法模式（Template Method）；

（11）访问者模式（Visitor）。

这里我们仅介绍策略模式。

2．策略模式的动机

完成一项任务，往往可以有多种不同的方式，每一种方式称为一个策略，我们需要根据环境或者条件的不同选择不同的策略来完成该任务。

例如选择旅游出行方式时，可以有如图 8-18 所示的多种旅游出行策略。

在软件开发中经常遇到类似的情况，实现某一个功能可以有多个策略，此时可以考虑使用策略模式来使得系统可以灵活地选择某个策略，也能方便地添加新的策略。

在软件系统中，某一个功能可以由许多算法实现，一种常见的方法是硬编码（Hard Coding），在一个类中，如果需要提供多种查找算法，存在以下方式：

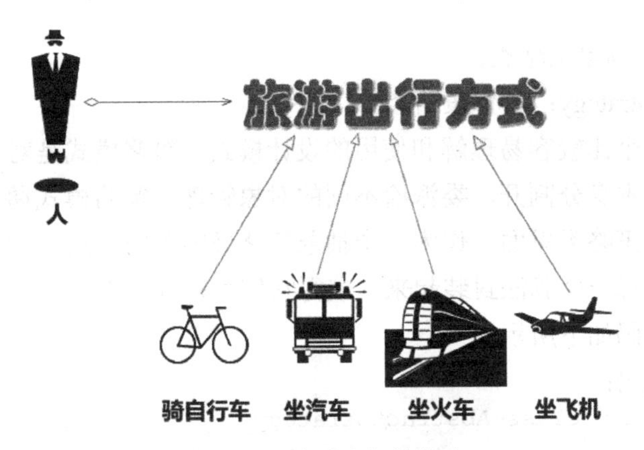

图 8-18　旅游出行的策略

（1）将这些算法写在一个类中，在这个类中提供多个方法，每个方法对应一个具体的查找算法；

（2）将这些算法写在一个统一的方法中，通过 if..else 等条件判断语句进行选择。

上述的两种实现方法，我们都可以称之为硬编码，如果需要增加新的查找算法，需要修改相应类的源代码；更换查找算法，也需要修改客户端的调用代码，这种方式使维护较为困难。

为了解决这些问题，可以定义一些独立的类来封装不同的算法，每个类封装一个具体的算法，将这些类称之为策略（Strategy），为了保证这些策略的一致性，一般会用一个抽象的策略类来做算法的定义，每个子类对应一个具体的策略类。

3．策略模式的定义

策略模式是定义一系列算法，将每一个算法封装起来，并让它们可以相互替换。策略模式让算法独立于使用它的客户而变化，也称为政策模式（Policy Pattern）。

4．策略模式的结构

策略模式的类图结构如图 8-19 所示，其中包含 3 种主要角色：

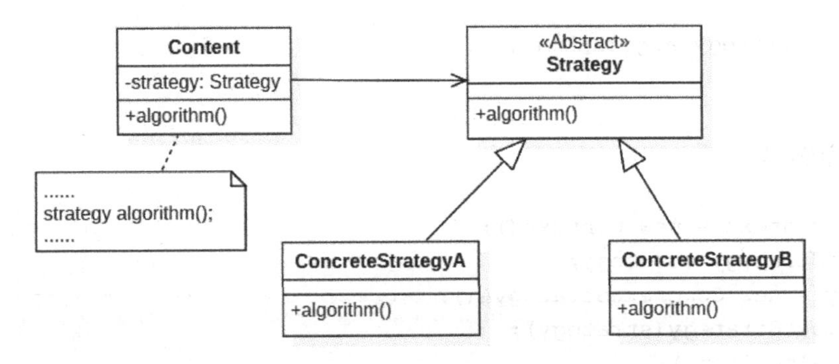

图 8-19　策略模式的类图结构

（1）Context：环境类；

（2）Strategy：抽象策略类；

（3）ConcreteStrategy：具体策略类。

策略模式是一个比较容易理解和使用的设计模式，策略模式是对算法的封装，它把算法的责任和算法本身分割开，委派给不同的对象管理。策略模式通常把一个系列的算法封装到一系列的策略类里面，作为一个抽象策略类的子类。用一句话来说，就是“准备一组算法，并将每一个算法封装起来，使得它们可以互换”。

三类角色的代码如下所示。

抽象策略类代码：

```
public abstract class AbstractStrategy
{
    public abstract void algorithm();
}
```

具体策略类代码：

```
public class ConcreteStrategyA extends AbstractStrategy
{
    public void algorithm()
    {
        //算法 A
    }
}
```

环境类代码：

```
public class Context
{
    private AbstractStrategy strategy;
    public void setStrategy(AbstractStrategy strategy)
    {
        this.strategy= strategy;
    }
    public void algorithm()
    {
        strategy.algorithm();
    }
}
```

客户端代码片段：

```
……
Context context = new Context();
AbstractStrategy strategy;
strategy = new ConcreteStrategyA();
context.setStrategy(strategy);
context.algorithm();
……
```

5. 策略模式分析

在策略模式中，应当由客户端自己决定在什么情况下使用什么具体策略角色。

策略模式仅封装算法，提供新算法插入到已有系统中，以及老算法从系统中“退休”的方便，策略模式并不决定在何时使用何种算法，算法的选择由客户端来决定。这在一定程度上提高了系统的灵活性，但是客户端需要理解所有具体策略类之间的区别，以便选择合适的算法，这也是策略模式的缺点之一，在一定程度上增加了客户端的使用难度。

6. 策略模式实例：旅游出行策略

旅游出行方式可以有多种，如可以乘坐飞机旅游，也可以乘火车旅游，如果有兴趣自行车游也是一种极具乐趣的出行方式。不同的旅游出行方式有不同的实现过程，客户根据自己的需要选择一种合适的旅游方式。在本实例中我们用策略模式来模拟这一过程，如图 8-20 所示。

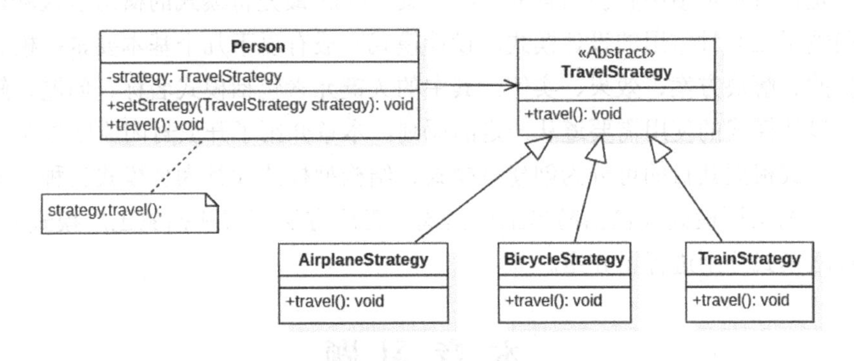

图 8-20　旅游出行的策略模式类图

7. 策略模式的优缺点

1）优点

（1）策略模式提供了对开放封闭原则的完美支持，用户可以在不修改原有系统的基础上选择算法或行为，也可以灵活地增加新的算法或行为。

（2）策略模式提供了管理相关的算法族的办法。

（3）策略模式提供了可以替换继承关系的办法。

（4）使用策略模式可以避免使用多重条件转移语句。

2）缺点

（1）客户端必须知道所有的策略类，并自行决定使用哪一个策略类。

（2）策略模式将造成产生很多策略类，可以通过使用享元模式在一定程度上减少对象的数量。

7. 策略模式适用环境

下列情况下可考虑使用策略模式。

（1）如果在一个系统里面有许多类，它们之间的区别仅在于它们的行为，那么使用策略模式可以动态地让一个对象在许多行为中选择一种行为。

（2）一个系统需要动态地在几种算法中选择一种。

（3）如果一个对象有很多行为，如果不用恰当的模式，这些行为就只好使用多重的条件选择语句来实现。

（4）不希望客户端知道复杂的、与算法相关的数据结构，在具体策略类中封装算法和相关的数据结构，提高算法的保密性与安全性。

本 章 小 结

模式是在特定环境中解决问题的一种方案。GoF 最先将模式的概念引入软件设计领域，并归纳了 23 种常用的设计模式。设计模式一般有以下几个基本要素：模式名称、问题、目的、解决方案、效果、实例。其中的关键元素包括模式名称、问题、解决方案和效果。设计模式的使用需要遵从一定的原则，本章介绍了开放封闭原则等 7 个主要原则。设计模式根据其目的可分为创建型模式、结构型模式和行为型模式三种，本章对这三种模式中的工厂模式（包括简单工厂模式、工厂方法模式和抽象工厂模式）、适配器模式和策略模式分别进行了介绍。

本 章 习 题

一、选择题

1．对于模式的表述正确的是（　　）。

A．模式其实就是解决某一类问题的方法论

B．把解决某类问题的方法总结归纳到理论高度，那就是模式

C．模式对问题的描述以及对问题的解答应具有高度的抽象性和代表性

D．模式只是一个模型

2．简单工厂的核心角色是（　　）。

A．抽象产品　　　　B．具体产品　　　　C．工厂　　　　D．消费者

3．以下表述，用来描述工厂方法模式的是（　　）。

A．一个创建一系列相关或相互依赖对象的接口，而无须指定它们具体的类

B．表示一个作用于某对象结构中的各元素的操作，它使你可以在不改变各元素类的前提下定义作用于这些元素的新操作

C．定义一个用于创建对象的接口，让子类决定实例化哪一个类，该模式使一个类

的实例化推迟到其子类

D．定义一系列的算法，把它们一个个封装起来，并且使它们可相互替换

4．关于抽象工厂模式描述，正确的是（　　）。

A．抽象工厂模式是所有形态的工厂模式中最为抽象和最具一般性的一种形态

B．抽象工厂模式不必向客户端提供一个接口

C．抽象工厂模式提供一个具体工厂角色

D．抽象工厂模式的抽象产品角色必须用抽象类实现

5．关于适配器模式，说法正确的是（　　）。

A．将抽象部分与实现部分分离，使得它们两部分可以独立地变化

B．将一个接口转换成为客户想要的另一个接口

C．组合多个对象形成树形结构以表示整体—部分的结构层次。其对单个对象和组合对象的使用具有一致性

D．为其他对象提供一个代理或地方以控制对这个对象的访问

6．策略模式针对一组算法，将每一个算法封装到具有（　　）接口的独立的类中，从而使得它们可以相互替换。

A．不同　　B．共同　　C．抽象　　D．都不是

二、简答题

1．什么是设计模式？它有哪些要素？

2．创建型模式有何特点？

3．结构型模式有何特点？

4．行为型模式有何特点？

5．工厂模式下的几种设计模式有什么内在联系？

6．适配器模式的适用场景有哪些？

7．策略模式中最核心的部件是哪一部分？

参 考 文 献

[1] 麻志毅. 面向对象分析与设计（第2版）[M]. 北京：机械工业出版社，2013.
[2] 刁成嘉. UML 系统建模与分析设计[M]. 北京：机械工业出版社，2007.
[3] 侯爱民，欧阳骥，胡传福. 面向对象分析与设计（UML）[M]. 北京：清华大学出版社，2015.
[4] 谭火彬. UML 2 面向对象分析与设计（第2版）[M]. 北京：清华大学出版社，2013.
[5] 程杰. 大话设计模式[M]. 北京：清华大学出版社，2007.
[6] 夏丽华. UML 建模、设计与分析[M]. 北京：清华大学出版社，2019.
[7] 谭云杰. 大象——Thinking in UML（第2版）[M]. 北京：水利水电出版社，2019.
[8] 吕天翔 等. UML 面向对象分析、建模与设计[M]. 北京：清华大学出版社，2018.
[9] 牛丽平 等. UML 面向对象设计与分析基础教程[M]. 北京：清华大学出版社，2007.
[10] 胡荷芬，高斐. UML 面向对象分析与设计教程[M]. 北京：清华大学出版社，2012.
[11]（美）斯塔姆，锑格 著，梁金昆 译. 面向对象的系统分析与设计（UML 版）[M]. 北京：清华大学出版社，2005.
[12] 李波 等. UML2 基础、建模与设计实战[M]. 北京：清华大学出版社，2014.
[13] 刘伟. 设计模式[M]. 北京：清华大学出版社，2018.
[14] 于卫红. Java 设计模式[M]，北京：清华大学出版社，2016.
[15] 董士海. 计算机用户界面及其设计工具[M]. 北京：科学出版社，1994.
[16] 杨洋，刘全. 软件系统分析与体系结构设计[M]. 南京：东南大学出版社，2017.
[17] 黑马程序员. JavaWeb 程序设计任务教程[M]. 北京：人民邮电出版社，2017.
[18] 夏丽华，卢旭. UML 建模与应用标准教程（2018-2020 版）[M]. 北京：清华大学出版社，2018.
[19]（美）Joseph Schmuller 著，李虎，李强 译. UML 基础、案例与应用[M]. 北京：人民邮电出版社，2018.
[20]（美）Kenneth E Kendall 著，施平安，郝清赋 译. 系统分析与设计（原书第7版）[M]. 北京：机械工业出版社，2010.
[21] 冀振燕. UML 系统分析与设计教程[M]. 北京：人民邮电出版社，2014.
[22] 邱郁惠. Visual Studio2010 和 UML 黄金法则[M]. 北京：机械工业出版社，2011.
[23] 邱郁惠 .UML 和 OOAD 快速入门[M]. 北京：机械工业出版社，2010.
[24]（印度）卡马尔米特·辛格 著，张小坤，黄凯，贺涛 译. Java 设计模式及实践[M]. 北京：机械工业出版社，2019.
[25] 谭勇德. 设计模式就该这样学：基于经典框架源码和真实业务场景[M]. 北京：电子工业出版社，2020.
[26] 秦小波. 设计模式之禅（第2版）[M]. 北京：机械工业出版社，2014.
[27]（美）弗里曼（Freeman E.）等 著，UML China 编，OReilly Taiwan 公司 译. Head First 设计模式（中文版）[M]. 北京：中国电力出版社，2007.
[28] 李爱萍.系统分析与设计[M].北京：人民邮电出版社，2015.
[29] D Jeya Mala，S Geetha 著，马恬煜 译.UML 面向对象分析与设计[M].北京：清华大学出版社，2018.
[30] 沈波.信息系统分析与设计[M].北京：高等教育出版社，2020.
[31] 邹盛荣. UML 面向对象需求分析与建模教程：基于 UML2.5 标准（第2版）[M].北京：高等教育出版社，2020.
[32] 李运华.面向对象葵花宝典（思想、技巧与实践）[M].北京：电子工业出版社，2015.
[33] 邓仲华. 信息系统分析与设计[M].武汉：武汉大学出版社，2011.
[34]（美）George,J. 著，龚晓庆 等译.面向对象系统分析与设计（第2版）[M].北京：清华出版社，2008.
[35] 斯科特·蒂利，哈里·罗森布拉特 著，张瑾，王黎烨 译，系统分析与设计（第11版）[M].北京：中国人民大学出版社，2020.